实例　合成图像　P52

实例　改变人物姿势　P57

实例　运用【透视裁剪工具】制作透视效果　P59

实例　运用【油漆桶工具】填充卡通动物　P66

实例　运用【渐变工具】制作彩虹　P68

实例　运用【填充】命令填充图像　P71

实例　调整偏色的图像　P77

实例　为图像上色　P80

实例　替换图像颜色　P87

实例　制作单色调图像　P91

实例　运用【照片滤镜】命令制作冷色调图像　P92

实例　运用【曝光度】与【匹配颜色】命令调整特殊颜色　P93

实例 制作版画效果 P95

实例 制作艺术色调效果 P96

实例 段落文本 P120

实例 路径文字 P121

实例 蒙版文字 P123

实例 设置字符属性 P125

实例 设置段落属性 P128

实例 变形文字 P130

实例 显示与隐藏图层 P135

实例 运用【复制图层】与【删除】图层命令处理图层 P137

实例 分布图层 P143

实例 运用剪贴图层隐藏下一层图像 P145

实例 运用【图层混合模式】设置图像混合 P148

实例 滤镜的重复使用 P155

实例 【镜头校正】滤镜 P157

实例 运用【液化】滤镜 瘦身 P158

实例 运用【油画】滤镜制作油画图像 P160

实例 运用【消失点】滤镜复制图像 P161

实例 【滤镜库】命令 P163

实例 绘制图像 P166

实例 双重画笔效果 P174

实例 设置画笔样式为颜色动态画 P176

实例 运用【铅笔工具】绘制爱心咖啡 P177

实例 制作景深效果 P184

实例 使图像清晰 P185

实例 绘制光束 P186

实例 运用【污点修复画笔工具】修复杂点 P187

实例 运用【修复画笔工具】删除图像 P189

实例 运用【修补工具】修补图像折痕 P190

实例 运用【红眼工具】去除人物红眼 P192

实例　运用【加深工具】制作阴影　P194　　　　实例　运用【海绵工具】降低图像饱和度　P196

实例　运用【仿制图章工具】仿制图像　P197

实例　绘制连续图案　P198　　　实例　编辑调整图层　P201　　　实例　【投影】与【内投影】样式　P204

实例　外发光效果　P206　　　实例　编辑等高线效果　P208　　　实例　内发光效果　P208

实例　运用【颜色叠加】与【渐变叠加】样式制作人物剪影　P210

实例　制作浮雕效果　P209　　　实例　制作图案效果　P212　　　实例　制作特效文字　P213

实例　复制图层样式　P216　　　　　　　　　　实例　运用【样式】面板　P220

实例　运用图层蒙版隐藏图像（创建图层蒙版）　P224

实例　运用图层蒙版隐藏图像（编辑图层蒙版）　P224

实例　运用矢量蒙版　P228　　　　　　　　　实例　创建Alpha通道　P234

实例　隐藏与显示通道　P238

【查找边缘】滤镜　　　　【扩散】滤镜　　　　【拼贴】滤镜　　　　【凸出】滤镜

实例　风格化类滤镜　P243

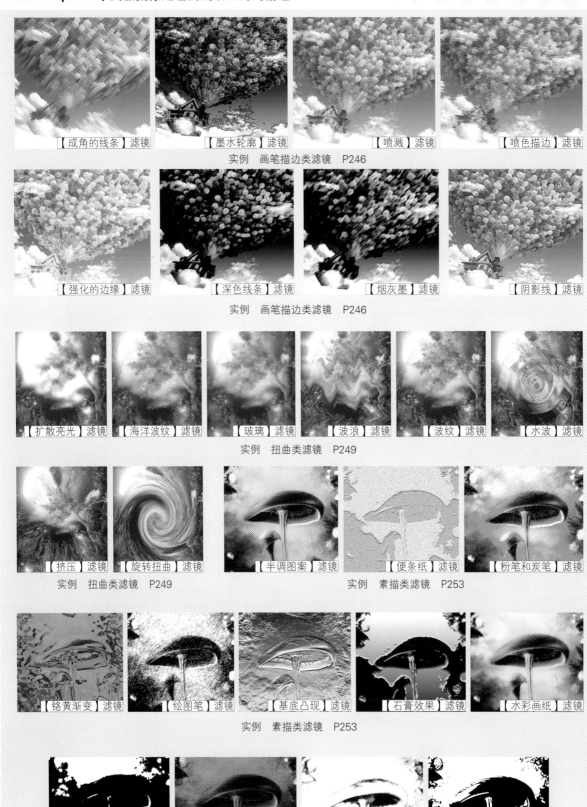

【成角的线条】滤镜　　【墨水轮廓】滤镜　　【喷溅】滤镜　　【喷色描边】滤镜

实例　画笔描边类滤镜　P246

【强化的边缘】滤镜　　【深色线条】滤镜　　【烟灰墨】滤镜　　【阴影线】滤镜

实例　画笔描边类滤镜　P246

【扩散亮光】滤镜　【海洋波纹】滤镜　【玻璃】滤镜　【波浪】滤镜　【波纹】滤镜　【水波】滤镜

实例　扭曲类滤镜　P249

【挤压】滤镜　【旋转扭曲】滤镜　　【半调图案】滤镜　　【便条纸】滤镜　　【粉笔和炭笔】滤镜

实例　扭曲类滤镜　P249　　　　实例　素描类滤镜　P253

【铬黄渐变】滤镜　【绘图笔】滤镜　【基底凸现】滤镜　【石膏效果】滤镜　【水彩画纸】滤镜

实例　素描类滤镜　P253

【撕边】滤镜　【炭精笔】滤镜　【炭笔】滤镜　【图章】滤镜

实例　素描类滤镜　P253

【龟裂痕】滤镜

【颗粒】滤镜

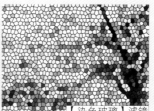
【染色玻璃】滤镜

实例　纹理类滤镜　P258

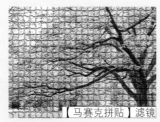
【马赛克拼贴】滤镜

【拼缀图】滤镜

【纹理化】滤镜

实例　纹理类滤镜　P258

【壁画】滤镜

【彩色铅笔】滤镜

【粗糙蜡笔】滤镜

【底纹效果】滤镜

实例　艺术效果类滤镜　P261

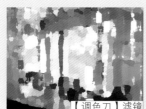
【调色刀】滤镜

【干画笔】滤镜

【海报边缘】滤镜

【海绵】滤镜

实例　艺术效果类滤镜　P261

【绘画涂抹】滤镜

【胶片颗粒】滤镜

【木刻】滤镜

【水彩】滤镜

实例　艺术效果类滤镜　P261

【原图】效果

【彩块化】滤镜

【彩色半调】滤镜

【点状化】滤镜

【晶格化】滤镜

【马赛克】滤镜

实例　像素化类滤镜　P266

【铜版雕刻】滤镜　　【碎片】滤镜　　【径向模糊】滤镜　　【高斯模糊】滤镜　　【特殊模糊】滤镜　　【形状模糊】滤镜

实例　像素化类滤镜　P266　　　　实例　模糊类滤镜　P268

  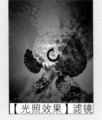 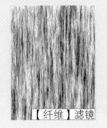 

【分层云彩】滤镜　　　【云彩】滤镜　　　【光照效果】滤镜　　　【纤维】滤镜　　　【镜头光晕】滤镜

实例　渲染类滤镜　P273

实例　制作花园文字　P287　　实例　艺术底纹特效设计　P290　　实例　制作咖啡搅拌效果　P297　　实例　合成海羊中的瓶子　P302

 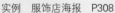  

实例　服饰店海报　P308　　　　实例　酒宣传海报　P315　　　　实例　商场海报　P323　　　实例　招生DM单　P328

实例　房地产DM单　P338　　实例　珠宝行DM单　P343　　　实例　饮料包装平面图　P349　实例　饮料包装立体图　P356

设计师梦工厂

Photoshop CS6中文版
图像处理实战
从入门
到精通

Ps

科讯教育◎编著

人民邮电出版社
北京

图书在版编目（CIP）数据

Photoshop CS6中文版图像处理实战从入门到精通 /
科讯教育编著. -- 北京：人民邮电出版社，2014.2
（设计师梦工厂. 从入门到精通）
ISBN 978-7-115-33799-3

Ⅰ. ①P… Ⅱ. ①科… Ⅲ. ①图象处理软件 Ⅳ.
①TP391.41

中国版本图书馆CIP数据核字(2013)第279251号

内 容 提 要

本书以循序渐进的讲解方式，引领读者快速掌握 Photoshop CS6 的操作技能，书中设计了大量案例，由浅入深，从易到难，不仅可以让读者学习到相应的软件操作知识，而且还可以掌握相应的行业应用知识。

全书分为 5 篇 20 章。第一篇为基础入门篇，包含第 1～3 章的内容，主要让读者认识 Photoshop CS6，以及图像的基本操作方法；第二篇为必备技巧篇，包含第 4～9 章的内容，这一部分用了较大篇幅全面、详细地介绍了 Photoshop 的知识和应用技巧；第三篇为绘图与修图篇，包含第 10 章和第 11 章的内容，主要介绍了图像的绘制、编辑和修饰技巧等内容；第四篇为特效提高篇，主要讲解了 Photoshop 中一些较难的功能运用，如通道和蒙版、滤镜的操作、动作和批处理等；第五篇为案例精通篇，包含第 17～20 章的内容，主要讲解了图像特效案例、海报案例、DM 单案例和包装案例，便于读者通过实践操作获得真正有用的技能。本书附赠 1 张 CD 光盘，里面包括了超大容量的多媒体视频教学，以及书中实例的源文件和相关素材，读者可以借助光盘内容更好、更快地学习 Photoshop。

本书结构清晰、语言精练、图文并茂、通俗易懂，适合初中级读者、平面广告设计人员、包装设计人员、影楼后期修图人员及 Photoshop 培训班等使用。

◆ 编　　著　科讯教育
　　责任编辑　郭发明
　　责任印制　方　航
◆ 人民邮电出版社出版发行　　北京市丰台区成寿寺路 11 号
　　邮编　100164　　电子邮件　315@ptpress.com.cn
　　网址　http://www.ptpress.com.cn
　　北京铭成印刷有限公司印刷
◆ 开本　787×1092　1/16
　　印张　22.5　　　　　　　　　彩插：4
　　字数　724 千字　　　　　　　2014 年 2 月第 1 版
　　印数　1–4 000 册　　　　　　2014 年 2 月北京第 1 次印刷

定价：49.00 元（附 1CD ）

读者服务热线：**(010)81055410**　印装质量热线：**(010)81055316**
反盗版热线：**(010)81055315**
广告经营许可证：京崇工商广字第 0021 号

前　言
Preface

关于本系列图书

　　感谢您翻开本系列图书。在茫茫的书海中，或许您曾经为寻找一本技术全面、案例丰富的计算机图书而苦恼，或许您为担心自己是否能做出书中的案例效果而犹豫，或许您为了自己应该买一本入门教材而仔细挑选，或许您正在为自己进步太慢而缺少信心……

　　现在，我们就为您奉献一套优秀的学习用书—"从入门到精通"系列，它采用完全适合自学的"教程+案例"和"完全案例"两种形式编写，兼具技术手册和应用技巧参考手册的特点，随书附带的 DVD 或 CD 多媒体教学光盘包含书中所有案例的视频教程、源文件和素材文件。希望通过本系列书能够帮助您解决学习中的难题，提高技术水平，快速成为高手。

　　■　自学教程。书中设计了大量案例，由浅入深、从易到难，可以让您在实战中循序渐进地学习到相应的软件知识和操作技巧，同时掌握相应的行业应用知识。

　　■　技术手册。一方面，书中的每一章都是一个专题，不仅可以让您充分掌握该专题中提到的知识和技巧，而且举一反三，掌握实现同样效果的更多方法。

　　■　应用技巧参考手册。书中把许多大的案例化整为零，让您在不知不觉中学习到专业应用案例的制作方法和流程；书中还设计了许多技巧提示，恰到好处地对您进行点拨，到了一定程度后，您就可以自己动手，自由发挥，制作出相应的专业案例效果。

　　■　老师讲解。每本书都附带了 CD 或 DVD 多媒体教学光盘，每个案例都有详细的语音视频讲解，就像有一位专业的老师在您旁边一样，您不仅可以通过本系列图书研究每一个操作细节，而且还可以通过多媒体教学领悟到更多的技巧。

　　本系列图书包括三维艺术设计、平面艺术设计和产品辅助设计三大类，近期已推出以下品种。

三维艺术设计类	
22076　3ds Max 2009 中文版效果图制作从入门到精通（附光盘）（附光盘）	30488　Maya 2013 从入门到精通（附光盘）
25980　3ds Max 2011 中文版效果图制作实战从入门到精通（附光盘）	23644　Flash CS5 动画制作实战从入门到精通（附光盘）
29394　3ds Max 2012/VRay 效果图制作实战从入门到精通（附光盘）	30092　Flash CS6 动画制作实战从入门到精通（附光盘）
29393　会声会影 X5 DV 影片制作/编辑/刻盘实战从入门到精通（附光盘）	33800　SketchUp Pro 8 从入门到精通（全彩印刷）
33845　会声会影 X6 DV 影片制作/编辑/刻盘实战从入门到精通	22902　3ds Max+VRay 效果图制作从入门到精通全彩版（附光盘）
31509　After Effects CS6 影视后期制作实战从入门到精通（附光盘）	27802　Flash CS5 动画制作实战从入门到精通（全彩超值版）（附光盘）
30495　Premiere Pro CS6 影视编辑剪辑制作实战从入门到精通	27809　3ds Max 2011 中文版/VRay 效果图制作实战从入门到精通（全彩超值版）（附光盘）
29479　3ds Max 2012 中文版从入门到精通（附光盘）	31312　3ds Max 2012+VRay 材质设计实战从入门到精通（全彩印刷）（附光盘）

平面艺术设计类	产品辅助设计类
22966　Photoshop CS5 中文版从入门到精通（附光盘）（附光盘）	30047　AutoCAD 2013 中文版辅助设计从入门到精通（附光盘）
29225　Photoshop CS6 中文版从入门到精通（附光盘）	21518　AutoCAD 2013 中文版机械设计实战从入门到精通（附光盘）
33545　Illustrator CS6 中文版图形设计实战从入门到精通	30760　AutoCAD 2013 中文版建筑设计实战从入门到精通（附光盘）
27807　Photoshop CS5 平面设计实战从入门到精通（全彩超值版）（附光盘）	30358　AutoCAD 2013 室内装饰设计实战从入门到精通（附光盘）
32449　Photoshop CS6 中文版平面设计实战从入门到精通（附光盘）	30544　AutoCAD 2013 园林景观设计实战从入门到精通（附光盘）
29299　Photoshop CS6 照片处理从入门到精通（全彩印刷）（附光盘）	31170　AutoCAD 2013 水暖电气设计实战从入门到精通（附光盘）
33812　RAW 格式数码照片处理技法从入门到精通	33030　UG 8.5 产品设计实战从入门到精通（附光盘）
30953　DIV+CSS 3.0 网页布局实战从入门到精通（附光盘）	29411　Creo 2.0 辅助设计从入门到精通（附光盘）
32481　Photoshop+Flash+Dreamweaver 网页与网站制作从入门到精通（附光盘）	26639　CorelDRAW 现代服装款式设计从入门到精通（附光盘）
29564　PPT 设计实战从入门到精通（附光盘）	33369　高手速成: EDIUS 专业级视频与音频制作从入门到精通
	33707　Cubase 与 Nuendo 音乐编辑与制作从入门到精通
	33639　JewelCAD Pro 珠宝设计从入门到精通

● 内容安排

本书具体篇章内容安排如下。

篇　　章	主 要 内 容
基础入门篇	包含第 1~第 3 章的内容，主要让读者认识 Photoshop CS6，以及图像的基本操作方法
必备技巧篇	包含第 4~第 9 章的内容，这一部分用了较大篇幅全面、详细地介绍了 Photoshop 的知识和应用技巧
绘图与修图篇	包含第 10 章和第 11 章的内容，主要介绍了图像的绘制、编辑和修饰技巧等内容
特效提高篇	包含第 12~第 16 章的内容，主要讲解了 Photoshop 中一些较难的功能运用，如通道和蒙版、滤镜的操作、动作和批处理等
案例精通篇	包含第 17~第 20 章的内容，主要讲解了图像特效案例、海报案例、DM 单案例和包装案例，便于读者通过实践操作获得真正有用的技能

　　本书在编写的过程中承蒙广大业内同仁的不吝赐教，使得本书在编写内容上更贴近实际，谨在此一并表示由衷的感谢。由于编写水平有限，书中难免有错误和疏漏之处，恳请广大读者批评、指正。读者在学习的过程中，如果遇到问题，可以与我们联系（电子邮箱 itsir@qq.com），也可以与本书策划编辑郭发明联系交流（电子邮箱 guofaming@ptpress.com.cn）。

编者

2014 年 1 月

目 录
Contents

基础入门篇

第1章 Photoshop 的基础知识 ·· 12

1.1 Photoshop CS6 入门 ···12
    1.1.1 了解 Photoshop 的发展历程 ···································12
    1.1.2 Photoshop CS6 的应用领域 ···································12
    1.1.3 运用菜单命令启动和退出 Photoshop CS6 ···········14

1.2 Photoshop CS6 的界面与工具 ··15
    1.2.1 Photoshop CS6 的界面 ··15
    1.2.2 Photoshop CS6 工具详解 ·····································18
    1.2.3 Photoshop CS6 面板概述 ·····································20

1.3 Photoshop 的系统常用设置 ···23
    1.3.1 运用【常规】命令设置基本功能 ·······················23
    1.3.2 运用【界面】命令设置软件界面 ·······················24
    1.3.3 运用【文件处理】命令设置文件存储格式和兼容性 ···25
    1.3.4 运用【性能】命令设置优化效果 ·······················25
    1.3.5 运用【光标】命令设置颜色和光标显示 ···········26

1.4 图像处理基础知识 ··27
    1.4.1 位图与矢量图 ···27
    1.4.2 像素与分辨率 ···27
    1.4.3 图像的颜色模式 ···28
    1.4.4 图像文件格式 ···29

第2章 图像文件的基本操作 ·· 30

2.1 新建和打开文件 ···30
    实例 运用【新建】命令创建文件 ·····························30
    实例 运用【打开】命令打开文件 ·····························31
    实例 运用【在 Bridge 中浏览】命令打开文件 ·········31

2.2 导入与导出文件 ···33
    2.2.1 运用【导入】命令导入文件 ·······························33
    2.2.2 运用【导出】命令导出文件 ·······························33

2.3 保存与关闭文件 ···33
    2.3.1 运用【存储】命令保存文件 ·······························33
    2.3.2 运用【关闭】命令关闭文件 ·······························33

2.4 设置工作区域 ··34
    实例 运用自定义方式设置工作区 ·····························34
    实例 运用自定义方式设置快捷键 ·····························35

2.5 辅助工具的运用 ···37
    实例 运用【标尺】与【参考线】进行设置 ···············37
    实例 运用【网格】矫正图像 ····································38
    实例 运用【标尺工具】辅助绘图 ·····························39
    实例 运用【注释工具】添加注释 ·····························40

2.6 查看图像窗口 ··41
    实例 运用【屏幕模式】调整屏幕显示 ·······················41

实例　运用【导航器】查看图像 ···································42
实例　运用【抓手工具】查看图像 ·································42

第3章　图像的基本编辑方法 ···································43
3.1　修改画布与图像大小 ···43
实例　运用【图像大小】命令设置图像大小 ·················43
实例　运用【画布大小】命令设置画布尺寸 ·················44
实例　运用【图像旋转】命令旋转画布 ·······················45
3.2　还原与重做操作 ···47
实例　运用菜单命令操作 ···47
实例　运用【历史记录】面板操作 ·······························47
3.3　擦除图像 ··48
实例　运用【橡皮擦工具】擦除图像 ····························48
实例　运用【背景橡皮擦工具】擦除背景 ·····················50
实例　运用【魔术橡皮擦工具】抠取图像 ·····················51
3.4　剪切、复制与粘贴图像 ··52
实例　运用【剪切】与【粘贴】命令合成图像 ···············52
实例　运用【拷贝】命令复制图像 ·······························53
实例　运用【清除】命令删除图像 ·······························54
3.5　图像变换与变形 ···54
实例　运用【移动工具】移动图像 ·······························54
实例　运用【变换】命令变换图像 ·······························55
实例　运用【操控变形】命令改变人物姿势 ·················57
3.6　裁剪与裁切 ··58
实例　运用【裁剪工具】裁剪图像 ·······························58
实例　运用【透视裁剪工具】制作透视效果 ·················59
3.7　定义工具预设 ···60
实例　运用【定义画笔预设】命令制作娃娃背景 ···········60
实例　运用【定义图案】命令制作证件照 ·····················61
实例　运用【定义自定形状】命令绘制图形 ·················63

必备技巧篇

第4章　选择与填充色彩 ···64
4.1　选择颜色 ··64
实例　运用【前景色】与【背景色】填充图像 ···············64
实例　运用【颜色】面板组选择颜色 ····························64
实例　运用【拾色器】对话框设置颜色 ·······················65
实例　运用【吸管工具】快速选择颜色 ·······················65
4.2　填充颜色 ··66
实例　运用【油漆桶工具】填充卡通动物 ·····················66
实例　运用【渐变工具】制作彩虹 ·······························68
4.3　选区的描边与填充 ··69
实例　运用【描边】命令制作图像边框 ·······················70
实例　运用【填充】命令填充图像 ·······························71
第5章　调整画面色彩 ···74
5.1　调整图像的色调 ···74
实例　运用自动命令矫正图像色彩 ·······························74
实例　运用【色阶】与【曲线】命令调整图像对比度 ·······75

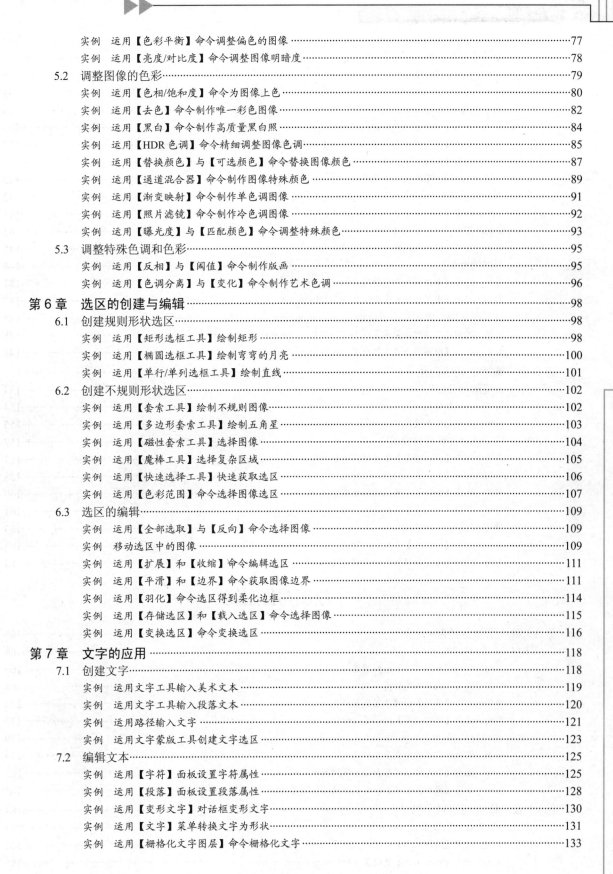

实例　运用【色彩平衡】命令调整偏色的图像 77
实例　运用【亮度/对比度】命令调整图像明暗度 78

5.2　调整图像的色彩 79

实例　运用【色相/饱和度】命令为图像上色 80
实例　运用【去色】命令制作唯一彩色图像 82
实例　运用【黑白】命令制作高质量黑白照 84
实例　运用【HDR色调】命令精细调整图像色调 85
实例　运用【替换颜色】与【可选颜色】命令替换图像颜色 87
实例　运用【通道混合器】命令制作图像特殊颜色 89
实例　运用【渐变映射】命令制作单色调图像 91
实例　运用【照片滤镜】命令制作冷色调图像 92
实例　运用【曝光度】与【匹配颜色】命令调整特殊颜色 93

5.3　调整特殊色调和色彩 95

实例　运用【反相】与【阈值】命令制作版画 95
实例　运用【色调分离】与【变化】命令制作艺术色调 96

第6章　选区的创建与编辑 98

6.1　创建规则形状选区 98

实例　运用【矩形选框工具】绘制矩形 98
实例　运用【椭圆选框工具】绘制弯弯的月亮 100
实例　运用【单行/单列选框工具】绘制直线 101

6.2　创建不规则形状选区 102

实例　运用【套索工具】绘制不规则图像 102
实例　运用【多边形套索工具】绘制五角星 103
实例　运用【磁性套索工具】选择图像 104
实例　运用【魔棒工具】选择复杂区域 105
实例　运用【快速选择工具】快速获取选区 106
实例　运用【色彩范围】命令选择图像选区 107

6.3　选区的编辑 109

实例　运用【全部选取】与【反向】命令选择图像 109
实例　移动选区中的图像 109
实例　运用【扩展】和【收缩】命令编辑选区 111
实例　运用【平滑】和【边界】命令获取图像边界 111
实例　运用【羽化】命令选区得到柔化边框 114
实例　运用【存储选区】和【载入选区】命令选择图像 115
实例　运用【变换选区】命令变换选区 116

第7章　文字的应用 118

7.1　创建文字 118

实例　运用文字工具输入美术文本 119
实例　运用文字工具输入段落文本 120
实例　运用路径输入文字 121
实例　运用文字蒙版工具创建文字选区 123

7.2　编辑文本 125

实例　运用【字符】面板设置字符属性 125
实例　运用【段落】面板设置段落属性 128
实例　运用【变形文字】对话框变形文字 130
实例　运用【文字】菜单转换文字为形状 131
实例　运用【栅格化文字图层】命令栅格化文字 133

第8章　图层的基础应用···134
　8.1　使用【图层】面板···134
　　　实例　显示与隐藏图层···135
　　　实例　选择图层···135
　8.2　图层的基本操作···136
　　　实例　运用【新建】命令新建图层··136
　　　实例　运用【复制图层】与【删除图层】命令处理图层······························137
　　　实例　运用【链接图层】与【合并图层】命令链接图层······························139
　　　实例　运用快捷菜单更改图层属性··140
　8.3　图层的编辑···142
　　　实例　运用【排列】命令调整图层顺序··142
　　　实例　运用【对齐】与【分布】命令分布图层······································143
　　　实例　运用剪贴图层隐藏下一层图像··145
　8.4　图层的管理···146
　　　实例　运用【新建】命令创建图层组··147
　　　实例　运用【图层编组】命令编辑图层组··147
　8.5　设置图层混合模式和不透明度···148
　　　实例　运用【不透明度】设置图层不透明度······································148
　　　实例　运用【图层混合模式】设置图像混合······································148

第9章　滤镜的初级应用···154
　9.1　滤镜的相关知识···154
　　　实例　滤镜的样式···154
　　　实例　滤镜的重复使用···155
　9.2　常用滤镜的设置与应用···157
　　　实例　运用【镜头校正】滤镜制作奇妙图像······································157
　　　实例　运用【液化】滤镜为人物瘦身··158
　　　实例　运用【油画】滤镜制作油画图像··160
　　　实例　运用【消失点】滤镜复制图像··161
　9.3　使用滤镜库与智能滤镜···163
　　　实例　运用【滤镜库】命令添加滤镜··163
　　　实例　运用【智能滤镜】命令存储滤镜··165

绘图与修图篇

第10章　图像的绘制···166
　10.1　绘制图像···166
　　　实例　运用【画笔工具】绘制图像··166
　　　实例　查看与选择画笔样式··168
　　　实例　运用【画笔】面板设置画笔样式··170
　　　实例　运用【铅笔工具】绘制爱心咖啡··177
　10.2　绘制形状图形···179
　　　实例　运用形状工具绘制基本形状··179
　　　实例　运用【自定形状工具】绘制多种图形······································182
　　　实例　运用【栅格化图层】命令状转换形状图层······································182

第11章　修饰与编辑图像···184
　11.1　图像的局部修饰···184
　　　实例　运用【模糊工具】制作景深效果··184
　　　实例　运用【锐化工具】使图像清晰··185

实例 运用【涂抹工具】绘制光束 ···186
11.2 修复图像 ···187
实例 运用【污点修复画笔工具】修复杂点 ···················187
实例 运用【修复画笔工具】删除图像 ·····························189
实例 运用【修补工具】修补图像折痕 ·····························190
实例 运用【红眼工具】去除人物红眼 ·····························192
11.3 修饰图像 ···192
实例 运用【减淡工具】减淡色彩 ·····································193
实例 运用【加深工具】制作阴影 ·····································194
实例 运用【海绵工具】降低图像饱和度 ·························196
11.4 复制图像 ···197
实例 运用【仿制图章工具】仿制图像 ·····························197
实例 运用【图案图章工具】绘制连续图案 ·····················198

特效提高篇

第12章 图层高级应用 ···200
12.1 调整图层的应用 ···200
实例 运用新建功能创建调整图层 ·····································200
实例 运用【属性】面板编辑调整图层 ·····························201
12.2 为图层添加图层样式 ···204
实例 运用【投影】与【内阴影】样式制作投影效果 ·········204
实例 运用【外发光】与【内发光】样式制作发光效果 ·····206
实例 运用【斜面和浮雕样式】制作浮雕效果 ···················209
实例 运用【颜色叠加】与【渐变叠加】样式制作人物剪影 ···210
实例 运用【图案叠加】样式制作图案效果 ·····················212
实例 运用【光泽】与【描边】样式制作特效文字 ·············213
12.3 管理图层样式 ···215
实例 展开和折叠图层样式 ···215
实例 运用【拷贝图层样式】命令复制图层样式 ···············216
实例 运用【清除图层样式】命令删除图层样式 ···············217
实例 运用【全局光】命令设置光源 ·································218
实例 运用缩放图层样式 ···219
实例 运用【样式】面板 ···220
第13章 通道与蒙版的应用 ···222
13.1 应用蒙版 ···222
实例 运用快速蒙版 ···222
实例 运用图层蒙版隐藏图像 ···224
实例 运用矢量蒙版 ···228
13.2 应用通道 ···232
实例 认识通道 ···232
实例 运用【创建新通道】按钮创建 Alpha 通道 ···············234
实例 运用面板菜单新建专色通道 ·····································236
13.3 通道的操作 ···237
实例 隐藏与显示通道 ···238
实例 运用快捷菜单复制通道 ···239
实例 运用【删除当前通道】按钮删除通道 ·····················240
实例 运用【通道】面板载入通道选区 ·····························240
实例 运用【通道分离】命令分离与合并通道 ···················241

第 14 章　滤镜应用详解 ··· 243
　14.1　滤镜库中的滤镜 ··· 243
　　实例　风格化类滤镜 ··· 243
　　实例　画笔描边类滤镜 ··· 246
　　实例　扭曲类滤镜 ··· 249
　　实例　素描类滤镜 ··· 253
　　实例　纹理类滤镜 ··· 258
　　实例　艺术效果类滤镜 ··· 261
　14.2　其他滤镜的设置与应用 ··· 266
　　实例　像素化类滤镜 ··· 266
　　实例　模糊类滤镜 ··· 268
　　实例　杂色类滤镜 ··· 272
　　实例　渲染类滤镜 ··· 273
　　实例　锐化类滤镜 ··· 275

第 15 章　动作与批处理图像 ··· 277
　15.1　动作的使用 ··· 277
　　实例　认识【动作】面板 ··· 277
　　实例　运用【动作】面板执行动作 ··· 278
　　实例　运用【创建新动作】按钮录制新动作 ··································· 279
　15.2　自动处理图像 ··· 280
　　实例　运用【批处理】命令处理多个图像 ····································· 280
　　实例　运用【自动】命令裁切并修正照片 ····································· 281

第 16 章　图像的打印与输出 ··· 283
　16.1　打印与印刷中常见问题处理 ··· 283
　　实例　输出设备颜色的校对 ··· 283
　　实例　专色的设置 ··· 283
　　实例　字体的配备 ··· 284
　　实例　输出前应注意的问题 ··· 284
　16.2　图像的打印输出 ··· 284
　　实例　分彩校对 ··· 284
　　实例　设置打印内容 ··· 284
　　实例　打印图像设置 ··· 285
　16.3　图像的印刷输出 ··· 285
　　实例　印前准备工作 ··· 286
　　实例　印刷工艺流程 ··· 286
　　实例　分色和打样 ··· 286

案例精通篇

第 17 章　特效图像案例实战 ··· 287
　　实例　制作花园文字 ··· 287
　　实例　艺术底纹特效设计 ··· 290
　　实例　制作咖啡搅拌效果 ··· 297
　　实例　合成海洋中的瓶子 ··· 302

第 18 章　海报案例实战 ··· 308
　　实例　服饰店海报 ··· 308
　　实例　酒宣传海报 ··· 315
　　实例　商场开业海报 ··· 323

第 19 章　DM 单案例实战 ··328

　　实例　暑假招生 DM 单 ···328

　　实例　房地产 DM 单 ···338

　　实例　珠宝行 DM 单 ···343

第 20 章　包装案例实战 ··349

　　实例　饮料包装平面图 ···349

　　实例　饮料包装立体图 ···356

基础入门篇

第 1 章　Photoshop 的基础知识

在运用 Photoshop 之前，首先要熟悉 Photoshop 工作界面的组成、系统的优化设置以及一些图像的基本概念和色彩模式等。掌握这些基本知识，将有利于对该软件的整体了解和学习。

本章学习要点
- Photoshop CS6 的界面与工具介绍
- Photoshop CS6 系统常用设置
- 图像处理基础知识

1.1　Photoshop CS6 入门

Photoshop 是迄今为止世界上最畅销的图像编辑软件之一，它已成为许多涉及图像处理的行业的标准。下面就将介绍 Photoshop 的发展历史、应用领域，以及该软件的启动与退出。

1.1.1　了解 Photoshop 的发展历程

Photoshop 的主要设计师是托马斯·诺尔。最初他研究图像处理软件主要是为了在计算机上显示带灰度的黑白图像，不过随着设计师们的不断努力，Photoshop 软件功能得到了逐步完善。

在 20 世纪 90 年代初，美国的印刷工业发生了比较大的变化，印前计算机化开始普及。Photoshop 在其版本 2.0 中增加的 CMYK 功能使得印刷厂开始把分色任务交给用户，一个新的行业桌上印刷由此产生。Photoshop 在这时得到了极大的推广和运用。

从 1990 年 2 月 Photoshop 1.0.7 版本正式发行，到 2002 年 Photoshop 7.0 的发行，Photoshop 都是以单独的软件作为主要程序。而到了 2003 年 10 月发行的新版本 Photoshop 不再延续原来的叫法，即 Photoshop 8.0，而改称为 Photoshop Creative Suite，即 Photoshop CS。它与 Adobe 其他的系列产品组合成一个创作套装软件，与兄弟产品的融合更加协调通畅。CS 版本把原来的原始文件插件进行改进并成为 CS 的一部分，另外还有更多新功能为数码相机而开发，如智能调节不同地区亮度、镜头畸变修正、镜头模糊滤镜等。

1.1.2　Photoshop CS6 的应用领域

Photoshop 使用的普遍性已经毋庸置疑，从修复数码相机拍摄的各种照片到制作出精美的图片并上传到网络中，从工作中的简单图案设计到专业印刷设计师或网页设计师的图片处理工作，无所不能。如果细分下来，其主要应用到的领域包括广告设计、排版印刷、数码摄影、特效设计等，下面就来介绍 Photoshop CS6 常用的一些应用领域。

1.　数码照片处理

随着生活水平的不断提高，现代人越来越重视自身形象的设计，所以照片处理在现在也是一个非常流行的行业，而 Photoshop 恰好提供了丰富的图形工具、强大的色彩调整命令以及各种特效滤镜，对于处理照片来说非常方便。现在普通家庭都爱使用 Photoshop CS6 对照片进行处理，图 1-1 所示就是利用 Photoshop CS6 处理后的照片效果。

图 1-1　利用 Photoshop CS6 处理的艺术照片

2．广告设计

在广告设计中，Photoshop 的运用起着非常重要的作用，而平面广告的设计也是应用最广泛的领域，主要包括户外广告、工业产品宣传广告、房产宣传广告制作等方面，如图 1-2 所示。

图 1-2　平面广告设计

3．特效制作

设计人员可以通过 Photoshop 制作出各种特殊绚丽的图像效果，通过软件的多种滤镜命令还可以制作出各种视觉特效，例如材质特效、纹理特效、科幻场景特效、绘画特效等，图 1-3 所示为使用 Photoshop 制作的视觉特效图像效果。

图 1-3　特效设计

4．效果图制作

现在的人越来越讲究品位，在对自己家或者整栋楼宇外观进行装修前，通常首先需要通过效果图来了解设计效果，所以效果图后期处理也是目前较热门的一个行业，不论是在室内装饰、建筑外观，还是舞台设计方面，Photoshop 都发挥着重要作用。图 1-4 所示为使用 Photoshop 处理的室内效果图和建筑效果图。

图 1-4　处理后的效果图

1.1.3　运用菜单命令启动和退出 Photoshop CS6

要使用 Photoshop 软件，首先要启动该软件，才能对图像进行处理。处理完成后，还需要将软件退出系统，以免影响计算机运行的速度。下面将详细介绍如何启动和退出 Photoshop CS6 软件。

1．启动 Photoshop CS6

在程序安装好以后，可以通过以下 3 种方法来启动 Photoshop CS6。

● 双击桌面上 Photoshop CS6 的快捷方式图标，如图 1-5 所示，即可启动 Photoshop CS6。

● 单击【开始】按钮，选择【所有程序】|【Adobe】|【Adobe Photoshop CS6】命令，即可启动 Photoshop 应用程序，如图 1-6 所示。

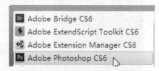

图 1-5　双击 Photoshop 图标　　　　　　　　图 1-6　选择应用程序

● 当需要打开的文档的文件格式是 PSD 格式时，用户可以在资源管理器中双击 PSD 文档，即可打开 Photoshop CS6 应用程序并开启该文档，如图 1-7 所示。

图 1-7　双击扩展名为.psd 的文件打开软件

2. 退出 Photoshop CS6

使用 Photoshop CS6 软件处理完图像后，需退出该程序。退出前应先关闭所有打开的图像文件窗口。可以单击工作界面标题栏右侧的【关闭】 ✕ 按钮；或选择【文件】|【退出】命令或按【Ctrl+Q】组合键或按【Alt+F4】组合键都可以退出 Photoshop。

1.2　Photoshop CS6 的界面与工具

启动 Photoshop CS6 后，首先看到的是它漂亮整洁的工作界面，左侧的是所有工具，右侧则是一部分面板。下面将分别介绍一下界面和工具面板的作用。

1.2.1　Photoshop CS6 的界面

使用菜单命令启动 Photoshop CS6 后，便可进入 Photoshop CS6 的工作界面，打开一幅素材图像，即可看到工作界面中包含标题栏、菜单栏、工具箱、工具属性栏、面板、图像窗口和状态栏等内容，如图 1-8 所示。

图 1-8　工作界面

1. 标题栏

标题栏位于 Photoshop CS6 界面的顶端左侧，主要用于显示软件名称，在 Photoshop CS6 中显示为 Ps 字样，其右侧的 ━ 、 ▢ 和 ✕ 按钮分别用来最小化、还原和关闭工作界面。

2. 菜单栏

在菜单栏中包含了 Photoshop CS6 中的所有命令，由文件、编辑、图像、图层、文字、选择、滤镜、视图、窗口和帮助菜单组成，每个菜单项中都内置了多个菜单命令，用户可以通过这些命令对图像进行各种编辑处理，如图 1-9 所示。有的菜单命令右侧还有一个 ▶ 符号，表示该菜单命令下还有子菜单，选择该命令，即可自动显示其子菜单，如图 1-10 所示。

图 1-9　菜单

图 1-10　子菜单

3. 工具属性栏

Photoshop 的大部分工具的属性设置都显示在属性栏中，它位于菜单栏的下方。在工具箱中选择不同工具后，工具属性栏也会随着当前工具的改变而变化，用户可以很方便地利用它来设定该工具的各种属性。在工具箱中分别选择魔棒工具 ✷ 和裁剪工具 ⊞ 后，工具属性栏分别显示如图 1-11 和图 1-12 所示的参数控制选项。

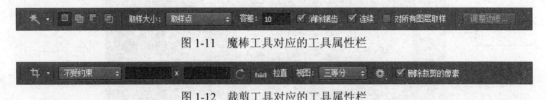

图 1-11　魔棒工具对应的工具属性栏

图 1-12　裁剪工具对应的工具属性栏

4. 工具箱

打开 Photoshop CS6 工作界面后，可以看到工具箱位于窗口左侧。工具箱是工作界面中最重要的面板，通过其中的工具几乎可以完成图像处理过程中的所有操作。用户可以将鼠标指针移动到工具箱顶部，按住鼠标左键不放，将其拖动到图像工作界面的任意位置。

在工具箱顶部有一个折叠按钮 ，单击该按钮可以将工具箱中的工具以紧凑形式排列，如图 1-13 所示。

部分工具按钮右下角带有黑色小三角形标记 ，表示这是一个工具组，其中隐藏多个子工具。使用鼠标左键单击该工具，并按住鼠标左键不放，将会弹出其子工具；将鼠标指向工具箱中的工具按钮停留片刻，将会出现一个工具名称的注释，注释括号中的字母即是对应此工具的快捷键，如图 1-14 所示。

图 1-13　收缩后的工具箱　　　　　　　图 1-14　展开工具组

5. 图像窗口

图像窗口具有显示图像文件、编辑或处理图像的功能，是对图像进行浏览和编辑操作的主要场所。在图像窗口的上方是图像文件的标题栏，标题栏中可以显示当前文件的名称、格式、显示比例、色彩模式、所属通道和图层状态，如果该文件未被存储过，则标题栏以【未命名】并加上连续的数字作为文件的名称，如图 1-15 所示。

图 1-15　图像窗口

6. 状态栏

状态栏位于图像窗口底部，显示图像相关信息。最左端显示当前图像窗口的显示比例，在其中输入数值后按下【Enter】键可以改变图像的显示比例，中间显示当前图像文件的大小。

7. 面板组

在 Photoshop CS6 中，面板是非常重要的一个组成部分，用户可以在面板中进行选择颜色、编辑图层、新建通道、编辑路径和撤销编辑等操作。选择【窗口】|【工作区】命令，可以选择需要打开的面板。打开后，面板都依附在工作界面右侧，如图 1-16 所示。单击面板右上方的三角形按钮，可以将面板缩为精美的图标，使用时可以直接选择所需面板按钮即可弹出面板，如图 1-17 所示。

图 1-16 展开的面板

图 1-17 收缩的面板

面板组是可以拆分的，只须在某一面板上按住鼠标左键不放，然后将其拖动至工作界面的空白处释放即可。图 1-18 所示为将【图层】面板组中的 3 个子面板拆分后的效果。

图 1-18 【图层】面板组

提示　　用户可以将面板组重新组合，并且在组合过程中可以将面板项按任意次序放置，也可将不同面板组中的面板项进行组合，以生成新的面板组。

1.2.2 Photoshop CS6 工具详解

下面分别对工具箱中的各组工具做一些简单的介绍，如图 1-19 所示。

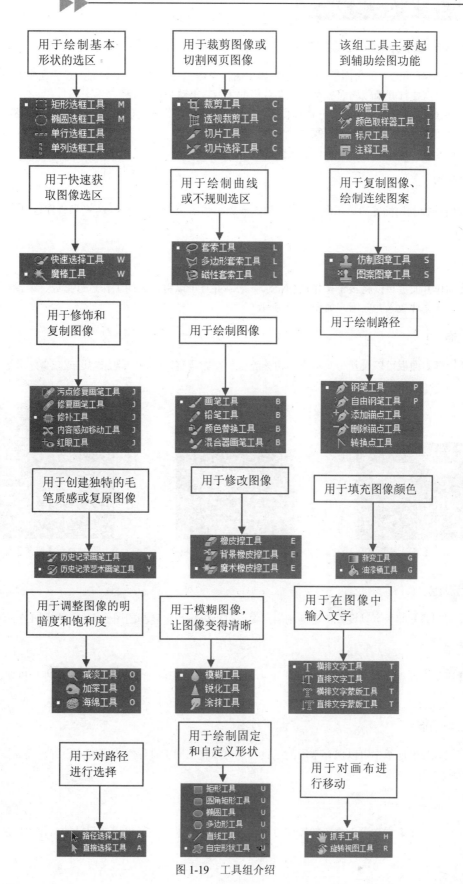

图 1-19　工具组介绍

1.2.3 Photoshop CS6 面板概述

在 Photoshop 界面的右侧为面板，面板中汇集了图像操作中常用的选项或功能。在界面中并非每个面板都是打开的，如果需要打开隐藏的面板可以在菜单栏的【窗口】菜单中选择。

Photoshop CS6 根据各种功能的分类提供了 24 个面板，使用这些面板可以进一步细致调整各项工具的选项，也可以将面板中的功能应用到图像中。

下面将对图像绘制过程中常用的几个面板详细介绍。

1. 导航器

【导航器】面板利用缩览图显示图像，通过放大或缩小图像来查找制定区域，利用视图框可以搜索大图像，如图 1-20 所示。

2. 动作

使用【动作】面板可以将多个操作过程记录下来，并且可以将记录的工作进行播放、编辑和删除，还可以将存储的动作文件载入并应用，如图 1-21 所示。

3. 段落

使用【段落】面板可以设置与文本段落相关的选项，如调整行间距、增加缩进或减少缩进等，如图 1-22 所示。

图 1-20　【导航器】面板　　　　图 1-21　【动作】面板　　　　图 1-22　【段落】面板

4. 仿制源

通过【仿制源】面板可以设置特定复制的图像，也可以将特定复制的图像存储，如图 1-23 所示。

5. 画笔

通过【画笔】面板可以对画笔的形态、大小、材质、杂点程度、柔和效果等选项进行设置，如图 1-24 所示。

6. 工具预设

在【工具预设】面板中可以保存常用的工具，也可以将相同工具保存为不同的设置，提高操作效率，如图 1-25 所示。

7. 历史记录

使用【历史记录】面板可以将图像操作过程按顺序记录下来，并且可以在记录的操作中恢复操作过程，如图 1-26 所示。

| 图 1-23　【仿制源】面板 | 图 1-24　【画笔】面板 | 图 1-25　【工具预设】面板 |

8. 路径

【路径】面板用于将选区转换为路径，或者将路径转换为选区。利用该面板可以应用各种路径的相关功能，如图 1-27 所示。

9. 色板

使用【色板】面板可以保存常用的颜色。单击相应的色块，即可将该颜色指定为前景色或背景色，如图 1-28 所示。

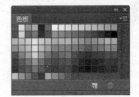

| 图 1-26　【历史记录】面板 | 图 1-27　【路径】面板 | 图 1-28　【色板】面板 |

10. 调整

【调整】面板主要用于创建调整图层。在该面板中选择调整图层后，即可切换到【属性】面板，在其中可以对所选择的调整色调进行详细的设置，如图 1-29 所示。

11. 通道

【通道】面板用于管理颜色信息和利用通道指定的选区，主要用于创建 Alpha 通道及有效管理颜色通道，如图 1-30 所示。

12. 图层

【图层】面板是最常用的面板之一，该面板列出了图像中所有的图层、图层组和图层效果。使用该面板可以对图层、图层组或图层蒙版进行编辑，如图 1-31 所示。

图 1-29　【调整】面板

图 1-30　【通道】面板

图 1-31　【图层】面板

13.　颜色

【颜色】面板用于设置前景色和背景色的颜色。使用时可以通过拖动滑块进行指定，也可以在文本框中直接输入相应的颜色值来进行设定，如图 1-32 所示。

14.　样式

【样式】面板用于制作立体图标，只要选择面板中的各个样式图即可制作出相应的特效图像，如图 1-33 所示。

15.　直方图

使用【直方图】面板可以看到图像中所有色调的分布情况，图像的颜色主要分为最亮的区域（高光）、中间区域（中间色调）和暗淡区域（暗调）3 部分，如图 1-34 所示。

图 1-32　【颜色】面板

图 1-33　【样式】面板

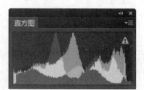

图 1-34　【直方图】面板

16.　字符

【字符】面板主要在编辑或修改文本时使用，可以设置文字大小、行距、颜色等，如图 1-35 所示。

17.　图层复合

【图层复合】面板中存储了图层的组成因素，以及同一个图像的不同图层组合。利用该面板可以更有效地完成设计，如图 1-36 所示。

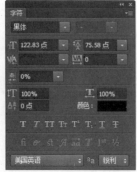

图 1-35　【字符】面板

图 1-36　【图层复合】面板

1.3　Photoshop 的系统常用设置

在 Photoshop CS6 中可以对系统进行优化设置，可以设置界面和辅助线的颜色，还可以对光标、标尺等进行设置，通过这些设置能够帮助用户更加方便快捷地操作软件。下面就来介绍一些系统常用的设置。

1.3.1　运用【常规】命令设置基本功能

选择【编辑】|【首选项】|【常规】命令，打开【首选项】对话框，如图 1-37 所示。在该对话框中设置常规选项，可以控制剪贴板信息的保持、颜色滑杆的显示、颜色拾取器的类型等。

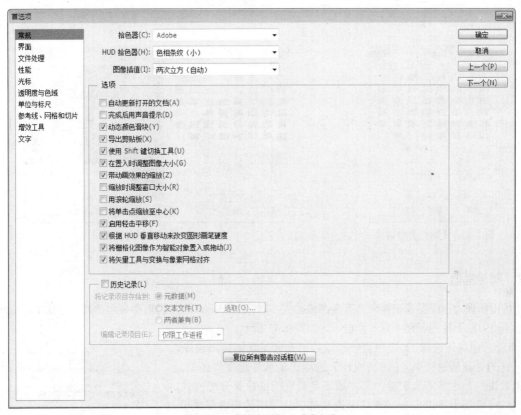

图 1-37　【首选项】—【常规】

1．拾色器

在【拾色器】选项下拉列表框中有两个选项：Windows 和 Adobe。与 Windows 颜色拾色器相比，Adobe 颜色拾取器就相当复杂了。在 Adobe 颜色拾取器中，可根据 4 种不同的色彩模式来拾取颜色。在设置时，一般选取 Adobe 选项。

在【拾色器】选项中选择 Adobe 颜色拾取器后，单击工具箱中的前景或背景色块，将弹出如图 1-38 所示的【拾色器】对话框。在该对话框中单击【颜色库】按钮，系统将打开【颜色库】对话框，如图 1-39 所示。

在【首选项】—【常规】对话框中的【拾色器】选项中选择 Windows 颜色拾取器后，单击工具箱中的前景或背景色块，将弹出如图 1-40 所示的【颜色】对话框。在该对话框中单击【规定自定义颜色】按钮，系统将弹出如图 1-41 所示的对话框。

图 1-38 【拾色器】对话框

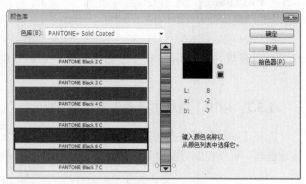

图 1-39 【颜色库】对话框

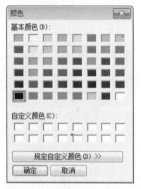

图 1-40 【颜色】对话框

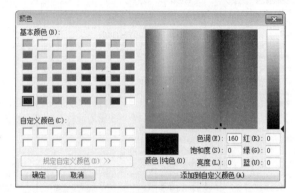

图 1-41 【颜色】对话框

2. 图像插值

在运用图像大小或图像变换命令改变图像的大小时，Photoshop CS6 将根据设定的插值方法生成或删除像素。在插值方法下拉列表框中有 5 个选项，如图 1-42 所示。

【邻近（保留硬边缘）】选项会使修改后的选区呈现锯齿形边缘，因此，它的处理质量较低。【两次线性】选项无论从处理质量还是运算速率来说，都比邻近选项强，但它还不是最完美的像素分配方式。【两次立方(适用于平滑渐变)】选项无论从美学欣赏还是精确度来说，都是完美无缺的。虽然其运算速率较慢，但色调变化最均匀。因此，在对插值方法进行设置时一般选择【两次立方（适用于平滑渐变）】选项。

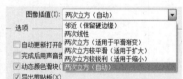

图 1-42 插值选项

3. 选项和历史记录

在选项区域中有 14 个复选框，选择相应的选项可以让操作更加快捷方便。

【历史记录】选项用于设置撤销操作的步骤。在【历史记录状态】复选框右侧有历史记录状态框，在此框中可设置历史记录的操作步骤，其范围在 1～100 之间。

1.3.2 运用【界面】命令设置软件界面

选择【编辑】|【首选项】|【界面】命令，可以进入到界面选项中，如图 1-43 所示。在其中可以设置屏幕的颜色和边界颜色，还可以设置面板和文档的各种折叠和浮动方式等。

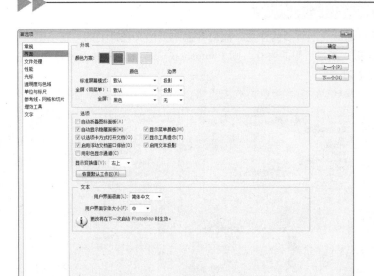

图 1-43　【界面】选项

1.3.3　运用【文件处理】命令设置文件存储格式和兼容性

选择【编辑】|【首选项】|【文件处理】命令，系统将弹出如图 1-44 所示的【首选项】对话框，在该对话框中有【图像预览】和【文件扩展名】两个选项框和【文件兼容性】选项区，以及版本提示选项区。

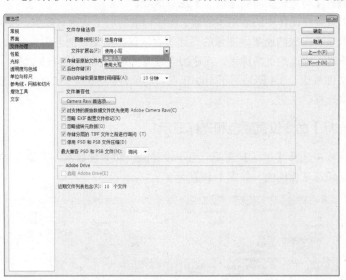

图 1-44　【文件处理】选项

【图像预览】下拉列表框中有 3 个选项，分别是【总不存储】、【总是存储】和【存储时提问】。

【文件扩展名】列表框中有两个选项：即【使用大写】和【使用小写】。可自由设定扩展名的大小写。一般来说，小写的扩展名易于阅读。

在文件兼容性选项区中有 3 个复选项和一个下拉列表框。其中的【存储分层的 TIFF 文件之前进行询问】复选框用来决定是否允许在 TIFF 图像格式中存储 ZIP 和 JPEG 压缩文件。选中【最大兼容 PSD 和 PSB 文件】复选框，可以存储每个文件的拼合图像版本。

1.3.4　运用【性能】命令设置优化效果

单击性能选项，可以看到【性能】对话框中的所有选项，如图 1-45 所示。左侧的【内存使用情况】对于优化 Photoshop 的性能起着相当重要的作用。而暂存盘用于定义硬盘上的一些临时空间。Photoshop CS6 在运行时如果超过了计算机，指定可用的内存，则 Photoshop CS6 将把文件放到暂存盘中。在【暂存盘】选项区域中可自由设定 4 个暂存盘。

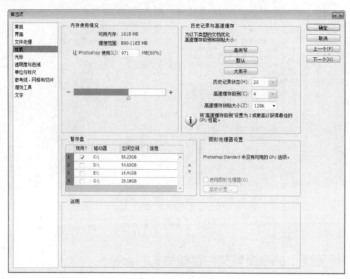

图 1-45 【性能】选项

在该对话框的右侧有【历史记录与高速缓存】选项区域。

历史记录状态可以设置在操作中的后退步骤数、能够记录的历史状态有多少；而高速缓存可使 Photoshop 在编辑过程中加快图像重新生成的速率。图像的高速缓存区保持着文件的若干复制品，从而在进行颜色调整和图层变换之类的操作时可快速地更新屏幕。高速缓存设置的取值范围在 1～8 之间，2 或 3 的高速缓存设置值对于 10MB 以下的文件最佳，而 4 则适用于 10MB 左右的文件。对于完整的直方图处理，最好不要选择【使用直方图高速缓存】复选框。

1.3.5 运用【光标】命令设置颜色和光标显示

在【首选项】对话框中选择【光标】选项，用于设置颜色和光标显示。无论在 Windows 系统中还是在 Mac 系统中，它们的选项都是相同的，如图 1-46 所示。

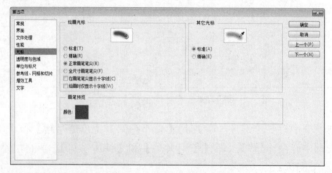

图 1-46 【光标】选项

在该对话框中有【绘画光标】、【其他光标】和【画笔预览】3 个选项区域。在【绘画光标】选项区域中可自由设定画笔光标的显示方式，此选项区域中有 3 个单选框。【标准】单选框可以将画笔光标显示为图标状；【精确】单选框可使画笔光标以精确的十字形显示；【画笔大小】单选框用于显示画笔的大小。在【其他光标】选项区域中可设定其他工具的光标，按【Caps Lock】键可以快速切换光标显示方式。在【画笔预览】选项中可以设置画笔颜色。

1.4　图像处理基础知识

现在我们已经有了强大的图像处理软件，但是除了掌握软件操作技巧外，还应该对图像的基本概念有一定的认识和了解，下面将分别进行介绍。

1.4.1　位图与矢量图

计算机中的图形图像分为位图和矢量图两种，理解它们的概念和区别将有助于更好地学习和使用 Photoshop CS6。例如矢量图适合于插图，但聚焦和灯光的质量很难在一幅矢量图像中获得；而位图图像则更能够将灯光、透明度和深度的质量等逼真地表现出来。

1. 位图

位图也称为点阵图或像素图，由像素构成。如果将此类图像放大到一定程度，就会发现它是由一个个像素组成的。位图图像质量由分辨率决定，单位面积内的像素越多，也就是分辨率越高，图像的效果就越好。

用于制作多媒体光盘的图像分辨率通常设置为 72 像素/英寸就可以了，而用于彩色印刷品的图像则需要设置为 300 像素/英寸左右，印出的图像才不会缺少平滑的颜色过渡。

2. 矢量图

所谓矢量图是由诸如 Adobe Illustrator、Macromedia Freehand、CorelDraw 等一系列的图形软件产生的，它由一些用数学方式描述的曲线组成，其基本组成单元是锚点和路径。无论放大或缩小多少，矢量图的边缘都是平滑的。适量图尤其适用于制作企业标志，这些标志无论用于商业信纸，还是招贴广告，只用一个电子文件就能满足要求，可随时缩放，而效果一样清晰。

1.4.2　像素与分辨率

Photoshop CS6 的图像是基于位图格式的，而位图图像的基本单位是像素，因此在创建位图图像时需为其指定分辨率大小。图像的像素与分辨率均能体现图像的清晰度，下面将分别介绍像素和分辨率的概念。

1. 像素

像素由英文单词"pixel"翻译而来，它是构成位图图像的最小单位，是位图中的一个小方格。如果将一幅位图看成是由无数个点组成的，每个点就是一个像素。同样大小的一幅图像，像素越多的图像越清晰，效果越逼真。图 1-47 所示为 100%显示的图像，当将其放大显示到足够大的比例时就可以看见构成图像的方格状像素，如图 1-48 所示。

图 1-47　100%显示的图像　　　　　图 1-48　放大显示像素

2. 分辨率

分辨率是指单位长度上的像素数目。单位长度上像素越多，分辨率越高，图像就越清晰，所需的存储空间也就越大。分辨率可分为图像分辨率、打印分辨率和屏幕分辨率等。

- 图像分辨率：图像分辨率用于确定图像的像素数目，其单位有【像素/英寸】和【像素/厘米】。如一幅图像的分辨率为 300 像素/英寸，表示该图像中每英寸包含 300 个像素。

- 打印分辨率：打印分辨率又叫输出分辨率，指绘图仪、激光打印机等输出设备在输出图像时每英寸所产生的油墨点数。如果使用与打印机输出分辨率成正比的图像分辨率，就能产生较好的输出效果。

- 屏幕分辨率：屏幕分辨率是指显示器上每单位长度显示的像素或点的数目，单位为"点/英寸"。如 80 点/英寸表示显示器上每英寸包含 80 个点。普通显示器的典型分辨率约为 96 点/英寸，苹果计算机显示器的典型分辨率约为 72 点/英寸。

1.4.3 图像的颜色模式

常用的色彩模式有 RGB（表示红、绿、蓝）模式、CMYK（表示青、洋红、黄、黑）模式、HSB（表示色相、饱和度、亮度）模式、Lab 模式，灰度模式、索引模式、位图模式、双色调模式和多通道模式等。

色彩模式除确定图像中能显示的颜色数之外，还影响图像通道数和文件大小。每个图像具有一个或多个通道，每个通道都存放着图像中颜色元素的信息。图像中默认的颜色通道数取决于其色彩模式。例如，CMYK 图像至少有 4 个通道，分别代表青、洋红、黄和黑色信息。

1. RGB 模式

该模式由红、绿和蓝 3 种颜色按不同的比例混合而成，也称为真彩色模式，是最为常见的一种色彩模式。RGB 模式在【颜色】和【通道】面板中显示的颜色和通道信息如图 1-49 所示。

2. CMYK 模式

CMYK 模式是印刷时使用的一种颜色模式，由 Cyan（青）、Magenta（洋红）、Yellow（黄）和 Black（黑）4 种颜色组成。为了避免和 RGB 三基色中的 Blue（蓝色）发生混淆，其中的黑色用 K 来表示。CMYK 模式在【颜色】和【通道】面板中显示的颜色和通道信息如图 1-50 所示。

图 1-49 RGB 模式对应的【颜色】和【通道】面板

3. HSB 模式

HSB 模式是基于人眼对色彩的观察来定义的。所有的颜色都是由色相、饱和度和亮度来描述。色相是指颜色的主波长的属性，不同波长的可见光具有不同的颜色，众多波长的光以不同的比例混合可以产生不同的颜色。饱和度表示色彩的纯度，即色相中灰色成分所占的比例，黑、白和其他灰色色彩没有饱和度。在最大饱和度时，每一色相具有最纯的色光。亮度是色彩的明亮度，0%时表示黑色，100%时表示白色，范围为 0%～100%。

4. Lab 模式

Lab 模式是国际照明委员会发布的一种色彩模式，由 RGB 三基色转换而来。其中 L 表示图像的亮度，取值范围为 0～100；a 表示由绿色到红色的光谱变化，取值范围为-120～120；b 表示由蓝色到黄色的光谱变化，取值范围和 a 分量相同。Lab 模式在【颜色】和【通道】面板中显示的颜色和通道信息如图 1-51 所示。

图 1-50 CMYK 模式对应的【颜色】和【通道】面板

图 1-51 Lab 模式对应的【颜色】和【通道】面板

1.4.4　图像文件格式

图像文件有多种格式，而在 Photoshop 中常用到的文件格式有 PSD、JPEG、TIFF、GIF、BMP 等。用户选择【文件】|【打开】或【文件】|【存储为】命令后，打开对应的对话框，在文件类型下拉列表框中可以看见可选选择的文件格式，如图 1-52 所示。

下面来介绍一些常用的图像文件格式。

● PSD（*.PSD）、PDD 格式：这两种图像文件格式是 Photoshop 专用的图形文件格式，它有其他文件格式所不能包括的关于图层、通道及一些专用信息，也是唯一能支持全部图像色彩模式的格式。但是，以 PSD、PDD 格式保存的图像文件也会比其他的格式保存相同图像文件占用的磁盘空间更多。

● BMP（*.BMP；*.RLE）格式：BMP 图像文件格式是一种标准的点阵式图像文件格式，支持 RGB、灰度和位图色彩模式，但不支持 Alpha 通道。

● GIF（*.EPS）格式：GIF 图像文件格式是 CompuServe 提供的一种文件格式。将此格式进行 LZW 压缩，此图像文件就会占用较少的磁盘空间。GIF 格式支持 BMP、灰度和索引颜色等色彩模式，但不支持 Alpha 通道。

图 1-52　所有文件格式

● EPS（*.EPS）格式：EPS 图像文件格式是一种 PostScript 格式，常用于绘图和排版。此格式支持 Photoshop 中所有的色彩模式，在 BMP 模式中能支持透明，但不支持 Alhpa 通道。

● JPEG（*.JPG；*.JPEG；*.JPE）格式：JPEG 图像文件格式主要用于图像预览及超文本文档。要将图像文件变得较小，必须将 JPEG 格式保存的图像经过高倍率的压缩，压缩后会丢失部分不易察觉的数据，所以在印刷时不宜使用此格式。此格式支持 RGB、CMYK 等色彩模式。

● PDF（*.PDF；*.PDP）格式：PDF 图像文件格式是 Adobe 公司用于 Windows、MacOS、UNIX(R) 和 DOS 系统的一种格式，支持 JPEG 和 ZIP 压缩。

● PICT（*.PCT；*.PICT）格式：PICT 图像文件格式广泛用于 Macintosh 图形和页面排版程序中。此格式支持带一个 Alpha 通道的 RGB 色彩模式和不带 Alpha 通道的 Indexed Color 等色彩模式。

● PNG（*.PNG）格式：它作为 GIF 的免专利替代品而开发的 PNG 格式常用于在 World Wide Web 上无损压缩和显示图像。与 GIF 不同的是，PNG 支持 24 位图像，产生的透明背景没有锯齿边缘。此格式支持带一个 Alpha 通道的 RGB、Grayscale 色彩模式和不带 Alpha 通道的 RGB、Grayscale 色彩模式。

● TIFF（*.TIF；*.TIFF）格式：TIFF 图像文件格式可以在许多图像软件之间进行数据交换，其应用相当广泛，大部份扫描仪都输出 TIFF 格式的图像文件。此格式支持 RGB、CMYK、Lab、Indexed、Color、BMP、Grayscale 等色彩模式，在 RGB、CMYK 等模式中支持 Alpha 通道的使用。

第2章 图像文件的基本操作

在本章中将介绍图像文件的基本操作，这些知识都是 Photoshop CS6 的基本操作知识。

本章学习要点

- 新建和打开图像文件
- 导入与导出文件
- 设置工作区域
- 查看图像窗口
- 运用辅助工具

2.1 新建和打开文件

在 Photoshop CS6 中绘制图像，首先需要新建一个图像文件，或者打开已有的图像文件，才能对图像进行编辑，下面介绍新建和打开图像文件的方法。

Example 实例 运用【新建】命令创建文件

视频	光盘\视频\第 2 章\实例 001.mp4

操作步骤

步骤 ① 选择【文件】|【新建】命令或按【Ctrl+N】组合键，打开【新建】对话框，设置文件名称为【我的图像】，然后在【宽度】和【高度】数值框中设置图像的尺寸，设置分辨率为 120 像素/英寸，在【颜色模式】数值框中设置图像色彩模式为 RGB 颜色，在【背景内容】下拉列表中选择图像显示的颜色，如图 2-1 所示。

步骤 ② 单击【预设】右侧的三角形按钮 ✔，在弹出如图 2-2 所示的下拉列表中可选择需要的尺寸规格。

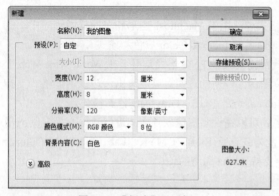

图 2-1 【新建】对话框

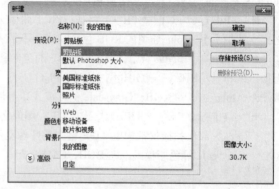

图 2-2 新建的图像

步骤 ③ 单击【高级】按钮，将在【新建】对话框底部会显示【颜色配置文件】和【像素长宽比】两个下拉列表框，如图 2-3 所示。与【预设】下拉列表框中的其他设置一样，这两个列表框也是用来设置新建文件的，可以将其看作是对【预设】下拉列表框的补充。

步骤 ④ 单击【确定】按钮，即可得到新建的图像文件，如图 2-4 所示。

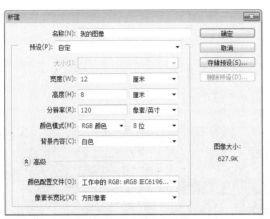

图 2-3　展开【高级】选项

图 2-4　新建的图像

Example 实例　运用【打开】命令打开文件

视频	光盘\视频\第 2 章\实例 002.mp4

操 作 步 骤

步骤 ① 选择【文件】|【打开】命令或按【Ctrl+O】组合键，打开【打开】对话框，在对话框中设置好要打开的图像所在路径和文件类型，并选择要打开的图像文件，如图 2-5 所示。

步骤 ② 单击【打开】按钮，即可打开选择的图像，如图 2-6 所示。

图 2-5　【打开】对话框

图 2-6　打开的图像

提示　按住【Ctrl】键的同时在工作界面中的任意空白处双击，可快速打开【新建】对话框，直接双击，则可快速打开【打开】对话框。

Example 实例　运用【在 Bridge 中浏览】命令打开文件

视频	光盘\视频\第 2 章\实例 003.mp4

操作步骤

步骤 ① 选择【文件】|【在 Bridge 中浏览】命令，转换到在 Bridge 中浏览，如图 2-7 所示。

步骤 ② 在窗口左侧选择【文件夹】选项，然后选择要浏览图像所在的文件夹后，中间的图像浏览区中就会即时显示当前文件下所有图像的预览效果，如图 2-8 所示。

图 2-7 Bridge 浏览器

图 2-8 预览文件夹中的图像

步骤 ③ 在中间的浏览区中选择需要打开的图像，右侧将显示该图像的具体信息，包括预览效果、文件名称、文件类型等，如图 2-9 所示。

步骤 ④ 在选择的图像中单击鼠标右键，将弹出一个快捷菜单，选择【打开】命令，如图 2-10 所示，即可在 Photoshop 中打开相应的图像，如图 2-11 所示。

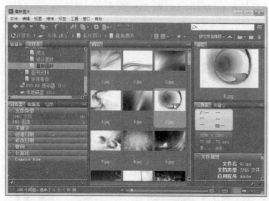

图 2-9 显示图像信息

图 2-10 打开图像

步骤 ⑤ 在快捷菜单中选择【打开方式】命令，在其子菜单中可以选择在相应软件中打开所选的图像文件，如图 2-12 所示。

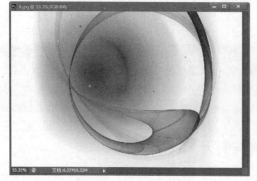

图 2-11 打开的素材图像

图 2-12 选择打开方式

2.2　导入与导出文件

在 Photoshop 中，【导入】和【导出】命令有非常强大的作用。【导入】命令可以对图像进行扫描，还可以导入视频文件进行处理，而【导出】命令能够将路径保存并导出到矢量软件中。

2.2.1　运用【导入】命令导入文件

在 Photoshop 中，用户可以通过选择【文件】|【导入】命令，在其子菜单中选择相应的命令来导入图像，如图 2-13 所示。用户还可以使用数码相机和扫描仪通过 WIA 支持来导入图像。如果使用 WIA 支持，Photoshop 将与 Windows 系统和数码相机或扫描仪软件配合工作，从而将图像直接导入到 Photoshop 中。

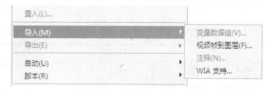

图 2-13　【导入】命令

2.2.2　运用【导出】命令导出文件

导出命令可以将 Photoshop 中所绘制的图像或路径导出到相应的软件中。选择【文件】|【导出】命令，在其子菜单中可以选择相应的命令，如图 2-14 所示。用户可以将 Photoshop 文件导出为其他文件格式，如 ZoomView 格式、Illustrator 格式等。除此之外，还能够将视频也导出到相应的软件中进行编辑。

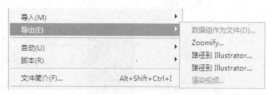

图 2-14　【导出】命令

2.3　保存与关闭文件

考虑到图像在处理的过程中可能会出现错误而导致丢失文件，所以在绘制的过程中就需要将其进行保存。在绘制完成后，要将其关闭，这样可以降低其对系统资源的占用，以提高计算机的处理能力。

2.3.1　运用【存储】命令保存文件

要存储图像，只须选择【文件】|【存储为】命令，打开【存储为】对话框，然后在【保存在】下拉列表中设置好文件存储的路径、在【文件名】文本框中输入文件名、在【格式】下拉列表框中设置好文件存储类型，如图 2-15 所示，最后单击【保存】按钮即可。

2.3.2　运用【关闭】命令关闭文件

当用户对图像完成处理后，应即时将其关闭，以防止其占用内存资源，或由于忽然停电等意外情况造成文件的损坏。关闭图像文件的方法有如下几种。

- 单击图像窗口标题栏中最右端的【关闭】按钮 ✕ 。
- 选择【文件】|【关闭】命令。
- 按【Ctrl+W】组合键关闭软件。
- 按【Ctrl+F4】组合键关闭软件。

图 2-15　【另存为】对话框

2.4 设置工作区域

在 Photoshop CS6 中可以根据自己的习惯对工作环境进行设置，并且可以将设置好的工作环境存储。设置工作环境不但包括调整面板、工具箱的位置，还可以对工作中的快捷键重新设置。

Example 实例 运用自定义方式设置工作区

视频	光盘\视频\第 2 章\实例 004.mp4

操 作 步 骤

步骤① 打开 Photoshop 软件后，可以看到默认的界面左侧的工具箱为单行工具显示，单击工具箱最顶端的 ▶▶ 按钮，即可将工具箱变为双行显示，如图 2-16 所示。

步骤② 如果要将面板转换为按钮状态，可以将鼠标指针移动到面板的最顶端，当指针呈 🖑 状时单击双三角形按钮，即可收缩面板，如图 2-17 所示。

图 2-16　调整工具箱状态

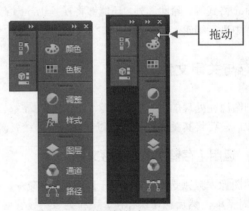

图 2-17　调整面板状态

步骤③ 打开按钮状态的面板，单击相应的面板按钮，即可打开该面板，如图 2-18 所示，如果要关闭打开的面板，可以单击面板右上角的 ▶▶ 按钮。

步骤④ 用户还可以将面板从按钮组中拆分出来，在面板的顶部单击并将其拖动到工作区域中即可，如图 2-19 所示。

图 2-18　打开面板

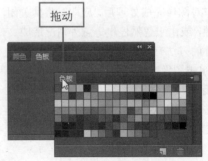

图 2-19　拆分面板

步骤 5 拆分出来的面板可以进行自由组合，使用鼠标左键按住面板标签拖动到面板中，如图 2-20 所示，当周边边框显示为蓝色时，即可将该面板组合起来，如图 2-21 所示。

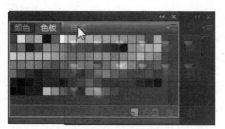

图 2-20　拖动面板

图 2-21　组合面板

> **提示** 单击面板右上角的 ✕ 按钮，可以关闭该面板或面板组。

步骤 6 用户在设置好自己所需的工作区域后，可以将其存储下来。选择【窗口】|【工作区】|【新建工作区】命令，打开【新建工作区】对话框，设置新建工作区的名称，如图 2-22 所示。

步骤 7 单击【确定】按钮，即可保存新建的工作区，选择【窗口】|【工作区】命令，在打开的菜单顶部可以看到刚刚存储的工作区，如图 2-23 所示。

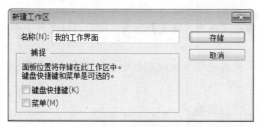

图 2-22　新建工作区

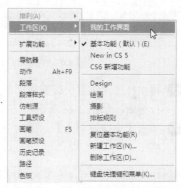

图 2-23　保存后的工作区命令

Example 实例　运用自定义方式设置快捷键

视频	光盘\视频\第 2 章\实例 005.mp4

步骤 1 用户可以根据自己的习惯设定或更改工具、面板或菜单的快捷键。选择【窗口】|【工作区】|【键盘快捷键和菜单】命令，打开【键盘快捷键和菜单】对话框，如图 2-24 所示。

步骤 2 单击【文件】前的 ▷ 按钮将其展开，在【新建】右侧的【颜色】选项的【无】上单击，将打开颜色下拉列表，选择红色，如图 2-25 所示。

步骤 3 单击【打开为…】右侧的眼睛图标，将该命令隐藏，如图 2-26 所示。

步骤 4 单击【确定】按钮，单击【文件】菜单，即可显示新建命令为红色，并且看不到【打开为…】命令，如图 2-27 所示。

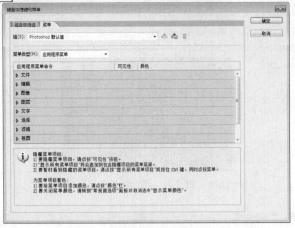

图 2-24 【键盘快捷键和菜单】对话框

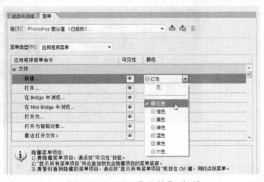

图 2-25 展开【文件】选项

图 2-26 单击眼睛图标

图 2-27 菜单状态

步骤 ⑤ 再次打开【键盘快捷键和菜单】对话框，单击【键盘快捷键】标签，用户可以在其中对快捷键进行编辑，如图 2-28 所示。

步骤 ⑥ 单击【快捷键用于】后面的下三角形按钮，在弹出的下拉列表框中选择【面板菜单】，如图 2-29 所示。

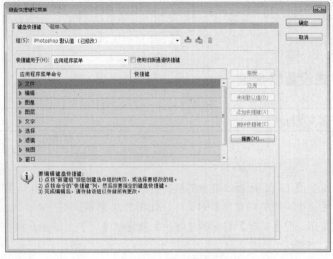

图 2-28 选择标签

图 2-29 设置面板菜单快捷键

步骤 ⑦ 单击需要修改快捷键的面板选项，在后面的文本框中可以输入设置的快捷键，如图 2-30 所示。

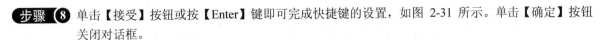

步骤 8 单击【接受】按钮或按【Enter】键即可完成快捷键的设置，如图 2-31 所示。单击【确定】按钮关闭对话框。

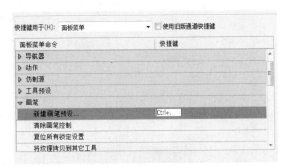

图 2-30　输入快捷键

图 2-31　完成设置

2.5　辅助工具的运用

用户在图像处理过程中，利用辅助工具可以使处理的图像更加精确。辅助工具主要包括标尺、参考线和网格。

Example 实例　运用【标尺】与【参考线】进行设置

素材	光盘\素材\第 2 章\马儿.jpg
视频	光盘\视频\第 2 章\实例 006.mp4

操 作 步 骤

步骤 1 打开素材图像【马儿.jpg】，选择【视图】|【标尺】命令，或按【Ctrl+R】组合键，可在图像窗口顶部和左侧分别显示水平和垂直标尺，如图 2-32 所示。

步骤 2 在标尺上单击鼠标右键，在弹出的快捷菜单中可以更改标尺的单位，如图 2-33 所示，系统默认为厘米，再次按【Ctrl+R】组合键可隐藏标尺。

图 2-32　显示标尺

图 2-33　显示标尺单位

步骤 3 从水平标尺中按住鼠标左键向下拖动，到图像天空的中部释放鼠标按键，以创建一条水平参考线，如图 2-34 所示。

步骤④ 用户还可以创建较为精确的参考线位置。选择【视图】|【新建参考线】命令，打开【新建参考线】对话框，设置【取向】为【垂直】，【位置】为 18 厘米，如图 2-35 所示。

图 2-34　创建参考线

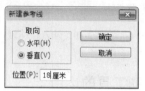

图 2-35　设置参考线参数

步骤⑤ 单击【确定】按钮，得到新建的垂直的参考线效果如图 2-36 所示。用户可以根据需要通过手动或【新建参考线】对话框添加多条垂直和水平的参考线，如图 2-37 所示。

图 2-36　新建垂直参考线

图 2-37　创建多条参考线

Example 实例　运用【网格】矫正图像

素材	光盘\素材\第 2 章\室内.jpg
效果	光盘\效果\第 2 章\矫正室内图像.psd
视频	光盘\视频\第 2 章\实例 007.mp4

操 作 步 骤

步骤① 打开素材图像【室内.jpg】，选择【视图】|【显示】|【网格】命令，在图像窗口中显示出网格，如图 2-38 所示。

步骤② 通过观察放大后图像的左侧，可以发现图像中的窗户与墙面在垂直方向上的网格没有构成平行关系，如图 2-39 所示，表示这幅图存在透视上的错误。

图 2-38　显示网格

图 2-39　放大观察图像与网格的关系

步骤 ③ 选择透视裁剪工具在画面中绘制一个裁切框，然后使用鼠标调整裁切框边缘，修正步骤 2 观察到的错误，即得到如图 2-40 所示的正确透视关系。

步骤 ④ 按【Ctrl+'】组合键隐藏网格。修正后的图像最终效果如图 2-41 所示。

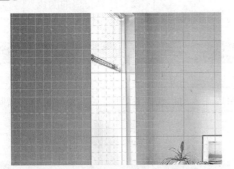

图 2-40　按参考线修正透视关系

图 2-41　正确透视的效果

Example 实例　运用【标尺工具】辅助绘图

标尺工具 能够对图像区域中任意两点之间的距离进行测量。打开一幅图像，选择工具箱中的标尺工具，在线段的起始位置按下鼠标左键并拖到线段的末尾处，将会绘制出一条线，而这条线是不会打印出来的，如图 2-42 所示。

拖动

图 2-42　测量距离

这时两点间的测量结果将显示在工具属性栏和【信息】面板上，属性栏如图 2-43 所示。在标尺工具属性栏中，【X】、【Y】这两个选项分别表示测量的起点的横坐标和纵坐标的值。【W】、【H】分别表示测量的两个端点之间的水平距离和垂直距离。【A】、【D】分别表示线段与水平方向之间的夹角大小和线段的长度。

| ▬ ▾ | X: 4.07 | Y: 3.33 | W: 27.19 | H: 15.80 | A: -30.2° | L1: 31.44 | L2: | 拉直图层 | 清除 |

图 2-43　标尺工具属性栏参数

Example 实例 运用【注释工具】添加注释

素材	光盘\素材\第 2 章\数码相机.jpg
效果	光盘\效果\第 2 章\添加相机注释.psd
视频	光盘\视频\第 2 章\实例 008.mp4

操 作 步 骤

步骤 ① 打开素材图像【数码相机.jpg】，如图 2-44 所示，选择工具箱中的注释工具，在属性栏中将显示相应的选项，如图 2-45 所示。

图 2-44 打开素材图像

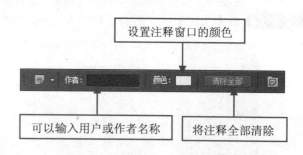

设置注释窗口的颜色

可以输入用户或作者名称 将注释全部清除

图 2-45 工具属性栏

> **提示** 使用注释工具可以在图像中添加文字注释及作者信息等内容，但不会被打印出来，不会影响图像的最终效果。

步骤 ② 在【作者】后面的文本框中输入【相机简介】，然后在视图相应的位置单击，为图像添加注释图标，如图 2-46 所示。

步骤 ③ 这时将打开【注释】面板，可以看到"相机简介"文字已经显示在文本框标题上，在其中输入文字即可，如图 2-47 所示。

图 2-46 添加注释

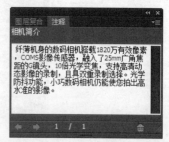

图 2-47 添加文字内容

步骤 ④ 如果要调整注释图标的位置，可以选择该图标，按住鼠标左键并拖动到所需的位置松开鼠标按键即可，如图 2-48 所示。

步骤 ⑤ 如果要删除注释，可以在注释图标上单击鼠标右键，在弹出的菜单中选择【删除注释】或【删除所有注释】命令，如图 2-49 所示。

图 2-48　移动注释图标

图 2-49　删除注释

2.6　查看图像窗口

在绘图过程中，为了观察图像的整体效果和局部细节，经常需要在全屏和局部图像之间进行切换。下面介绍如何调整视图大小，以方便对图像的查看。

Example 实例 运用【屏幕模式】调整屏幕显示

素材	光盘\素材\第 2 章\荷花.jpg
视频	光盘\视频\第 2 章\实例 009.mp4

操 作 步 骤

步骤❶ Photoshop CS6 为用户提供了 3 种屏幕显示模式，分别为【标准屏幕模式】、【带有菜单栏的全屏模式】、【全屏模式】，单击工具底部的【更改屏幕模式】按钮，即可显示对应的菜单，如图 2-50 所示。

步骤❷ 默认的屏幕模式为【标准屏幕模式】，单击一次【更改屏幕模式】按钮，将切换为【带有菜单栏的全屏模式】，如图 2-51 所示。

图 2-50　几种屏幕显示模式

图 2-51　带有菜单栏的全屏模式

步骤❸ 再次单击【更改屏幕模式】按钮，则将当前屏幕模式转换为【全屏模式】，以最大视图来显示图像，如图 2-52 所示。

步骤 4 在图像以外的区域单击鼠标右键,在弹出的菜单中可以设置窗口以外的颜色,如图 2-53 所示。

图 2-52　全屏模式　　　　　　　　　　　　　　　图 2-53　设置颜色

> **提示**　当调整屏幕显示模式后,工具箱、属性栏和面板并不会因为屏幕模式的改变而隐藏或显示。若想进行该操作,用户可以通过按【Tab】键来显示或隐藏。

Example 实例　运用【导航器】查看图像

新建或要开一个图像时,工作界面右上角的【导航器】面板便会显示当前图像的预览效果,如图 2-54 所示。左右拖动【导航器】面板中面板底部滑条上的滑块,即可实现图像的缩小与放大显示,如图 2-55 所示。

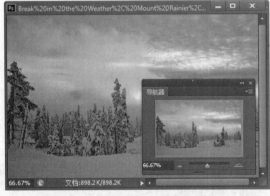

图 2-54　【导航器】面板　　　　　　　　　图 2-55　通过【导航器】面板缩小显示图像

Example 实例　运用【抓手工具】查看图像

使用【抓手工具】 🖐 可以在图像窗口中移动图像。首先使用缩放工具放大图像,如图 2-56 所示,然后选择抓手工具,在放大手的图像窗口中按住鼠标左键并拖动,可以查看图像,如图 2-57 所示。

图 2-56　放大图像　　　　　　　　　　　图 2-57　移动图像

第3章 图像的基本编辑方法

在 Photoshop 中对图像进行一些基础编辑，除了可以对图像进行辅助操作外，还可以提高工作效率，让用户处理图像的方法变得更加多样化。

本章学习要点

- 修改画布与图像大小
- 剪切、复制与粘贴图像
- 图像变换与变形
- 擦除图像
- 定义工具预设

3.1 修改画布与图像大小

对于一些不符合尺寸或像素要求的图像，用户可以对其进行精确的调整，下面就来详细介绍画布与图像的修改操作。

Example 实例 运用【图像大小】命令设置图像大小

素材	光盘\素材\第 3 章\花朵.jpg
效果	光盘\效果\第 3 章\调整图像大小.psd
视频	光盘\视频\第 3 章\实例 010.mp4

操作步骤

步骤 ❶ 选择【文件】|【打开】命令，打开素材图像【花朵.jpg】，使用鼠标左键单击当前图像窗口底端的状态栏，按住鼠标左键不放，即可显示出当前图像文件的宽度、高度、通道和分辨率等信息，如图 3-1 所示。

步骤 ❷ 选择【图像】|【图像大小】命令，打开【图像大小】对话框，如图 3-2 所示的。用户可以在其中查看到图像像素大小和文档大小的具体信息。

图 3-1　显示图像信息

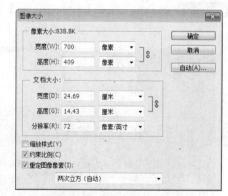

图 3-2　【图像大小】对话框

● 像素大小：设置图像的宽度和高度，可以改变图像在屏幕上的显示尺寸。

● 文档大小：以被输出的图像尺寸为基准，设置图像的宽度、高度和分辨率，可以改变图像的实际大小。

- 缩放样式：选中该复选框，可以让图像中的各种样式按比例进行缩放。只有选中【约束比例】复选框，该选项才能被激活。
- 约束比例：选中该复选框后，图像的宽度和高度将会被固定。
- 重定图像像素：选中该复选框后，将激活【像素大小】选项区域中的选项，用户即可改变像素的大小。若取消选择，图像的像素大小将不能被改变。

步骤 3 取消选择【约束比例】复选框，然后改变【文档大小】的宽度和高度，如设置【宽度】为 20 厘米，如图 3-3 所示，这时图像将不按比例进行调整。完成后单击【确定】按钮，得到的图像效果如图 3-4 所示。

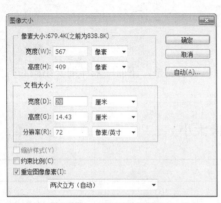
图 3-3　设置宽度参数

图 3-4　调整后的图像效果

Example 实例 **运用【画布大小】命令设置画布尺寸**

素材	光盘\素材\第 3 章\蜜蜂采花.jpg
效果	光盘\效果\第 3 章\调整画布尺寸.psd
视频	光盘\视频\第 3 章\实例 011.mp4

操 作 步 骤

步骤 1 打开素材图像【蜜蜂采花.jpg】，使用鼠标右键单击图像窗口标题栏，在弹出的菜单中选择【画布大小】命令，如图 3-5 所示，打开【画布大小】对话框，如图 3-6 所示。

图 3-5　素材图像

图 3-6　【画布大小】对话框

步骤 ❷ 按【D】键确认前景色和背景色为默认颜色。在【画布大小】对话框中重新设置宽度和高度参数，如图 3-7 所示。

步骤 ❸ 单击【确定】按钮得到调整后的图像，调整后的画布背景都将显示背景颜色，如图 3-8 所示。

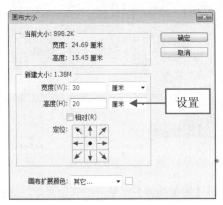

图 3-7 调整画布大小　　　　　　　　　　　　　　图 3-8 调整后的图像

步骤 ❹ 再次打开【画布大小】对话框，设置画布的宽度和高度比原有尺寸更小，再选择定位的基准点，如图 3-9 所示，即可调整图像在新画布上的位置，如图 3-10 所示。

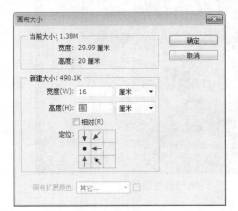

图 3-9　设置定位点　　　　　　　　　　　　　　图 3-10 调整后的图像

> **提示**　当设置的新画布比原画布尺寸更小时，系统将自动弹出一个询问对话框，询问是否对画布进行裁切，单击【继续】按钮即可将画布裁切。

Example 实例　运用【图像旋转】命令旋转画布

素材	光盘\素材\第 3 章\五角星.jpg
效果	光盘\效果\第 3 章\旋转图像.psd
视频	光盘\视频\第 3 章\实例 012.mp4

操 作 步 骤

步骤 ❶ 使用【图像旋转】命令可以旋转或翻转整个图像。打开素材图像【五角星.jpg】，如图 3-11 所示。

步骤 ❷ 选择【图像】|【图像旋转】|【180 度】命令，将得到旋转后的图像，如图 3-12 所示。

图 3-11　打开素材图像

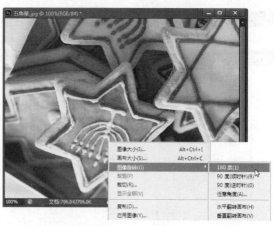

图 3-12　180 度旋转

步骤 ③ 按【Ctrl+Z】组合键，还原上步操作。接下来分别执行【图像旋转】菜单中的其他命令，如选择【90 度（顺时针）】和【水平翻转画布】命令，效果如图 3-13 所示。

90 度顺时针旋转

水平翻转画布

图 3-13　选择其他命令

步骤 ④ 选择【图像】|【图像旋转】|【任意角度】命令，打开【旋转画布】对话框，在其中可以输入精确的数值，如设置角度为 30 度（顺时针），如图 3-14 所示，单击"确定"按钮，即可得到旋转的画布效果，如图 3-15 所示。

设置

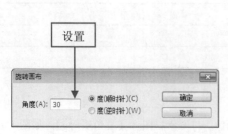

图 3-14　设置【角度】参数

图 3-15　调整后的效果

3.2　还原与重做操作

随着图像编辑的步骤越来越多，在编辑图像的时候难免会执行一些错误的操作，使用还原图像操作可以轻松地回到原始状态，并且还可以通过该功能制作一些特殊效果。

 **Example** **实例** 运用菜单命令操作

在绘制和编辑图像时，对图像的多次修改是必然的，所以在操作过程中肯定会遇到撤销之前的步骤重新操作的情况，这时可以通过下面两种方法来撤销误操作。

● 按下【Ctrl+Z】组合键可以撤销最近一次进行的操作，再次按下【Ctrl+Z】组合键又可以重做被撤销的操作；按一次【Alt+Ctrl+Z】组合键可以后退一步操作；每按一次【Shift+Ctrl+Z】组合键可以前进一步操作。

● 选择【编辑】|【还原】命令可以撤销最近一次进行的操作；选择【编辑】|【重做】命令又可恢复该步操作；选择一次【编辑】|【后退一步】命令可以向后撤销一步操作；每选择一次【编辑】|【前进一步】命令可以向前重做一步操作。

Example **实例** 运用【历史记录】面板操作

素材	光盘\素材\第 3 章\蓝色背景.jpg
视频	光盘\视频\第 3 章\实例 013.mp4

操 作 步 骤

步骤 ❶ 打开素材图像【蓝色背景.jpg】，如图 3-16 所示。选择【窗口】|【历史记录】命令，打开【历史记录】面板，如图 3-17 所示。

图 3-16　打算素材图像　　　　　图 3-17　【历史记录】面板

步骤 ❷ 选择椭圆选框工具，在属性栏中设置【羽化】参数为 100 像素，然后在图像中绘制一个椭圆形选区，如图 3-18 所示。可以看到在【历史记录】面板中已经有了绘制选区的记录，如图 3-19 所示。

步骤 ❸ 设置前景色为白色，然后按【Alt+Delete】组合键填充选区，再按【Ctrl+D】组合键取消选区，得到如图 3-20 所示的图像。这时【历史记录】面板显示了更多的操作记录，如图 3-21 所示。

步骤 ❹ 将鼠标指针移动到【历史记录】面板中，单击第三个步骤，即填充颜色的步骤，如图 3-22 所示，可以回到选区存在的状态，如图 3-23 所示。

图 3-18　绘制选区

图 3-19　记录操作

图 3-20　填充选区

图 3-21　记录更多操作

单击

图 3-22　单击操作步骤

图 3-23　还原图像

3.3　擦除图像

使用【橡皮擦】工具组可以将不需要的图像擦除，保留需要的部分。在擦除的同时还可以使图像产生一些特殊效果。

Example 实例　运用【橡皮擦工具】擦除图像

素材	光盘\素材\第 3 章\油菜花.jpg
视频	光盘\视频\第 3 章\实例 014.mp4

操 作 步 骤

步骤 ① 打开素材图像文件【油菜花.jpg】，如图 3-24 所示。选择橡皮擦工具，设置工具箱中的背景色为白色，如图 3-25 所示。

图 3-24　打开素材图像

图 3-25　设置背景色

步骤 ② 在属性栏中单击【画笔】旁边的下三角形按钮，在打开的面板中选择画笔样式，如选择【柔边 60 像素】样式，再设置画笔大小，如图 3-26 所示。

图 3-26　选择画笔样式

- 模式：单击其右侧的下三角按钮，在下拉列表中可以选择 3 种擦除模式，即画笔、铅笔和块。
- 不透明度：设置该参数可以直接改变擦除时图像的透明程度。
- 流量：该数值越小，擦除图像的时候画笔压力越小，擦除的图像将透明显示。
- 抹到历史记录：选中此选框，可以将图像擦除至【历史记录】面板中的恢复点外的图像效果。

步骤 ③ 在图像窗口中拖动鼠标指针擦除天空图像，擦除后的图像呈现背景色，如图 3-27 所示。

步骤 ④ 打开【历史记录】面板，选择原图文件，即可回到图像原始状态，如图 3-28 所示。

图 3-27　擦除图像

图 3-28　返回原始状态

步骤 ⑤ 在【图层】面板中双击背景图层，并在弹出的提示对话框中单击【确定】按钮，将其转换为普通图层，如图 3-29 所示。

步骤 ⑥ 选择橡皮擦工具，在属性栏中选择【柔边机械 100 像素】画笔样式，然后在图像中拖动，擦除背景图像，得到透明的背景效果，如图 3-30 所示。

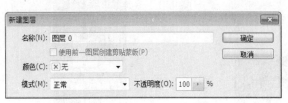

图 3-29　转换背景图层为普通图层

图 3-30　擦除图像

Example 实例　运用【背景橡皮擦工具】擦除背景

素材	光盘\素材\第 3 章\美图.jpg
视频	光盘\视频\第 3 章\实例 015.mp4

操 作 步 骤

步骤 ① 选择【背景橡皮擦工具】，其工具属性栏如图 3-31 所示。

图 3-31　工具属性栏

- 连续：单击该按钮，在擦除图像过程中将连续地采集取样点。
- 一次：单击该按钮，将第一次单击鼠标位置的颜色作为取样点。
- 背景色板：单击该按钮，将当前背景色作为取样色。
- 限制：单击其右侧的三角按钮，打开下拉列表。其中【不连续】指在整幅图像上擦除与样本色彩相同的区域；【连续】指只被擦除连续的包含样本色彩的区域；【查找边缘】指自动查找与取样色彩区域连接的边界，也能在擦除过程中更好地保持边缘的锐化效果。
- 容差：用于调整需要擦除的与取样点色彩相近的颜色范围。
- 保护前景色：选择此选项，可以保护图像中与前景色一致的区域不被擦除。

步骤 ② 打开素材图像【美图.jpg】，如图 3-32 所示。在属性栏中单击【取样：连续】按钮，设置画笔大小为 80 像素，【容差】为 50，然后在文字图像中进行涂抹，这时背景色随着采取采样的变化而变化，得到镂空的文字效果，如图 3-33 所示。

步骤 ③ 由于 Photoshop 中是不支持背景图层有透明部分的，因此在擦除图像后，【图层】面板中的背景图层将自动转换为普通图层，如图 3-34 所示。

步骤 ④ 按【Ctrl+Z】组合键将图像恢复到初始状态，单击属性栏中的【取样：一次】按钮，对图像中的红色图像单击并拖动鼠标指针，擦除第一次取样的红色图像，效果如图 3-35 所示。

步骤 ⑤ 按【Ctrl+Z】组合键将图像恢复到初始状态，单击属性栏中的【取样：背景色板】按钮，设置背景色为淡蓝色（R:171、G:218、B:224），对背景图像进行擦除，效果如图 3-36 所示。

图 3-32　打开素材图像

图 3-33　擦除文字周围图像

图 3-34　背景图层转换为普通图层

图 3-35　擦除取样色图像

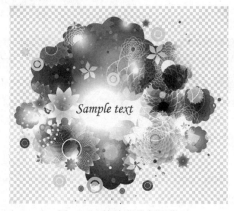

图 3-36　擦除背景色图像

Example 实例　运用【魔术橡皮擦工具】抠取图像

素材	光盘\素材\第 3 章\郁金香.jpg
效果	光盘\效果\第 3 章\抠取图像.psd
视频	光盘\视频\第 3 章\实例 016.mp4

操 作 步 骤

步骤 ❶ 选择【文件】|【打开】命令，打开素材图像【郁金香.jpg】，如图 3-37 所示。

步骤 ❷ 选择【魔术橡皮擦工具】，在属性栏中设置【容差】为 50，再取消选择【连续】复选框，然后在图像中间的淡蓝色图像中单击，即可擦除部分背景图像，如图 3-38 所示。

图 3-37　打开素材图像

图 3-38　擦除图像

步骤 ③ 使用相同的方法，单击多余的背景图像，将花朵图像抠出来，如图 3-39 所示。

图 3-39　完成效果

提示　　在属性栏中选择【连续】复选框，可以擦除位于点选区域附近、并且在容差范围内的颜色区域；不选择【连续】复选框，则只要在容差范围内的颜色区域都将被擦除。

3.4　剪切、复制与粘贴图像

在 Photoshop 中绘制图像时，经常需要对图像进行剪切、复制和粘贴，这些操作其实都不复杂，下面将做详细说明。

Example 实例　运用【剪切】与【粘贴】命令合成图像

素材	光盘\素材\第 3 章\黄玫瑰.jpg、眼睛.jpg
效果	光盘\效果\第 3 章\合成图像.psd
视频	光盘\视频\第 3 章\实例 017.mp4

操 作 步 骤

步骤 ① 选择【文件】|【打开】命令，打开素材图像【黄玫瑰.jpg】，选择【椭圆选框工具】，在属性栏中设置【羽化】参数为 40 像素，绘制一个圆形选区将花朵图像框选起来，如图 3-40 所示。

步骤 ② 选择【编辑】|【剪切】命令，或按【Ctrl+X】组合键剪切选区中的图像，剪切后的图像区域将以背景颜色显示，如图 3-41 所示。

图 3-40　打开素材图像

图 3-41　剪切图像

步骤 ③ 打开素材图像【眼睛.jpg】，如图 3-42 所示，选择【编辑】|【粘贴】命令，或按【Ctrl+V】组合键将剪切的图像粘贴到【眼睛】图像中，如图 3-43 所示。

图 3-42　打开眼睛图像

图 3-43　粘贴图像

步骤 ④ 这时【眼睛】图像的【图层】面板中将自动生成图层 1，如图 3-44 所示。选择【编辑】|【变换】|【缩放】命令，将花朵图像适当缩小，放到眼球图像中，如图 3-45 所示。

图 3-44　自动生成图层

图 3-45　缩小图像

Example 实例　运用【拷贝】命令复制图像

素材	光盘\素材\第 3 章\鱼.jpg
效果	光盘\效果\第 3 章\复制图像.psd
视频	光盘\视频\第 3 章\实例 018.mp4

操 作 步 骤

步骤 ① 打开素材图像【鱼.jpg】，使用套索工具对图像中的鱼的外轮廓进行框选，如图 3-46 所示，

步骤 ② 选择【编辑】|【拷贝】命令，即可对选区中的图像进行复制；按下【Ctrl+V】组合键在原位置粘贴图像，使用移动工具移动图像，得到如图 3-47 所示的效果。

图 3-46　选择图像

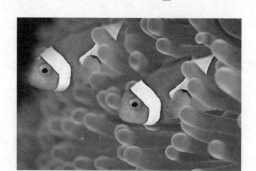

图 3-47　复制并移动图像

Example 实例　运用【清除】命令删除图像

使用 Photoshop 中的【清除】命令可以快速清除选区中的图像，操作也非常简单，在图像中获取需要清除的图像选区后，选择【编辑】|【清除】命令，即可完成操作。

当图像为背景图层时，清除图像后该区域以背景色显示，如图 3-48 所示。如果是普通图层，则清除后的图像以透明效果显示，如图 3-49 所示。

图 3-48　清除带背景图层的图像

图 3-49　清除普通图层图像

3.5　图像变换与变形

在 Photoshop 中，除了对整幅图像进行调整外，还可以对图像中的部分图像做变换和变形操作。其中包括移动图像、变换图像、对图像操控变形等。

Example 实例　运用【移动工具】移动图像

素材	光盘\素材\第 3 章\苹果.psd
效果	光盘\效果\第 3 章\移动复制图像.psd
视频	光盘\视频\第 3 章\实例 019.mp4

操 作 步 骤

步骤 ❶ 打开素材图像【苹果.psd】，如图 3-50 所示。在【图层】面板中确认选择的是苹果图像所在图层，如图 3-51 所示。

步骤 ❷ 选择工具箱中的【移动工具】，在苹果图像中按住鼠标左键，将图像拖动到需要的位置即可，如图 3-52 所示。

图 3-50　打开素材图像　　　　　　　　　　　　　图 3-51　【图层】面板

步骤 3　除此之外，用户还可以在移动图像的同时复制该图像。按住【Alt】键，此时鼠标指针将变为重叠的黑白箭头图标，即可复制并移动所选对象，如图 3-53 所示。

图 3-52　移动图像　　　　　　　　　　　　　图 3-53　移动并复制图像

Example （实例）　运用【变换】命令变换图像

在对图像进行编辑时，还可以对图像做缩放、旋转与斜切、扭曲与透视、翻转等操作，下面将逐一详细介绍。

1．缩放变换

在 Photoshop 里，可以通过调整定界框来改变图像大小。选择【编辑】|【变换】|【缩放】命令，图像四周将出现一个变换框。将鼠标指针移动到变换框或任意控制点上，当鼠标指针变成 、 、 或 形状时按住鼠标左键并拖动，即可实现图像的缩放变换，如图 3-54 所示。

2．旋转变换

选择【编辑】|【变换】|【旋转】命令，将鼠标指针移至变换框任意一个边角变换点上，当鼠标指针变为 形状时，按住鼠标左键不放进行拖动，可以让图像按顺时针或逆时针方向绕变换中心旋转，如图 3-55 所示。

图 3-54　缩放图像　　　　　　　　　　　　　图 3-55　旋转图像

在缩放图像时，按住【Shift】键可以等比例缩放图像，按【Alt+Shift】组合键可以中心缩放图像。

3. 斜切变换

斜切变换是指图像以自身的一边作为基线进行变换。选择【编辑】|【变换】|【斜切】命令，将鼠标指针移至任意控制点上，当鼠标指针变为 ⇥ 或 ⇤ 形状时，按住鼠标左键不放并进行拖动即可实现图像的斜切变换，如图 3-56 所示。

4. 扭曲变换

扭曲变换能够让图像各个控制点产生任意位移，从而带动选区的变换。选择【编辑】|【变换】|【扭曲】命令，将鼠标指针移至任意控制点上并按下鼠标左键并拖动，即可实现图像的扭曲变换，如图 3-57 所示。

图 3-56　斜切图像

图 3-57　扭曲图像

5. 透视变换图像

透视变换就是使图像通过变换产生一定的透视关系，常用来调整选区与周围环境间的平衡关系。选择【编辑】|【变换】|【透视】命令，将鼠标指针移至变换框 4 个角的任意控制点上并按下鼠标左键水平或垂直拖动，即可实现选区的透视变换，如图 3-58 所示。

6. 变形变换图像

选择【编辑】|【变换】|【变形】命令，这时选区内将显示一个变形网格线，用户可以在网格内单击并拖动鼠标指针来对网格中的图像进行变形。也可单击并拖动网格线两端的黑色实心点，实心点处会出现一个调整手柄，这时拖动调整手柄可实现选区的变形，如图 3-59 所示。

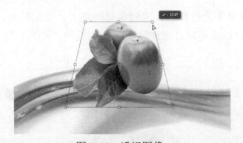

图 3-58　透视图像

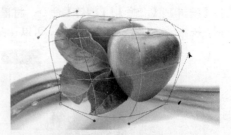

图 3-59　变形图像

图像的变换操作完成后，可以单击工具属性栏中的 ✔ 按钮或按键盘上的【Enter】确认变换，单击 ⊘ 按钮或按键盘上的【Esc】键，表示放弃此次变换操作。

运用【操控变形】命令改变人物姿势

素材	光盘\素材\第 3 章\大叔.psd
效果	光盘\效果\第 3 章\改变人物姿势.psd
视频	光盘\视频\第 3 章\实例 020.mp4

操 作 步 骤

步骤 ❶ 选择【文件】|【打开】命令，打开素材图像【大叔.psd】，如图 3-60 所示。切换到【图层】面板中可以看到人物图像为单独的一个图层，如图 3-61 所示。

图 3-60　打开素材图像

图 3-61　显示图层

步骤 ❷ 选择【编辑】|【操控变形】命令，这时人物上将出现网格。如果想改变网格分割的密度，可以在属性栏中的【浓度】下拉列表中进行选择，较高的密度可以进行细节的调整，较低的密度可以快速摆出需要的姿态。这里选择【正常】，设置【扩展】为 2 像素，如图 3-62 所示。

图 3-62　操控变形属性栏

步骤 ❸ 在人物的双臂、双腿和手部等处单击以建立几个重要的关节，这样可以在开始时就控制好人物的形态，如图 3-63 所示。

步骤 ❹ 对人物中拿手套的手进行编辑，按住关节点，适当向上拖动，即可得到变形的效果，如图 3-64 所示。

图 3-63　添加关节点

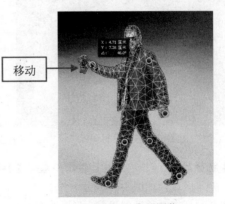

移动

图 3-64　变形图像

步骤 5 接下来分别对人物的双腿进行变形。首先选择右脚的关节点，适当向右上方移动，得到变换后的图像效果如图 3-65 所示。

步骤 6 选择左脚的关节点，适当向右上方移动，然后按【Enter】键确认变换，完成改变人物姿势的操作，如图 3-66 所示。

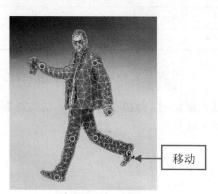

图 3-65　移动脚上的关节点

图 3-66　完成操作

3.6　裁剪与裁切

在 Photoshop 中有些图像较大，需要使用裁剪工具对图像做相应的裁剪。用户可以自行设置裁剪后的图像是否删除。

Example 实例　运用【裁剪工具】裁剪图像

素材	光盘\素材\第 3 章\黄色花朵.jpg
视频	光盘\视频\第 3 章\实例 021.mp4

操作步骤

步骤 1 打开素材图像【黄色花朵.jpg】，如图 3-67 所示。选择【裁剪工具】 ，单击【设置其他裁切选项】按钮，在弹出的面板中选择所需的复选框，如图 3-68 所示。

图 3-67　打开素材图像

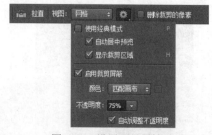

图 3-68　设置工具属性

步骤 2 选择裁剪工具 ，在属性栏中选择【删除裁剪的像素】复选框，在图像中拖动绘制出一个裁剪矩形区域，如图 3-69 所示。

步骤 3 将鼠标指针移动到裁剪矩形框的右上方，当其变为旋转箭头时拖动鼠标旋转裁剪矩形框，得到旋转的效果，如图 3-70 所示。

图 3-69　绘制裁剪框

图 3-70　旋转裁剪框

步骤④ 按【Enter】键，或单击工具属性栏中的【提交】按钮✔进行确定，如图 3-71 所示。

步骤⑤ 按【Ctrl+Z】组合键后退一步操作，选择裁剪工具，在属性栏中取消选择【删除裁剪的像素】复选框，在图像右下方绘制一个裁剪框，按【Enter】键确定。但是裁剪区域外的图像并未删除，使用移动工具移动图像，即可查看裁剪区域外的图像，如图 3-72 所示。

图 3-71　确定裁剪

图 3-72　查看裁剪区域外的图像

Example （实例）　**运用【透视裁剪工具】制作透视效果**

素材	光盘\素材\第 3 章\街道.jpg
效果	光盘\效果\第 3 章\透视修正.psd
视频	光盘\视频\第 3 章\实例 022.mp4

操作步骤

步骤① 选择【文件】|【打开】命令，打开素材图像【街道.jpg】，如图 3-73 所示。可以看到由于拍摄的原因，图像产生了不正常的广角效果。

步骤② 选择【透视剪裁工具】，在图像左上方单击，以左侧的大树作为参考物，在左下方单击，绘制出一条直线，然后向右下方拖动鼠标，如图 3-74 所示。

步骤③ 以右侧的墙体为参照物，向右上方拖动鼠标并单击，得到一个梯形网格裁剪框，如图 3-75 所示。

步骤④ 在裁剪框内双击鼠标左键或单击工具属性栏中的【提交】按钮✔进行确定，如图 3-76 所示。

图 3-73　打开素材图像

图 3-74　根据参考物绘制裁剪区域

图 3-75　绘制完整的裁剪区域

图 3-76　完成操作

3.7　定义工具预设

在绘制图像时，可以使用一些定义好的图像来辅助绘图，这样不仅能够快速绘制出多个相同的图像，还可以制作出一些特殊效果。

Example　实例　运用【定义画笔预设】命令制作娃娃背景

素材	光盘\素材\第 3 章\卡通人物.jpg
效果	光盘\效果\第 3 章\绘制娃娃背景.psd
视频	光盘\视频\第 3 章\实例 023.mp4

操 作 步 骤

步骤 ① 打开素材图像【卡通人物.jpg】，选择【套索工具】，在属性栏中设置【羽化】为 20 像素在娃娃图像周围绘制选区，将其框选起来，如图 3-77 所示。

步骤 ② 选择【编辑】|【定义画笔预设】命令，打开【画笔名称】对话框，设置画笔名称为【娃娃】，如图 3-78 所示。

步骤 ③ 单击【确定】按钮，得到自定义的画笔样式。新建一个图像文件，选择画笔工具，单击其属性栏中的【切换画笔面板】按钮，打开【画笔】面板，选择刚刚自定义的画笔，然后设置【大小】为 194 像素、【间距】为 130%，如图 3-79 所示。

设置

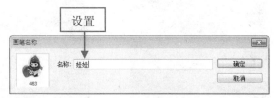

设置

图 3-77　绘制图像选区　　　　　　　　　　　　　　　图 3-78　定义画笔

步骤 4 在新建的图像中，设置前景色为红色（R：237、G：63、B：29），在新建的图像中绘制出娃娃图像，如图 3-80 所示。

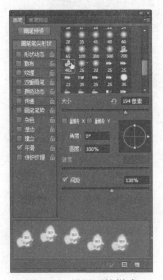

图 3-79　设置画笔样式

图 3-80　绘制图像

Example 实例 运用【定义图案】命令制作证件照

素材	光盘\素材\第 3 章\外国人.jpg
效果	光盘\效果\第 3 章\证件照.psd
视频	光盘\视频\第 3 章\实例 024.mp4

操 作 步 骤

步骤 1 打开素材图像【外国人.jpg】，如图 3-81 所示，为人物制作证件照。

步骤 2 选择【裁剪工具】，在人物头部和肩部绘制一个裁剪区域，并适当旋转裁剪框，如图 3-82 所示。

步骤 3 按【Enter】键确认裁剪，裁剪后的图像如图 3-83 所示。选择【磁性套索工具】，沿着人物背景边缘绘制出一个选区，如图 3-84 所示。

步骤 4 设置前景色为蓝色（R：46、G：96、B：147），按【Alt+Delete】组合键填充选区，效果如图 3-85 所示。

步骤 5 选择【编辑】|【定义图案】命令，打开【图案名称】对话框，设置图案名称为【证件照】，如图 3-86 所示。

图 3-81　打开素材图像

图 3-82　绘制裁剪框

图 3-83　裁剪图像

图 3-84　创建选区

图 3-85　填充选区

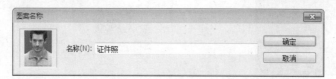
图 3-86　定义图案

步骤 6 新建一个空白的图像文件，选择【油漆桶工具】，在属性栏中选择填充方式为【图案】，然后单击右侧的 ▼ 按钮，在弹出的面板中选择刚刚定义的图案，如图 3-87 所示。

步骤 7 在图像中单击鼠标左键，即可在空白图像中做定义图案的填充，效果如图 3-88 所示。

图 3-87　选择图案

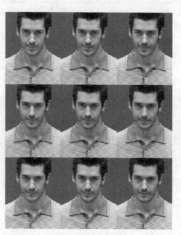
图 3-88　填充图案

Example 实例　运用【定义自定形状】命令绘制图形

素材	光盘\素材\第 3 章\卡通图像.jpg
效果	光盘\效果\第 3 章\绘制图形.psd
视频	光盘\视频\第 3 章\实例 025.mp4

操 作 步 骤

步骤 ❶ 打开素材图像【卡通图像.jpg】，选择【魔棒工具】，在属性栏中设置【羽化】为 20 像素，按住【Shift】键单击卡通图像的内部区域，获取图像选区，如图 3-89 所示。

步骤 ❷ 切换到【路径】面板，单击【从选区生成工作路径】按钮，得到工作路径，如图 3-90 所示。

图 3-89　获取选区

图 3-90　获取路径

步骤 ❸ 选择【编辑】|【定义自定形状】命令，打开【形状名称】对话框，设置形状名称为【卡通形状】，如图 3-91 所示。

步骤 ❹ 单击【确定】按钮，选择【自定形状工具】，单击属性栏中【形状】右侧的 按钮，在弹出的面板中选择刚刚定义的图形，如图 3-92 所示。

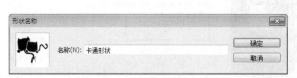
图 3-91　定义形状

图 3-92　选择形状

步骤 ❺ 新建一个空白的图像文件，在自定形状工具属性栏中设置绘制状态为【形状】，并设置前景色为蓝色（R：22、G：41、B：159），然后即可在图像中绘制自己定义的图案，效果如图 3-93 所示。

图 3-93　绘制形状

必备技巧篇

第4章 选择与填充色彩

使用颜色能够为画面增添许多效果。要在 Photoshop 中为图像填充颜色，首先要学会颜色的选择，包括颜色的选择和设置、颜色的填充等，其次还应掌握图像的描边和【填充】命令的使用。

本章学习要点

■ 选择颜色　　　　　　■ 选区的描边与填充　　　　　■ 填充颜色

4.1 选择颜色

在 Photoshop CS6 中绘制图像经常要填充颜色，而在填充颜色之前首先要学会选择颜色。下面将详细介绍如何使用各种功能选择颜色。

Example 实例　运用【前景色】与【背景色】填充图像

在 Photoshop CS6 中，主要用于设置和填充颜色的前景色与背景色都在工具箱最下方。按【D】键可以转换为默认状态，即前景色为黑色，背景色为白色，如图 4-1 所示。

如果要转换前景色和背景色，可以单击工具箱下方的 🔁 按钮；按下默认前景色和背景色 🔳 按钮，能将前景色和背景色恢复为默认的黑色和白色。设置前景色和背景色能够让用户在图像处理过程中更快速、高效地设置和调整颜色。

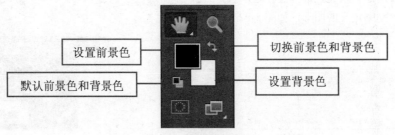

图 4-1　前/背景色按钮

Example 实例　运用【颜色】面板组选择颜色

选择【窗口】|【颜色】命令或按【F6】键打开【颜色】面板组。在颜色面板组中包含了【颜色】面板和【色板】面板，如图 4-2 和图 4-3 所示，两个面板都用于设置颜色，只是方法略有不同。

● 单击【颜色】面板中的前景色或背景色颜色块，拖动右侧滑动条上的滑块，可实现前景色或背景色的调制。也可双击前景色或背景色颜色块，然后在打开的"拾取器"对话框中设置颜色。

● 【色板】面板由众多调制好的颜色块组成，单击任意一个颜色块将其设置为前景色，按住【Ctrl】键的同时单击，则可将其设置为背景色。

图 4-2 【颜色】面板

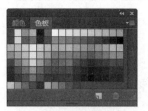

图 4-3 【色板】面板

Example 实例 **运用【拾色器】对话框设置颜色**

用户可以使用【拾色器】对话框来设置前景色和背景色，并根据自己的需要设置出任意颜色。

单击工具箱下方的前景色或背景色图标，即可打开如图 4-4 所示的【拾色器】对话框。在对话框中拖动颜色滑条上的三角滑块，可以改变左侧主颜色框中的颜色范围，用鼠标单击颜色区域，即可吸取需要的颜色，吸取后的颜色值将显示在右侧对应的选项中，设置完成后单击【确定】按钮即可。

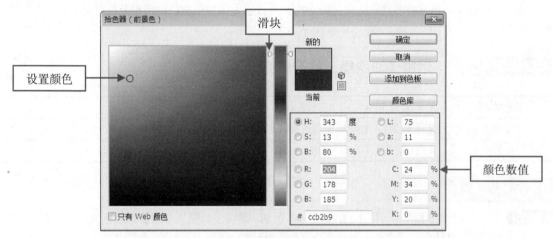

图 4-4 【拾色器】对话框

> 提示　按【Alt＋Delete】键可以填充前景色，按【Ctrl＋Delete】键可以填充背景色。

Example 实例 **运用【吸管工具】快速选择颜色**

素材	光盘\素材\第 4 章\绿色背景.jpg
视频	光盘\视频\第 4 章\实例 026.mp4

操 作 步 骤

步骤 ❶ 打开素材图像【绿色背景.jpg】，选择工具箱中的吸管工具 ，移动鼠标指针到图像中需要的颜色上单击，即可将单击处的颜色作为前景色，如图 4-5 所示。

步骤 ❷ 按【F8】键打开【信息】面板，在图像中移动鼠标的同时，【信息】面板中也将显示鼠标指针对应的像素点的色彩信息，如图 4-6 所示。

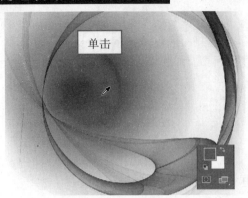

图 4-5　吸取颜色

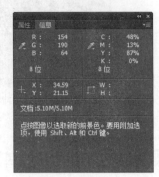

图 4-6　【信息】面板

4.2　填充颜色

　　颜色能为图像增添许多美丽色调。在 Photoshop 中可以为图像做单色填充和多色渐变填充，下面将分别进行介绍。

Example　实例　运用【油漆桶工具】填充卡通动物

素材	光盘\素材\第 4 章\卡通动物.jpg
效果	光盘\效果\第 4 章\填充卡通图像.psd
视频	光盘\视频\第 4 章\实例 027.mp4

操 作 步 骤

步骤 ❶　打开素材图像【卡通动物.jpg】，如图 4-7 所示。单击工具箱下方的前景色色块，打开【拾色器（前景色）】对话框，设置颜色为橘黄色（R：207、G：97、B：31），如图 4-8 所示。

图 4-7　吸取颜色

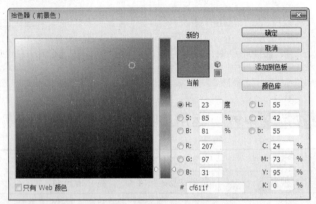

图 4-8　【信息】面板

步骤 ❷　单击【确定】按钮，选择工具箱中的油漆桶工具 🪣，在小熊的肚子图像中单击，填充设置好的前景色，如图 4-9 所示。

步骤 ❸　设置前景色为淡黄色（R：249、G：250、B：158），然后使用油漆桶工具在蝴蝶结图像中单击，填充蝴蝶结的颜色，如图 4-10 所示。

图 4-9　填充颜色

图 4-10　填充蝴蝶结

步骤 4　在油漆桶工具属性栏中单击【前景色】下拉按钮，在下拉列表框中选择【图案】选项，并在【图案拾色器】面板中选择一种图案，如图 4-11 所示。

图 4-11　选择图案

- 前景 下拉列表框：用来设置填充的内容，系统默认为前景色，也可在下拉列表中选择图案。当设置填充内容为图案后，工具属性栏中的选项变为可用，单击其右侧的按钮，可在弹出的下拉列表框中选择一种图案作为填充图案。
- 【容差】文本框：用来设置填充时的范围，该值越大，填充的范围就越大。
- ☑消除锯齿复选框：当选择该复选框后，填充图像后的边缘会尽量平滑。
- ☑连续的复选框：当选择该复选框后，填充时将填充与单击处颜色一致且连续的区域。
- □所有图层复选框：当选择复选框后，填充时将应用填充内容到所有图层中相同的颜色区域。

步骤 5　分别在小熊的脚部图像空白处进行单击，填充图案，如图 4-12 所示。将填充模式恢复到前景色，设置前景色为粉红色，分别在小熊的脸部和手部单击，填充效果如图 4-13 所示。

图 4-12　填充脚部

图 4-13　填充其他图像

Example 实例 运用【渐变工具】制作彩虹

素材	光盘\素材\第 4 章\海边.jpg
效果	光盘\效果\第 4 章\制作彩虹.psd
视频	光盘\视频\第 4 章\实例 0028.mp4

操 作 步 骤

步骤 1 打开素材图像【海边.jpg】，选择工具箱中的【椭圆选框工具】，在属性栏中设置【羽化】值为 20 像素，按住【Shift】键在图像中绘制一个圆形选区，在如图 4-14 所示。

步骤 2 单击【图层】面板底部的【创建新图层】按钮，得到图层 1，如图 4-15 所示。

图 4-14　绘制选区

图 4-15　创建图层

步骤 3 选择工具箱中的【渐变工具】，在属性栏中单击【径向渐变】按钮，其他设置如图 4-16 所示。

图 4-16　渐变工具属性栏

> **提示**　渐变是指两种或多种颜色之间的过渡效果，在 Photoshop CS6 中包括了线性、径向、对称、角度对称和菱形 5 种渐变方式。

步骤 4 单击属性栏左侧的渐变编辑色条，打开【渐变编辑器】对话框，选择【透明彩虹渐变】色样，然后将下面的色标分别拖动到右侧，设置成如图 4-17 所示的样式。

步骤 5 单击【确定】按钮，在选区中从底部按住鼠标左键向中心拖动，得到渐变填充效果，如图 4-18 所示。

步骤 6 按【Ctrl+D】组合键取消选区，然后使用移动工具将其放到天空中，并在【图层】面板中调整图层 1 的不透明度为 40%，如图 4-19 所示。

步骤 7 按【Ctrl+T】组合键适当将彩虹图像放大，然后按【Ctrl+J】组合键复制图层 1 一次，得到【图层 1 副本】，如图 4-20 所示。

步骤 8 选择【图层 1 副本】，将其图层不透明度设置为 20%，选择【编辑】|【变换】|【垂直翻转】命令，如图 4-21 所示。

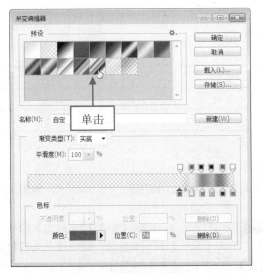

图 4-17　设置渐变样式　　　　　　　　　　　　　　　　图 4-18　填充选区

图 4-19　调整图像不透明度　　　　　　　　　　　　　　图 4-20　复制图层

步骤 9 选择工具箱中的【橡皮擦工具】 ，在属性栏中设置画笔大小为 100、【不透明度】为 66%，然后对水面的彩虹倒影做适当擦除，使倒影效果更加真实，如图 4-22 所示。

图 4-21　翻转图像　　　　　　　　　　　　　　　　　　图 4-22　擦除图像

4.3　选区的描边与填充

除了对图像背景的填充外，用户还可以对选区内进行描边和填充，这都需要使用到选择颜色和填充颜色的功能。

Example （实例） 运用【描边】命令制作图像边框

素材	光盘\素材\第 4 章\五星背景.jpg
效果	光盘\效果\第 4 章\制作图像边框.psd
视频	光盘\视频\第 4 章\实例 029.mp4

操 作 步 骤

步骤① 打开素材图像【五星背景.jpg】，选择【矩形选框工具】在图像边缘绘制一个矩形选区，如图 4-23 所示。

步骤② 单击【图层】面板底部的【创建新图层】按钮 ，新建图层 1。选择【编辑】|【描边】命令，打开【描边】对话框，设置【宽度】为 20 像素，单击【颜色】后面的色块，设置颜色为白色，然后设置【位置】为【内部】，再设置【不透明度】为 60%，如图 4-24 所示。

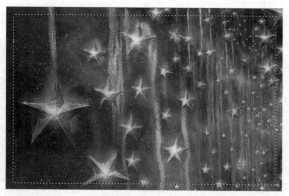

图 4-23　绘制选区

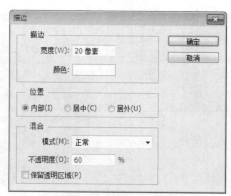

图 4-24　【描边】对话框

步骤③ 单击【确定】按钮，得到描边图像效果，如图 4-25 所示。在其内部再绘制一个较小的矩形选区，如图 4-26 所示。

图 4-25　描边效果

图 4-26　绘制选区

步骤④ 再次打开【描边】对话框，设置【宽度】为 10 像素，【颜色】为淡黄色（R：255、G：232、B：124），选择【位置】为【居中】，再设置【不透明度】为 40%，如图 4-27 所示。

步骤⑤ 单击【确定】按钮，得到再次描边的效果，制作出图像边框，如图 4-28 所示。

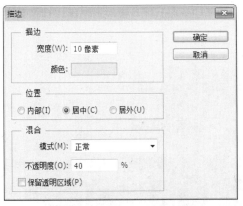

图 4-27 设置描边选项

图 4-28 描边效果

> 提
> 示　　在【描边】对话框中有一个【保留透明区域】复选框，选中该复选框后进行描边时将不影响原图层中的透明区域。

Example 实例 运用【填充】命令填充图像

使用【填充】命令可以对选区进行填充，也可以对背景图层做整体填充，最重要的是，它还可以利用内容识别功能，将需要处理图像的周围像素进行复制，并覆盖原有图像，不留一丝痕迹。

1. 使用内容识别功能填充图像

素材	光盘\素材\第 4 章\草地.jpg
效果	光盘\素材\第 4 章\美丽的风景.tif
视频	光盘\视频\第 4 章\实例 030.mp4

操 作 步 骤

步骤 ❶ 打开素材图像【草地.jpg】，下面将巧妙地删除图像中的小树图像，如图 4-29 所示。

步骤 ❷ 选择矩形选框工具绘制一个选区将小树图像框选起来，如图 4-30 所示。

图 4-29 打开素材图像

图 4-30 绘制矩形选区

步骤 ❸ 选择【编辑】|【填充】命令，打开【填充】对话框，在【使用】下拉菜单中选择【内容识别】命令，如图 4-31 所示。

步骤 ④ 单击【确定】按钮，得到内容识别填充后的图像，按【Ctrl+D】组合键取消选区，图像效果如图 4-32 所示。

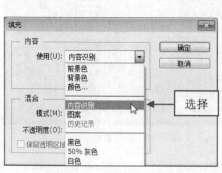

图 4-31 选择菜单命令　　　　　　　　　　　图 4-32 图像效果

2. 使用【填充】命令

效果	光盘\效果\第 4 章\填充图案.tif
视频	光盘\视频\第 4 章\实例 031.mp4

操 作 步 骤

步骤 ① 选择【文件】|【新建】命令，打开【新建】对话框，设置文件名称为【填充图案】，【宽度】和【高度】分别为 20 厘米和 18 厘米，分辨率为 72 像素/英寸，如图 4-33 所示，单击【确定】按钮，得到一个新建的图像文件。

步骤 ② 选择【编辑】|【填充】命令，打开【填充】对话框，单击【使用】右侧的三角形按钮，在弹出的菜单中选择【图案】命令，然后在【自定图案】面板中选择一种图案，如图 4-34 所示。

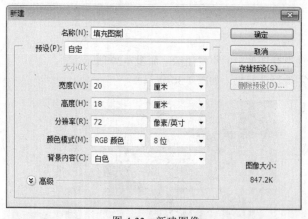

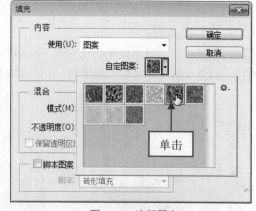

图 4-33 新建图像　　　　　　　　　　　　图 4-34 选择图案

步骤 ③ 单击【确定】按钮，得到填充图案效果，如图 4-35 所示。

步骤 ④ 选择自定形状工具，在属性栏中单击【形状】右侧的下三角形按钮，在弹出的面板中选择一种形状，如图 4-36 所示。

步骤 ⑤ 选择好图形后，按住鼠标左键在背景图像中拖动，绘制出该图形，并按【Ctrl+Enter】组合键将路径转换为选区，如图 4-37 所示。

图 4-35　填充图案

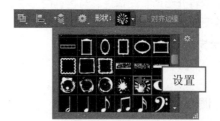

图 4-36　选择图形

步骤 6 再次打开【填充】对话框，在【使用】下拉菜单中选择【颜色】命令，如图 4-38 所示。

图 4-37　绘制图形

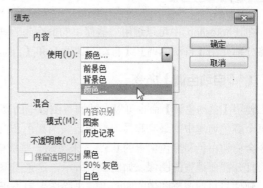

图 4-38　选择颜色

步骤 7 这时将弹出【拾色器】对话框，设置颜色为黄色（R：249、G：247、B：61），如图 4-39 所示。单击【确定】按钮回到【填充】对话框，再次单击【确定】按钮，完成填充，效果如图 4-40 所示。

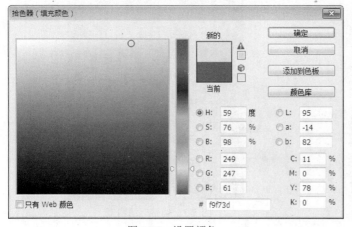

图 4-39　设置颜色

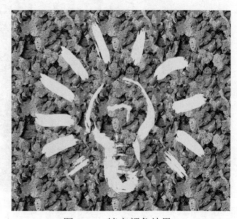

图 4-40　填充颜色效果

第 5 章　调整画面色彩

本章将介绍调整图像色彩与色调的方法。通过对图像色彩与色调的调整，可以使图像的色彩更靓丽，也可以改变图像的表达意境，使图像更具感染力。

本章学习要点

- 调整图像的色调
- 调整图像的色彩
- 调整特殊色调和色彩

5.1　调整图像的色调

在对图像颜色调整的过程中，用户常会遇到一些图像颜色有少许偏差的问题，这时可以在 Photoshop 中对颜色进行矫正。下面将介绍调整图像色调的方法。

Example 实例　运用自动命令矫正图像色彩

在 Photoshop 中可以运用一些简单的命令为一些图像快速调整颜色，然后再做精细的颜色参数调整。下面将分别介绍【自动色调】、【自动对比度】和【自动颜色】命令的作用。

1.【自动色调】命令

使用【自动色调】命令可以自动调整图像中的高光和暗调，使图像有较好的层次效果。【自动色调】命令将每个颜色通道中的最亮和最暗像素定义为黑色和白色，然后按比例重新分布中间像素值。默认情况下，该命令会剪切白色和黑色像素的 0.5%，来忽略一些极端的像素。

打开需要调整的图像，如图 5-1 所示，这张图像有些明暗对比问题。选择【图像】|【自动色调】菜单命令，软件将自动调整图像的明暗度，去除图像中不正常的高亮区和黑暗区，效果如图 5-2 所示。

图 5-1　原图像

图 5-2　调整后的图像

2.【自动对比度】和【自动颜色】命令

【自动对比度】命令不仅能自动调整图像的明暗对比度，还能快速调整图像的色彩饱和度。该命令通过剪切图像中的阴影和高光值，并将图像剩余部分的最亮和最暗像素分别映射到色阶为 255（纯白）和色阶为 0（纯黑）的程度，让图像中的高光看上去更亮，阴影看上去更暗。

　　【自动颜色】命令是通过搜索图像来调整图像的对比度和颜色。自动颜色命令使用两种算法：【查找深色与浅色】和【对齐中性中间调】。可设置【对齐中性中间调】，并剪切白色和黑色极端像素。与【自动色调】和【自动对比度】一样，使用【自动颜色】命令后，系统会自动调整图像颜色。

 **运用【色阶】与【曲线】命令调整图像对比度**

素材	光盘\素材\第 5 章\鱼儿.jpg
效果	光盘\效果\第 5 章\调整图像对比度.tif
视频	光盘\视频\第 5 章\实例 032.mp4

操作步骤

步骤 ① 打开素材图像【鱼儿.jpg】，如图 5-3 所示。可以看出图像中的色调整体偏灰，对比度不够、色彩亮度也不够。

步骤 ② 选择【图像】|【调整】|【色阶】命令，打开【色阶】对话框，拖动【输入色阶】下面右侧的三角形滑块，增强图像的亮度，如图 5-4 所示。

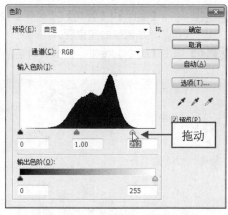

图 5-3　素材图像　　　　　　　　　图 5-4　【色阶】对话框

　　● 　【通道】下拉列表框：用于设置要调整的颜色通道。它包括了图像的色彩模式和原色通道，用于选择需要调整的颜色通道。

　　● 　【输入色阶】文本框：从左至右分别用于设置图像的暗部色调、中间色调和亮部色调，可以在文本框中直接输入相应的数值，也可以拖动色调直方图底部滑条上的 3 个滑块来做调整。

　　● 　【输出色阶】文本框：用于调整图像的亮度和对比度，范围为 0～255；右边的编辑框用来降低亮部的亮度，范围为 0～255。

　　● 　【自动】按钮：单击该按钮可自动调整图像的整体色调。

　　● 　【选项】按钮：单击该按钮，将打开【自动颜色校正选项】对话框，在其中可设置暗调、中间值的切换颜色，以及设置自动颜色校正的算法。

　　● 　吸管工具组：使用黑色吸管工具 单击图像，可使图像变暗；使用中间色调吸管工具 单击图像，将用吸管单击处的像素亮度来调整图像所有像素的亮度；使用白色吸管工具 单击图像，图像上所有像素的亮度值都会加上该吸取色的亮度值，使图像变亮。

　　● 　【预览】：选中该选项，在图像窗口中可以预览图像调整后的效果。

步骤 3 单击【通道】右侧的下三角形按钮，在弹出的菜单中选择【蓝】通道，然后拖动【输入色阶】下方的三角形滑块，如图 5-5 所示。

步骤 4 单击【确定】按钮，得到调整后的图像效果，可以看到图像明暗度有了明显的改善，水底的鱼儿也变得清晰，如图 5-6 所示。

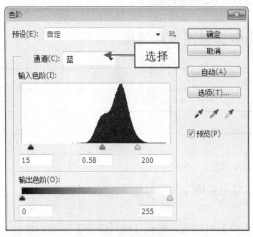

图 5-5　调整通道颜色

图 5-6　图像效果

步骤 5 选择【图像】|【调整】|【曲线】命令，打开【曲线】对话框，参照图 5-7 所示在曲线上添加两个节点，并调整曲线位置。

步骤 6 单击【确定】按钮，得到调整后的图像，如图 5-8 所示，完成图像的调整。

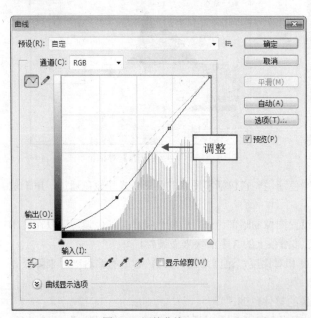

图 5-7　调整曲线

图 5-8　图像效果

> **提示**
>
> 　　【曲线】命令在图像色彩的调整中使用得非常广泛，使用该命令可以对图像的色彩、亮度和对比度进行综合调整。与【色阶】命令不同的是，它可以在从暗调到高光这个色调范围内对多个不同的点进行调整。

素材	光盘\素材\第 5 章\海边.jpg
效果	光盘\效果\第 5 章\调整偏色图像.psd
视频	光盘\视频\第 5 章\实例 033.mp4

操 作 步 骤

步骤 ❶ 打开素材图像【海边.jpg】，如图 5-9 所示。可以看到该图像存在严重的偏色问题，下面将对图像进行调整。

步骤 ❷ 选择【图像】|【调整】|【色彩平衡】命令，打开【色彩平衡】对话框，如图 5-10 所示。

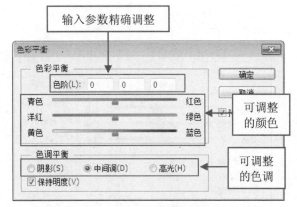

输入参数精确调整

可调整的颜色

可调整的色调

图 5-9　素材图像　　　　　　　　图 5-10　【色彩平衡】对话框

步骤 ❸ 选择【中间调】单选项，然后拖动三角形滑块，分别添加青色、洋红色和黄色，参数设置如图 5-11 所示，这时的图像效果如图 5-12 所示。

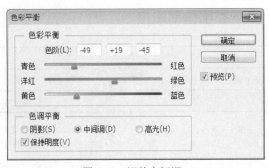

图 5-11　调整中间调

图 5-12　调整后的效果 1

步骤 ❹ 选择【高光】单选项，继续调整三角形滑块，分别为图像中的高光图像添加青色、洋红色和蓝色，参数设置如图 5-13 所示，这时的图像效果如图 5-14 所示。

步骤⑤ 选择【阴影】单选项，分别为图像中的阴影添加红色、洋红色和蓝色，参数设置如图 5-15 所示。
单击【确定】按钮，得到调整后的图像，偏色现象得到校正，如图 5-16 所示。

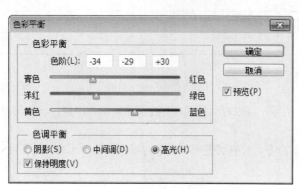

图 5-13　调整高光颜色

图 5-14　调整后的效果 2

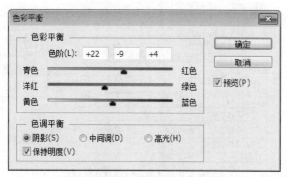

图 5-15　调整阴影颜色

图 5-16　调整后的效果 3

> **提示**　使用【色彩平衡】命令可以在图像原色的基础上根据需要来添加其他颜色，或通过增加某种颜色的补色，以减少该颜色的数量，从而改变图像的原色彩。

Example 实例　运用【亮度/对比度】命令调整图像明暗度

素材	光盘\素材\第 5 章\城镇.jpg
效果	光盘\效果\第 5 章\调整图像明暗度.psd
视频	光盘\视频\第 5 章\实例 034.mp4

操 作 步 骤

步骤① 打开素材图像【城镇.jpg】，如图 5-17 所示。可以看到该图像整体偏暗，需要调整亮度和对比度，下面将对图像进行调整。

步骤② 选择【图像】|【调整】|【亮度/对比度】命令，打开【亮度/对比度】对话框，设置【亮度】参数为 29、【对比度】为 17，如图 5-18 所示。

图 5-17 素材图像

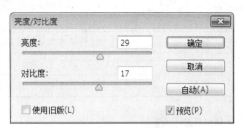

图 5-18 【亮度/对比度】对话框

步骤 ③ 单击【确定】按钮，得到调整后的图像效果如图 5-19 所示。

步骤 ④ 选择【图像】|【调整】|【曲线】命令，打开【曲线】对话框，在曲线中添加 3 个节点，分别进行调整，如图 5-20 所示。

图 5-19 调整后的图像

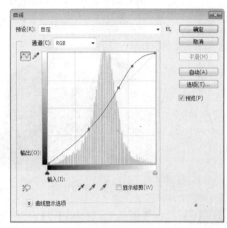

图 5-20 调整曲线

步骤 ⑤ 单击【确定】按钮，得到调整后的图像效果如图 5-21 所示。选择【图像】|【自动颜色】命令，图像颜色得到自动校正，如图 5-22 所示，完成图像的调整。

图 5-21 调整曲线后的图像

图 5-22 调整色调

5.2 调整图像的色彩

调整图像的色彩能够对图像明暗度、颜色饱和度等进行调整，并且还能将图像调整为黑白或渐变色调，让图像细节更加丰富。

Example **实例** 运用【色相/饱和度】命令为图像上色

素材	光盘\素材\第 5 章\蔬菜.jpg
效果	光盘\效果\第 5 章\为图像上色.psd
视频	光盘\视频\第 5 章\实例 035.mp4

操 作 步 骤

步骤 ① 打开素材图像【蔬菜.jpg】，如图 5-23 所示。该图像为黑白色调，下面将通过色相/饱和度命令对其添加颜色。

步骤 ② 选择【套索工具】，在属性栏中设置【羽化值】为 2 像素，然后对左侧的蔬菜图像绘制外轮廓选区，并按【Alt】键减选菜柄图像区域，如图 5-24 所示。

图 5-23 素材图像

图 5-24 绘制选区

步骤 ③ 选择【图像】|【调整】|【色相/饱和度】命令，打开【色相/饱和度】对话框，选择【着色】复选框，然后调整【色相】为 44、【饱和度】为 67，如图 5-25 所示。

步骤 ④ 单击【确定】按钮，按【Ctrl+D】组合键取消选区，得到添加颜色后的效果如图 5-26 所示。

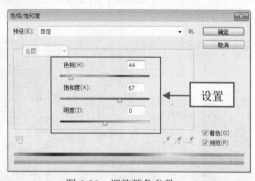

图 5-25 调整颜色参数

图 5-26 着色效果

步骤 ⑤ 选择【套索工具】对左侧蔬菜中的菜柄绘制轮廓选区，然后打开【色相/饱和度】对话框，选择【着色】复选框，调整【色相】为 107、【饱和度】为 49，【明度】为-10，如图 5-27 所示。

步骤 ⑥ 单击【确定】按钮，得到填充颜色后的图像，菜柄被填充为了绿色，效果如图 5-28 所示。

● 【全图】：单击其右侧的下三角形按钮，在其下拉列表框中可以选择作用范围，系统默认选择"全图"，即对图像中的所有颜色有效。也可在该下拉列表中选择对单个颜色有效，有红色、黄色、绿色、青色、蓝色或洋红。

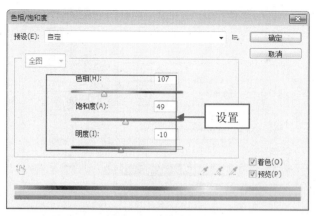

图 5-27　调整颜色

图 5-28　图像效果

- ● 【色相】：通过拖动滑块或输入色相值，可以调整图像中的色相。
- ● 【饱和度】：通过拖动滑块或输入饱和值，可以调整图像中的饱和度。
- ● 【明度】：通过拖动滑块或输入明度值，可以调整图像中的明度。
- ● 【着色】：选中该复选框，可使用同一种颜色来置换原图像中的颜色。

步骤 7 选择【套索工具】对右侧的蔬菜图像绘制外轮廓选区，同样减选菜柄图像区域，效果如图 5-29 所示。

步骤 8 打开【色相/饱和度】对话框，设置【色相】为 38、【饱和度】为 59，如图 5-30 所示。

图 5-29　绘制图像选区

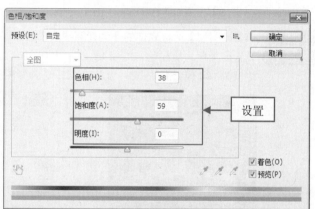

图 5-30　设置参数

提示　对于选区的编辑，将在第 6 章中做详细的介绍。

步骤 9 单击【确定】按钮，得到调整后的图像效果，为蔬菜添加了橘黄色，效果如图 5-31 所示。

步骤 10 保持选区状态，打开【色相/饱和度】对话框，调整图像的【色相】为-44，使其调整为红色，再设置【饱和度】为 20，如图 5-32 所示。

步骤 11 单击【确定】按钮，得到调整为红色的蔬菜图像，按【Ctrl+D】组合键取消选区，效果如图 5-33 所示。

步骤 12 继续使用【套索工具】对右侧蔬菜的菜柄绘制轮廓选区，然后打开【色相/饱和度】对话框，调整图像的【色相】为 96，设置【饱和度】为 56，效果如图 5-34 所示。

图 5-31 添加橘黄色效果

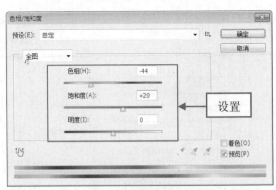

图 5-32 调整参数

图 5-33 添加红色效果

图 5-34 添加图像颜色

步骤 ⑬ 单击【图层】面板底部的【创建新图层】按钮 新建图层 1,如图 5-35 所示。

步骤 ⑭ 设置前景色为淡绿色(R:146、G:170、B:72),选择画笔工具,在属性栏中设置画笔为【柔边机械 100 像素】,不透明度为 20%,对背景图像进行涂抹,得到如图 5-36 所示的效果。

图 5-35 新建图层

图 5-36 绘制背景颜色

> **提示** 在使用画笔工具绘制背景图像时,应该注意调整画笔大小,在蔬菜图像边缘做较为细致的涂抹,让背景颜色与蔬菜颜色不混合在一起。

Example （实例） 运用【去色】命令制作唯一彩色图像

素材	光盘\素材\第 5 章\酒杯.jpg
效果	光盘\效果\第 5 章\制作唯一彩色图像.psd
视频	光盘\视频\第 5 章\实例 036.mp4

操 作 步 骤

步骤 ① 打开素材图像【酒杯.jpg】，如图 5-37 所示，下面将只保留酒杯中的红色，去除其他颜色。

步骤 ② 选择【钢笔工具】绘制出酒杯中红色图像的外轮廓，如图 5-38 所示。

图 5-37　素材图像

图 5-38　绘制红色图像

步骤 ③ 按【Ctrl+Enter】组合键，将路径转换为选区，再选择【选择】|【反向】命令，如图 5-39 所示，得到反向选择的选区，如图 5-40 所示。

图 5-40　获取选区

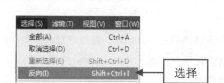
图 5-39　选择命令

步骤 ④ 选择【图像】|【调整】|【去色】命令，如图 5-41 所示，选区中的图像将变为黑白效果，得到只有唯一彩色的图像，如图 5-42 所示。

图 5-42　完成效果

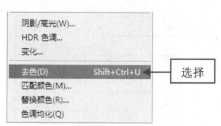
图 5-41　选择命令

Example 实例　运用【黑白】命令制作高质量黑白照

素材	光盘\素材\第 5 章\花朵.jpg
效果	光盘\效果\第 5 章\制作高质量黑白图像.psd
视频	光盘\视频\第 5 章\实例 037.mp4

操 作 步 骤

步骤 ① 打开素材图像【花朵.jpg】，如图 5-43 所示。下面将制作出高质量的黑白图像。

步骤 ② 选择【图像】|【调整】|【黑白】命令，打开【黑白】对话框，单击【预设】右侧的下三角形按钮，
在其下拉列表框中可以选择黑白效果，如选择【较暗】，如图 5-44 所示。

图 5-43　素材图像

图 5-44　选择黑白效果

提示　使用【黑白】命令可以快速将彩色图像转换为黑白图像效果，还能够精细地调整图像中的黑白色
调，或者为图像添加单一色调效果，制作出高质量的单色调图像。

步骤 ③ 选择【预览】复选框，可以在图像窗口中预览到图像的黑白效果，如图 5-45 所示。

步骤 ④ 在【预设】下拉列表框中选择【自定】选项，分别设置各项颜色参数，如图 5-46 所示。

图 5-45　黑白图像效果

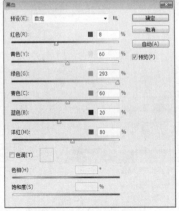

图 5-46　设置各项参数

步骤 5 单击【确定】按钮，即可得到调整颜色后的黑白图像，其中的图像细节有了很明显的变化，如图 5-47 所示。

图 5-47　完成效果

> **提示**　在【黑白】对话框中，选择【色调】复选框，即可激活下面的选项，用户可以通过调整色相和饱和度，制作出单一色调图像。

Example　实例　运用【HDR 色调】命令精细调整图像色调

素材	光盘\素材\第 5 章\船.jpg
效果	光盘\效果\第 5 章\精细调整图像色调.psd
视频	光盘\视频\第 5 章\实例 038.mp4

操作步骤

步骤 1 打开素材图像【船.jpg】，如图 5-48 所示。选择【图像】|【调整】|【HDR 色调】命令，打开【HDR 色调】对话框，如图 5-49 所示。

图 5-48　素材图像

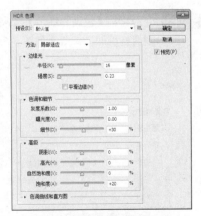

图 5-49　【HDR 色调】对话框

步骤 2 选择【预览】复选框，这时图像色调将自动得到调整，效果如图 5-50 所示。单击【预设】右侧的下三角形按钮，在其下拉列表中可以选择一些预设的效果，如选择【单色艺术效果】，如图 5-51 所示。

图 5-50 自动调整效果

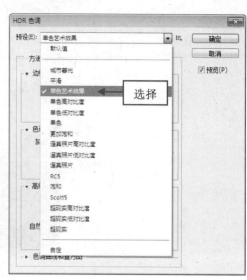

图 5-51 选择预设命令

步骤 ❸ 选择【单色艺术效果】后，得到的单色图像效果如图 5-52 所示。

步骤 ❹ 在【预设】下拉列表框中选择【自定】选项，然后调整【边缘光】选项中的参数，如图 5-53 所示。

图 5-52 图像单色效果

图 5-53 调整【边缘光】参数

步骤 ❺ 分别调整【色调和细节】、【高级】选项中的各选项参数，如图 5-54 所示，单击【确定】按钮，得到调整后的图像效果如图 5-55 所示。

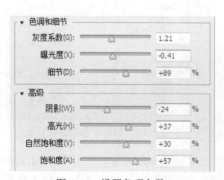

图 5-54 设置各项参数

图 5-55 图像效果

Example 实例　运用【替换颜色】与【可选颜色】命令替换图像颜色

素材	光盘\素材\第 5 章\小男孩.jpg
效果	光盘\效果\第 5 章\替换图像颜色.psd
视频	光盘\视频\第 5 章\实例 039.mp4

操 作 步 骤

步骤 ① 打开素材图像【小男孩.jpg】，如图 5-56 所示。可以看到整个图像色调偏红，下面将替换其中的红色调，将其变为清新的色调效果。

步骤 ② 选择【图像】|【调整】|【可选颜色】命令，打开【可选颜色】对话框。用户可以选择颜色进行调整，单击【颜色】右侧的下三角形按钮，在其下拉列表中选择【红色】，如图 5-57 所示。

图 5-56　素材图像

图 5-57　【可选颜色】对话框

提示　使用【可选颜色】命令主要用于调整图像中的色彩不平衡问题，可以针对图像中的某种颜色进行修改。

步骤 ③ 选择好颜色后，分别调整【青色】、【洋红】和【黄色】下面的三角形滑块，如图 5-58 所示。选择【预览】复选框，可以查看到图像的变化，如图 5-59 所示。

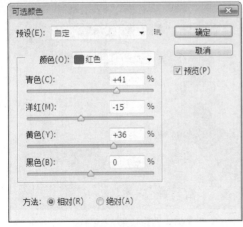

图 5-58　素材图像

图 5-59　图像调整效果

步骤 ④ 再在【颜色】下拉列表中选择【黄色】，然后分别设置【青色】为 33、【黄色】为 10，如图 5-60 所示。

步骤 ⑤ 单击【确定】按钮，得到调整后的图像，调整后整体图像的红色调降低了，添加了绿色和黄色调，如图 5-61 所示。

图 5-60　调整黄色

图 5-61　图像效果

> **提示** 在【可选颜色】对话框下方的【方法】选项中可以选择增减颜色模式，选择【相对】选项，将按 CMYK 总量的百分比来调整颜色；选择【绝对】选项，将按 CMYK 总量的绝对值来调整颜色。

步骤 ⑥ 下面将针对图像中的某一部分图像区域调整颜色，选择【图像】|【调整】|【替换颜色】命令，打开【替换颜色】对话框，使用【吸管工具】在大树底部的绿色图像中进行单击，然后设置【颜色容差】为 89，调整【色相】参数为 37、【饱和度】参数为 20，如图 5-62 所示。

步骤 ⑦ 单击【确定】按钮，得到调整后的图像效果。可以看到调整后图像中的植物颜色变得更加翠绿，如图 5-63 所示。

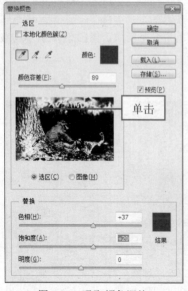

图 5-62　吸取颜色调整

单击

图 5-63　图像效果

步骤 8 再次打开【替换颜色】对话框，使用【吸管工具】单击图像中间淡色草丛区域，调整【颜色容差】参数为 107，再设置【色相】为-9、【饱和度】为 9、【明度】为 11，如图 5-64 所示。

步骤 9 单击【确定】按钮，得到调整后的图像，可以看到图像中的植物颜色变得更加翠绿，如图 5-65 所示。

图 5-64　吸取颜色调整

图 5-65　图像效果

> **提示**　使用【替换颜色】命令可以改变图像中某些区域中颜色的色相、饱和度、明暗度，从而达到改变图像色彩的目的。

Example 实例　**运用【通道混合器】命令制作图像特殊颜色**

素材	光盘\素材\第 5 章\婚纱照.jpg
效果	光盘\效果\第 5 章\替换图像颜色.psd
视频	光盘\视频\第 5 章\实例 040.mp4

操 作 步 骤

步骤 1 打开素材图像【婚纱照.jpg】，如图 5-66 所示。图像中的草地为翠绿色，下面将通过通道混合器将其调整为具有浪漫风格的蓝绿色调。

步骤 2 选择【图像】|【调整】|【通道混合器】命令，打开【通道混合器】对话框，单击【输出通道】右侧的下三角形按钮，在其下拉列表中选择【蓝】选项，如图 5-67 所示。

> **提示**　使用【通道混合器】命令可以将图像不同通道中的颜色进行混合，从而达到改变图像色彩的目的。该功能与【色彩平衡】命令有相似之处，但【色彩平衡】命令比它具有更强大的功能。

图 5-66　素材图像　　　　　　　　　　　图 5-67　【通道混合器】对话框

步骤 ③　调整各颜色参数，分别设置【红色】为-24%、【绿色】为91%、【蓝色】为22%，如图 5-68 所示，这时得到的图像效果如图 5-69 所示。

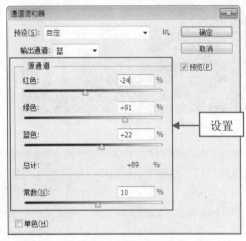

图 5-68　设置颜色参数　　　　　　　　　　图 5-69　图像效果 1

步骤 ④　调整后的图像中人物色调有些失真，下面将调整图像中的红色通道，如图 5-70 所示，这时得到的图像效果如图 5-71 所示。

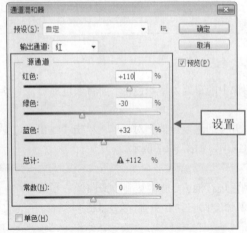

图 5-70　设置颜色参数　　　　　　　　　　图 5-71　图像效果 2

步骤 ⑤ 调整后的图像色调还不太柔和，需要再调整一下。选择【图像】|【调整】|【色彩平衡】命令，打开【色彩平衡】对话框，设置各项颜色参数，如图 5-72 所示。

步骤 ⑥ 单击【确定】按钮，得到调整后的图像效果，如图 5-73 所示。

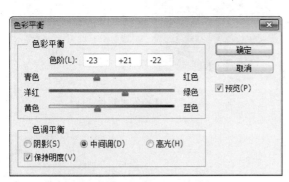

图 5-72　设置各项颜色参数

图 5-73　图像效果 3

Example **实例**　运用【渐变映射】命令制作单色调图像

素材	光盘\素材\第 5 章\鲜花.jpg
效果	光盘\效果\第 5 章\制作单色调图像.psd
视频	光盘\视频\第 5 章\实例 041.mp4

操 作 步 骤

步骤 ① 打开素材图像【鲜花.jpg】，如图 5-74 所示。下面将使用【渐变映射】命令为其制作单色特殊效果。

步骤 ② 选择【图像】|【调整】|【渐变映射】命令，打开【渐变映射】对话框，如图 5-75 所示。

图 5-74　素材图像

图 5-75　【渐变映射】对话框

步骤 ③ 单击渐变色条右侧的下三角形按钮，在弹出的面板中可以选择一些预设的渐变样式，如图 5-76 所示。单击渐变色条，打开【拾色器】对话框，设置颜色为蓝色（R：0、G：36、B：109），如图 5-77 所示。

步骤 ④ 单击【确定】按钮返回到【渐变映射】对话框，可以看到渐变色条已经变为刚才设置的样式，如图 5-78 所示。再次单击【确定】按钮，得到单色调图像效果如图 5-79 所示。

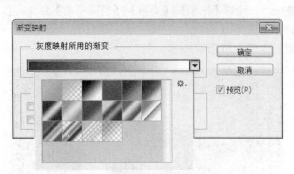

图 5-76　选择预设颜色样式

图 5-77　【拾色器】对话框

图 5-78　设置图像颜色效果

图 5-79　单色调效果

> 提
> 示
>
> 【渐变映射】命令主要是使用渐变颜色对图像颜色进行调整，起到改变图像色调的效果。

Example **实例**　运用【照片滤镜】命令制作冷色调图像

素材	光盘\素材\第 5 章\外国风光.jpg
效果	光盘\效果\第 5 章\制作冷色调图像.psd
视频	光盘\视频\第 5 章\实例 042.mp4

操 作 步 骤

步骤 ❶ 打开素材图像【外国风光.jpg】，如图 5-80 所示。可以看到该图像为暖色调图像。

步骤 ❷ 选择【图像】|【调整】|【照片滤镜】命令，打开【照片滤镜】对话框。单击【滤镜】右侧的下三角形按钮，在打开的下拉列表中可以选择一种预设色调，如选择【深蓝】，如图 5-81 所示。

步骤 ❸ 设置【浓度】为 100%，如图 5-82 所示，可以让蓝色色调更加浓郁，图像得到冷色调效果，如图 5-83 所示。

- 【滤镜】选项：在其下拉列表中可以选择滤镜的类型。
- 【颜色】设置：单击右侧的色块，可以在打开的对话框中自定义滤镜的颜色。
- 【浓度】设置：通过拖动滑块或输入数值来调整所添加颜色的浓度。
- 【保留亮度】复选框：选择该复选框后，添加颜色滤镜时仍然保持原图像的亮度。

图 5-80　素材图像

图 5-81　【照片滤镜】对话框

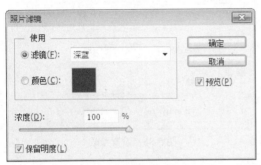

图 5-82　加深【浓度】参数

图 5-83　图像效果

Example 实例 运用【曝光度】与【匹配颜色】命令调整特殊颜色

素材	光盘\素材\第 5 章\吊床.jpg、黄昏.jpg
效果	光盘\效果\第 5 章\调整特殊颜色.psd
视频	光盘\视频\第 5 章\实例 043.mp4

操 作 步 骤

步骤 ❶ 选择【文件】|【打开】命令，分别打开素材图像【吊床.jpg】和【黄昏.jpg】，如图 5-84 所示。

图 5-84　【吊床】和【黄昏】素材图像

步骤 ② 选择吊床图像，然后选择【图像】|【调整】|【匹配颜色】命令，打开【匹配颜色】对话框。在【目标图像】选项中可以看到目标为吊床图像。单击【源】下拉按钮，在弹出的列表框中选择黄昏图像，如图 5-85 所示。

步骤 ③ 调整【图像选项】中的参数，分别设置【明亮度】为 126、【颜色强度】为 85、【渐隐】为 16，如图 5-86 所示。

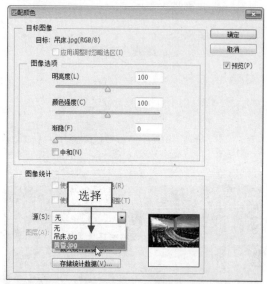

图 5-85　选择源图像

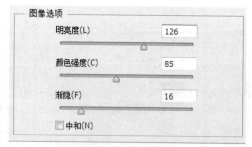

图 5-86　设置参数

> **提示** 　使用【匹配颜色】命令可以使作为源的图像色彩与作为目标的图像进行混合，从而达到改变目标图像色彩的目的。

步骤 ④ 单击【确定】按钮，得到匹配颜色后的图像效果如图 5-87 所示。

步骤 ⑤ 选择【图像】|【调整】|【曝光度】命令，打开【曝光度】对话框，单击【预设】右侧的下三角形按钮，选择【加 1.0】，如图 5-88 所示。

图 5-87　图像效果

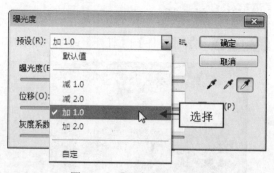

图 5-88　【曝光度】对话框

步骤 ⑥ 选择了预设选项后，可以在图像中预览图像效果，如图 5-89 所示。调整下面的各项参数，如调整【曝光度】为 1.96、【位移】为 0.0635、【灰度系数校正】为 0.66，单击【确定】按钮，得到调整曝光度后的图像，完成本实例的制作，如图 5-90 所示。

图 5-89　图像效果

图 5-90　完成效果

5.3　调整特殊色调和色彩

日常生活中我们拍摄的照片，除了因为光线而产生的曝光问题外，颜色都是比较真实的，如果要制作出具有特殊色调的图像，则需要使用一些命令来完成。

Example 实例　运用【反相】与【阈值】命令制作版画

素材	光盘\素材\第 5 章\小猫.jpg
效果	光盘\效果\第 5 章\制作版画.psd
视频	光盘\视频\第 5 章\实例 044.mp4

操 作 步 骤

步骤 ① 选择【文件】|【打开】命令，打开素材图像【小猫.jpg】，如图 5-91 所示。下面将使用该图像制作版画效果。

步骤 ② 按【Ctrl+J】组合键复制背景图层一次，在【图层】面板中将得到图层 1，如图 5-92 所示。

图 5-91　素材图像

图 5-92　复制图层

步骤 ③ 选择【图像】|【调整】|【反相】命令，得到底片图像效果，如图 5-93 所示。

步骤 ④ 在【图层】面板中设置图层 1 的【不透明度】参数为 75%，如图 5-94 所示。

步骤 ⑤ 按【Ctrl+J】组合键再复制图层 1 一次，得到图层 1 副本，如图 5-95 所示。

步骤 ⑥ 选择【图像】|【调整】|【阈值】命令，打开【阈值】对话框，设置【阈值色阶】为 127，如图 5-96 所示。

图 5-93　反相效果

图 5-94　设置图层不透明度

图 5-95　复制图层

图 5-96　【阈值】对话框

步骤 (7) 单击【确定】按钮，得到单色版画图像效果，如图 5-97 所示。为了让效果更加真实，调整图层 1 副本的不透明度为 40%，得到的图像效果如图 5-98 所示。

图 5-97　图像效果

图 5-98　调整透明度效果

> **提示**　【反相】命令能够将图像中的颜色信息反转，常用于制作胶片效果。使用该命令可以创建边缘蒙版，以便向图像的选定区域应用锐化和其他调整。当再次使用该命令时，即可还原图像颜色。

Example 实例　运用【色调分离】与【变化】命令制作艺术色调

素材	光盘\素材\第 5 章\蝴蝶.jpg
效果	光盘\效果\第 5 章\制作艺术色调.psd
视频	光盘\视频\第 5 章\实例 045.mp4

操 作 步 骤

步骤 ① 选择【文件】|【打开】命令，打开素材图像【蝴蝶.jpg】，如图 5-99 所示。下面将使用该图像制作特殊效果。

步骤 ② 选择【图像】|【调整】|【色调分离】命令，打开【色调分离】对话框，设置【色阶】为 4，如图 5-100 所示。

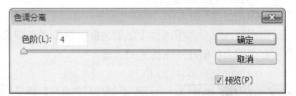

图 5-99　素材图像　　　　　　　　　　　　　　图 5-100　【色调分离】对话框

步骤 ③ 单击【确定】按钮，得到色调分离的图像效果，如图 5-101 所示。

步骤 ④ 选择【图像】|【调整】|【变化】命令，打开【变化】对话框，分别单击【加深黄色】、【加深红色】和【加深洋红】，如图 5-102 所示。

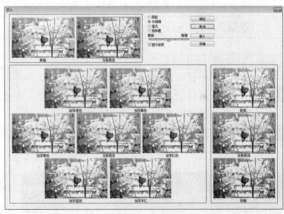

图 5-101　色调分离效果　　　　　　　　　　　　图 5-102　【变化】对话框

步骤 ⑤ 单击【确定】按钮，得到调整颜色后的图像效果如图 5-103 所示。

图 5-103　图像效果

第6章　选区的创建与编辑

在 Photoshop 中，选区的运用非常重要，用户常常需要通过选区来对图像进行选择，或者通过填充选区来得到实际的图像。本章将详细介绍选区的创建与编辑。

本章学习要点

- 创建规则形状选区
- 创建不规则形状选区
- 编辑选区

6.1　创建规则形状选区

规则选区主要是指通过【矩形选框工具】、【椭圆选框工具】和【单行/单列选框工具】创建的选区，在本节中将详细介绍创建规则选区的方法。

Example 实例　运用【矩形选框工具】绘制矩形

通过【矩形选框工具】可以绘制具有不同特点的矩形选区，下面分别做具体介绍。

1. 自由绘制矩形选区

素材	光盘\素材\第 6 章\蓝色背景.jpg
视频	光盘\视频\第 6 章\实例 046.mp4

操 作 步 骤

步骤 ① 打开素材图像【蓝色背景.jpg】，选择工具箱中的【矩形选框工具】，在图像窗口中单击鼠标确定选区的起始处，如图 6-1 所示。

步骤 ② 按住鼠标左键并拖动，确定选区的大小，并释放鼠标按键，得到自由绘制的选区，如图 6-2 所示。

图 6-1　确定选区起点

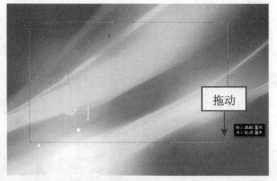
图 6-2　绘制选区

提示　所谓绘制自由矩形选区，就是在系统默认的参数设置下绘制具有任意长度和宽度的矩形选区。

2. 绘制固定大小矩形选区

素材	光盘\素材\第 6 章\蓝色背景.jpg
视频	光盘\视频\第 6 章\实例 047.mp4

操 作 步 骤

步骤 ① 打开素材图像【蓝色背景.jpg】，选择工具箱中的【矩形选框工具】，在工具属性栏中单击的【样式】按钮，在其下拉列表中选择【固定大小】选项，然后在【宽度】和【高度】数值框中输入宽度和高度值，如图 6-3 所示。

图 6-3　工具属性栏

步骤 ② 设置好各项参数后，在图像窗口中单击即可得到一个固定大小的矩形选区，如图 6-4 所示。

步骤 ③ 如果要绘制只有一个像素大小的选区，只须在工具属性栏中将宽度和高度都设置为 1 像素即可，绘制后的选区如图 6-5 所示。

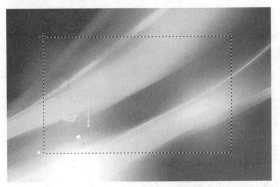

图 6-4　绘制固定大小选区

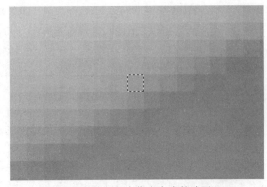

图 6-5　绘制一个像素大小的选区

3. 绘制固定比例矩形选区

素材	光盘\素材\第 6 章\蓝色背景.jpg
视频	光盘\视频\第 6 章\实例 048.mp4

操 作 步 骤

步骤 ① 打开素材图像【蓝色背景.jpg】，选择工具箱中的【矩形选框工具】，并在工具属性栏中设置【样式】类型为【固定比例】，然后在【宽度】和【高度】数值框中输入代表它们之间的比例关系的数值，如图 6-6 所示。

图 6-6　工具属性栏

步骤 ② 在图像窗口单击并拖动绘制选区，图 6-7 和图 6-8 所示为分别设置不同长宽比后绘制的矩形选区。

Photoshop CS6

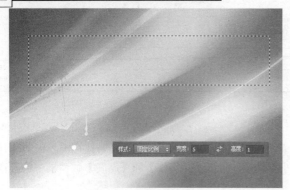

图 6-7　长宽比为 5∶1

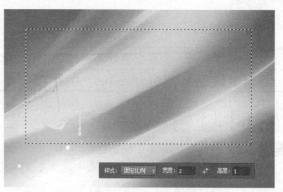

图 6-8　长宽比为 2∶1

> **提**
> **示**　　通过绘制固定大小的矩形选区可以看出，矩形选区由宽度和高度两个参数控制其大小，用户可以通过设置宽度和高度之间的比例来控制绘制后的矩形形状。

4. 叠加绘制矩形选区

在图像处理过程中，有时不能一次成功创建选区，这时可使用其他选区对已存在的选区进行运算来得到需要的最终选区，选区运算包括选区的添加、减去和交叉。

- 选区的添加：添加选区是指将最近绘制的选区与已存在的选区进行相加计算，从而实现两个选区的合并。单击选框工具属性栏中的【添加到选区】按钮，或按住【Shift】键即可进行选区的添加操作。
- 选区的减去：减去选区是指将最近绘制的选区与已存在的选区进行相减运算，最终得到的是原选区减去新选区后得到的选区。单击属性栏中的【从选区减去】按钮，或按住【Alt】键即可进行选区的减去操作。
- 选区的交叉：选区交叉是指将最近绘制的选区与已存在的选区进行交叉运算，最终得到的是两个选区共同拥有部分的选区。单击属性栏中的【与选区交叉】按钮，即可进行选区的交叉操作。

Example 实例　　运用【椭圆选框工具】绘制弯弯的月亮

素材	光盘\素材\第 6 章\夜晚.jpg
效果	光盘\效果\第 6 章\绘制弯弯的月亮.psd
视频	光盘\视频\第 6 章\实例 049.mp4

操作步骤

步骤 ① 打开素材图像【夜晚.jpg】。下面将使用【椭圆选框工具】在画面中绘制一个弯弯的月亮，如图 6-9 所示。

步骤 ② 选择工具箱中的【椭圆选框工具】，按住【Shift】键在图像右上方绘制一个圆形选区，如图 6-10 所示。

步骤 ③ 单击属性栏中的【从选区减去】按钮，交叉绘制一个椭圆选区，如图 6-11 所示。

步骤 ④ 松开鼠标按键后，将得到减去后的选区效果，呈现一个月牙状，如图 6-12 所示。

步骤 ⑤ 按下【Shift+F6】组合键，打开【羽化选区】对话框，设置【羽化半径】为 10 像素，如图 6-13 所示。单击【确定】按钮，得到羽化选区。

图 6-9 打开素材图像

图 6-10 绘制圆形选区

图 6-11 交叉绘制选区

图 6-12 减选选区效果

步骤 6 设置前景色为淡黄色（R：255、G：253、B：54），按【Alt+Delete】组合键填充选区，得到黄色月亮效果，如图 6-14 所示。

图 6-13 设置羽化参数

图 6-14 图像效果

Example 实例 运用【单行/单列选框工具】绘制直线

使用【单行选框工具】和【单列选框工具】可以在图像中创建具有一个像素宽度的水平或垂直选区，绘制方法非常简单，选择工具箱中的单行或单列工具，在图像窗中单击即可。图 6-15 和图 6-16 所示为放大显示创建后的单行和单列选区，通过填充选区即可得到细长直线效果。

图 6-15　绘制单行选区

图 6-16　绘制单列选区

6.2　创建不规则形状选区

当用户在编辑一些特殊图像或需要创建形状特异的选区时，如果只使用规则选区来绘制远远不能满足需要，这时可以通过 Photoshop 的其他选框工具来创建各种复杂形状的选区。

Example 实例　运用【套索工具】绘制不规则图像

素材	光盘\素材\第 6 章\背景图像.jpg
效果	光盘\效果\第 6 章\清除文字.psd
视频	光盘\视频\第 6 章\实例 050.mp4

操 作 步 骤

步骤 ①　选择工具箱中的【套索工具】，如图 6-17 所示。打开素材图像【背景图像.jpg】，如图 6-18 所示。下面将绘制自由选区来清除图像中间的文字图像。

图 6-17　选择工具

图 6-18　打开素材图像

步骤 ②　在图像中间的文字周围按住鼠标左键并拖动，将文字框选起来，如图 6-19 所示。松开鼠标左键，获取图像选区，如图 6-20 所示。

图 6-19　绘制选区

图 6-20　选区效果

步骤 3 选择【编辑】|【填充】命令，打开【填充】对话框，单击【使用】右侧的下三角形按钮，在弹出的下拉菜单中选择白色，如图 6-21 所示。

步骤 4 单击【确定】按钮，得到填充图像后的效果，如图 6-22 所示。

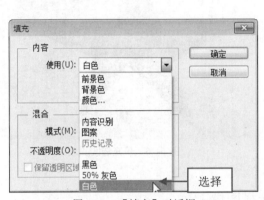

图 6-21　【填充】对话框

图 6-22　填充选区效果

> **提示**　按键盘上的【L】键可快速选择工具箱中的自由套索工具，多次按【Shift+L】组合键可在自由套索工具、多边形套索工具和磁性套索工具之间切换。

Example 实例　运用【多边形套索工具】绘制五角星

素材	光盘\素材\第 6 章\浪漫图像.jpg
效果	光盘\效果\第 6 章\绘制五角星.psd
视频	光盘\视频\第 6 章\实例 051.mp4

操 作 步 骤

步骤 1 打开素材图像【浪漫图像.jpg】，如图 6-23 所示。下面将在图像中绘制一个五角星图像。

步骤 2 选择工具箱中的【多边形套索工具】，在图像中上方单击鼠标左键确定起点，然后拖动鼠标指针并单击左键确定另一端的位置，继续拖动鼠标指针并单击左键绘制选区，如图 6-24 所示。

图 6-23　打开素材图像

图 6-24　拖动鼠标绘制五角星

步骤 ③ 将鼠标指针拖动到起点位置处单击，即可得到闭合的选区，如图 6-25 所示，设置前景色为红色（R：227、G：3、B：55），得到五角星图像，如图 6-26 所示。

图 6-25　得到选区

图 6-26　填充选区颜色

Example 实例 运用【磁性套索工具】选择图像

素材	光盘\素材\第 6 章\青椒.jpg、飘带.jpg
效果	光盘\效果\第 6 章\变换图像背景.psd
视频	光盘\视频\第 6 章\实例 052.mp4

操 作 步 骤

步骤 ① 选择工具箱中的【磁性套索工具】，可以在工具属性栏中看到该工具的各种选项，如图 6-27 所示。

图 6-27　磁性套索工具属性栏

- 宽度：在该文本框中设置参数可以设置捕捉像素范围。
- 对比度：在该文本框中设置参数可以设置捕捉灵敏度。
- 频率：在该文本框中设置定位点创建的频率。

步骤 ② 打开素材图像【青椒.jpg】，下面将使用【磁性套索工具】沿着图像边缘绘制选区。使用【磁性套索工具】在左侧的青椒图像边缘单击确定起点，如图 6-28 所示。

步骤 ③ 沿着青椒的颜色边缘慢慢移动鼠标，系统会自动捕捉图像中对比度较大的颜色边界并产生定位点，如图 6-29 所示。

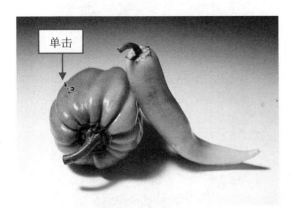

图 6-28　确定起点

图 6-29　选择图像边缘

步骤 4 到达起始点后，松开鼠标左键，得到绘制的选区，如图 6-30 所示。用户可以对选区中的图像进行调整，如调整颜色、抠取图像等。

步骤 5 按【Ctrl+C】组合键复制选区中的图像，打开素材图像【飘带.jpg】，按【Ctrl+V】组合键粘贴图像，效果如图 6-31 所示。

图 6-30　获取图像选区

图 6-31　变换图像背景

Example　实例　运用【魔棒工具】选择复杂区域

素材	光盘\素材\第 6 章\海螺.jpg
视频	光盘\视频\第 6 章\实例 053.mp4

操 作 步 骤

步骤 1 打开素材图像【海螺.jpg】，如图 6-32 所示。下面将使用【魔棒工具】获取图像背景选区。

步骤 2 选择工具箱中的【魔棒工具】，在属性栏中设置【容差】值为 40，并选中【消除锯齿】和【连续】复选框，然后在图像上方的蓝色图像中单击，获取部分图像选区，如图 6-33 所示。

步骤 3 在属性栏中改变【容差】值为 30，然后按住【Shift】键单击其他蓝色背景图像，加选获取图像选区，如图 6-34 所示。

图 6-32　打开素材图像

图 6-33　获取部分图像选区

步骤 **④** 这时并不能选择除海螺图像外的所有背景图像，可以降低容差值参数，如设置为 20，然后通过加
选选区，单击其他没有选择的背景图像，如图 6-35 所示，即可获取所有背景图像选区。

图 6-34　选择其他图像

图 6-35　获取背景图像选区

提
示　　魔棒工具属性栏中的【容差】数值框主要用于设置颜色取样的范围，数值越大，则选择的颜色范
围就越大。

Example 实例　运用【快速选择工具】快速获取选区

　　【快速选择工具】 可以看成是魔棒工具的精简版，特别适合在具有强烈颜色反差的图像中绘制选区。
选择【快速选择工具】 ，其属性栏中的各项设置与其他选区工具基本一致，不同的是多了一个【画笔】选
项，单击该选项，可以在弹出的面板中设置画笔大小，如图 6-36 所示。
　　选择【快速选择工具】 ，然后在图像中需要选择的区域按住鼠标左键并拖动鼠标指针，鼠标指针经过
的区域将会被选择，如图 6-37 所示。在不释放鼠标按键的情况下继续沿要绘制的区域拖动鼠标指针，直至得
到需要的选区为止，如图 6-38 所示。

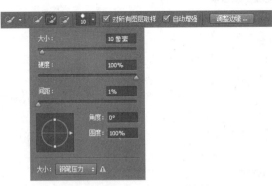

图 6-36　快速选择工具属性栏

图 6-37　拖动指针经过要选择的区域

拖动

图 6-38　沿绿色背景拖动后得到的选区

Example 【实例】　**运用【色彩范围】命令选择图像选区**

素材	光盘\素材\第 6 章\荷花.jpg
视频	光盘\视频\第 6 章\实例 054.mp4

操 作 步 骤

步骤 ① 打开素材图像【荷花.jpg】，如图 6-39 所示。选择【选择】|【色彩范围】命令，打开【色彩范围】对话框，如图 6-40 所示。

图 6-39　打开素材图像

RGB 模式显示

图 6-40　【色彩范围】对话框

● 【选择】下拉列表框：用来设置预设颜色的范围，它由取样颜色、红色、黄色、绿色、青色、蓝色、洋红、高光、中间调和阴影等选项组成。

● 【颜色容差】：该选项与魔棒工具属性栏下的【容差】选项的功能一样，用于设置将要选取的颜色范围。其数值越大，选取的颜色范围也越大；数值越小，选择的颜色范围就越小，得到选区的范围就越小。也可通过拖动该选项下方滑动条上的滑块来调整数值的大小。

● 【选择范围】：选中该单选按钮后，在预览区中将以灰度显示选择范围内的图像，白色区域表示被选择的区域，黑色表示未被选择的区域，灰色表示选择的区域为半透明。

● 【图像】：选中该单选按钮后，在预览区内将以原图像的方式显示图像的状态。

● 【选区预览】下拉列表框：用于设置在图像窗口中选取区域的预览方式。其中【无】表示不在图像窗口中显示选取范围的预览图像；【灰度】表示在图像窗口中以灰色调显示未被选择的区域；【黑色杂边】表示在图像窗口中以黑色显示未被选择的区域；【白色杂边】表示在图像窗口中以白色显示未被选择的区域；【快速蒙版】表示在图像窗口中以蒙版颜色显示未被选择的区域。

● 【反相】：选中该复选框可实现预览图像窗口中选中区域与未选中区域之间的切换。

● 吸管工具 ✐ ✐ ✐：✐工具用于在预览图像窗口中单击取样颜色，✐和✐工具分别用于增加和减少选择的颜色范围。

步骤 ② 在【色彩范围】对话框选中其底部的【图像】单选项时，预览框中的图像以 RGB 模式显示；当选择其底部的【选择范围】单选项时，预览框将以灰度图像显示，如图 6-41 所示。

步骤 ③ 下面来选择荷花图像区域，使用吸管工具在荷花图像中单击，得到荷花图像范围，如图 6-42 所示。

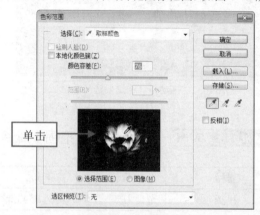

图 6-41　改变预览框中的显示方式　　　　　　　图 6-42　选择颜色区域

步骤 ④ 此时预览框中呈白色显示的区域表示已绘制的选区范围，但可以看出荷花图像没有被全部选择，这时可向右拖动【颜色容差】数值框底部滑条上的滑块来增加颜色容差值，颜色选择的范围便会扩大，如图 6-43 所示。

步骤 ⑤ 选择【本地化颜色簇】复选框，再选择【添加到取样】工具，单击其他荷花图像区域，对图像进行加选。在加选的过程中可以适当对参数进行调整，让整个荷花图像被选择，如图 6-44 所示。

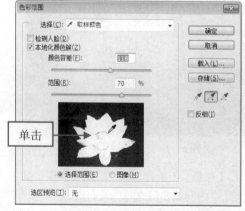

图 6-43　调整颜色范围　　　　　　　　　　图 6-44　加选其他图像

步骤 6　单击【确定】按钮，得到荷花外轮廓的选区效果，如图 6-45 所示。可以看到，中间黄色图像还没有完全选中，此时可以选择【套索工具】，按住【Shift】键单击黄色图像，通过加选的方式得到整个荷花图像选区，如图 6-46 所示。

图 6-45　选区效果　　　　　　　　　　　图 6-46　加选选区图像

6.3　选区的编辑

当用户在绘制选区时，如果感觉选区还不能达到要求，这时可对选区进行修改操作，如扩展或收缩选区、变换选区等。

Example 实例　运用【全部选取】与【反向】命令选择图像

在一幅图像中，用户可以通过简单的方法对图像做全选操作，又或者在获取选区后，对图像应用反向选择操作。

● 　选择【选择】|【全部】命令或按下【Ctrl+A】组合键即可全选选区
● 　选择【选择】|【反向】命令或按下【Ctrl+Shift+I】组合键即可反向区。

Example 实例　移动选区中的图像

素材	光盘\素材\第 6 章\椅子.jpg、办公室.jpg
效果	光盘\效果\第 6 章\移动选区中的图像.psd
视频	光盘\视频\第 6 章\实例 055.mp4

操 作 步 骤

步骤 1　打开素材图像【椅子.jpg】，选择【魔棒工具】，在属性栏中设置【容差】值为 10 像素，取消选择【连续】复选框，在白色背景图像中单击鼠标左键，获取背景图像选区，如图 6-47 所示。

步骤 2　选择【选择】|【反向】命令，将选区进行反选，获取椅子图像选区，如图 6-48 所示。

图 6-47　获取背景选区　　　　　　　　　图 6-48　反向选区

步骤 ③ 打开素材图像【办公室.jpg】，如图 6-49 所示。选择【移动工具】，将鼠标指针移动到椅子图像选区中，按住鼠标左键将其拖曳到【办公室.jpg】图像中，如图 6-50 所示。

图 6-49　打开素材图像

图 6-50　移动选区中的图像

步骤 ④ 选择【套索工具】 ，按住【Shift】键选择白色和黑色椅子，得到如图 6-51 所示的选区。

步骤 ⑤ 按【Delete】键删除选区中的图像，然后按【Ctrl+D】组合键取消选区，得到如图 6-52 所示的选区。

步骤 ⑥ 再使用【套索工具】选择第一个椅子，也就是绿色椅子，然后选择【移动工具】，将鼠标指针移动到选区中拖曳椅子图像到红色椅子附近，如图 6-53 所示。

步骤 ⑦ 按【Ctrl+D】组合键取消选区，再按【Ctrl+T】组合键适当调整两把椅子的位置和大小，得到如图 6-54 所示的效果。

图 6-51　框选图像

图 6-52　删除选区中的图像

图 6-53　移动选区中的图像

图 6-54　调整图像大小

Example 实例　运用【扩展】和【收缩】命令编辑选区

在 Photoshop CS6 中绘制好选区后，还可以对其进行扩展和收缩操作，下面分别介绍其具体使用方法。

1．扩展选区

扩展选区就是将当前选区按设定的像素量向外扩充。选择【选择】|【修改】|【扩展】命令，在打开的【扩展选区】对话框中的【扩展量】数值框中输入扩展值，然后单击【确定】按钮即可，如图 6-55 所示。

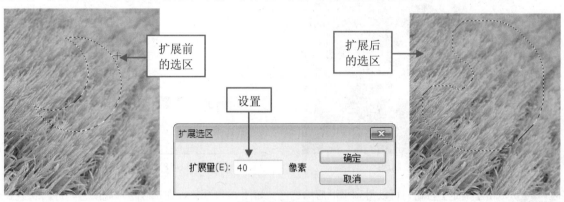

图 6-55　扩展选区

2．收缩选区

收缩选区是扩展选区的逆操作，即选区向内进行缩小。选择【选择】|【修改】|【收缩】命令，在打开的【收缩选区】对话框中的【收缩量】数值框中输入收缩值，然后单击【确定】按钮即可，如图 6-56 所示。

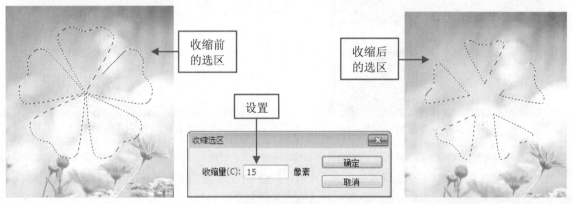

图 6-56　收缩选区

Example 实例　运用【平滑】和【边界】命令获取图像边界

对于选区的操作，除了扩展和收缩外，还可以平滑选区和增加选区边界，下面就来介绍这两种功能的使用方法。

1．平滑选区

素材	光盘\素材\第 6 章\绿色背景.jpg
视频	光盘\视频\第 6 章\实例 056.mp4

操 作 步 骤

步骤 ① 打开素材图像【绿色背景.jpg】，使用【多边形套索工具】 ，在图像中绘制一个不规则选区，如图 6-57 所示。

步骤 ② 为了方便观察选区的平滑状态，将选区填充为白色，然后选择【选择】|【修改】|【平滑】命令，打开【平滑选区】对话框，设置【取样半径】参数为 15，如图 6-58 所示。

图 6-57 绘制选区

图 6-58 设置平滑选区

步骤 ③ 单击【确定】按钮，可以得到平滑后的选区，如图 6-59 所示。在选区中填充颜色，可以观察到选区的平滑状态，如图 6-60 所示。

图 6-59 平滑选区

图 6-60 填充选区效果

> **提示** 在【平滑选区】对话框中设置选区平滑度时，【取样半径】值越大，选区的轮廓越平滑，同时也会失去选区中的细节，因此，应该合理设置【取样半径】值。

2. 边界选区

素材	光盘\素材\第 6 章\色谱.jpg
效果	光盘\效果\第 6 章\制作色谱边界.jpg
视频	光盘\视频\第 6 章\实例 057.mp4

操 作 步 骤

步骤 ① 打开素材图像【色谱.jpg】，使用【魔棒工具】 ，在图像白色背景中单击，获取背景图像选区，如图 6-61 所示。

步骤② 选择【选择】|【反向】命令，反向获取图像选区，如图 6-62 所示。

图 6-61 创建选区

图 6-62 反选选区

步骤③ 选择【选择】|【修改】|【边界】命令，打开【边界选区】对话框，设置【宽度】为 30 像素，如图 6-63 所示。

步骤④ 单击【确定】按钮，即可得到增加的选区边界，如图 6-64 所示。

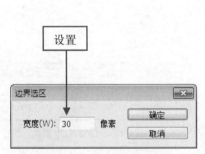

图 6-63 设置边界选区

图 6-64 选区效果

步骤⑤ 选择【渐变工具】，单击属性栏左侧的渐变色条，打开【渐变编辑器】对话框，在【预设】中选择色谱样式，如图 6-65 所示。

步骤⑥ 单击【确定】按钮，单击属性栏中的【线性渐变】按钮■，在选区中从上到下应用渐变填充，再按【Ctrl+D】组合键取消选区，效果如图 6-66 所示。

图 6-65 设置渐变颜色

图 6-66 填充选区

Example **实例** 运用【羽化】命令选区得到柔化边框

素材	光盘\素材\第 6 章\薰衣草.jpg
效果	光盘\效果\第 6 章\绘制柔化边框.jpg
视频	光盘\视频\第 6 章\实例 058.mp4

操 作 步 骤

步骤 ① 打开素材图像【薰衣草.jpg】，选择【矩形选框工具】在图像中绘制一个矩形选区，如图 6-67 所示。

步骤 ② 选择【选择】|【修改】|【羽化】命令，打开【羽化选区】对话框，设置【羽化半径】为 60 像素，如图 6-68 所示。

图 6-67 绘制选区   图 6-68 设置羽化参数

步骤 ③ 单击【确定】按钮，得到羽化选区效果，再按【Shift+Ctrl+I】组合键反向选区，效果如图 6-69 所示。

步骤 ④ 设置前景色为白色，按【Alt+Delete】组合键填充选区，得到如图 6-70 所示的效果。

图 6-69 羽化选区效果   图 6-70 填充羽化选区

步骤 ⑤ 选择【选择】|【反向】命令，再次反选选区，再选择【选择】|【修改】|【边界】命令，打开【边界】对话框，设置【宽度】为 20 像素，如图 6-71 所示。

步骤 ⑥ 单击【确定】按钮，得到边界选区效果，如图 6-72 所示。

图 6-71　设置边界选区　　　　　　　　　　　图 6-72　边界选区效果

步骤 7 设置前景色为黄色（R：252、G：245、B：126），按【Alt+Delete】组合键填充选区，如图 6-73 所示。完成后按【Ctrl+D】组合键取消选区，得到完成后的效果如图 6-74 所示。

图 6-73　填充选区　　　　　　　　　　　图 6-74　取消选区

Example 【实例】　运用【存储选区】和【载入选区】命令选择图像

素材	光盘\素材\第 6 章\小狗.jpg
视频	光盘\视频\第 6 章\实例 059.mp4

操 作 步 骤

步骤 1 打开素材图像【小狗.jpg】，如图 6-75 所示。选择工具箱中的【魔棒工具】，在工具属性栏中设置容差值为 30，取消对【连续】复选框的选择。

步骤 2 在打开的图像中任意黑色区域上单击，以选择所有的该颜色区域，如图 6-76 所示。

图 6-75　打开素材图像　　　　　　　　　　　图 6-76　获取选区

步骤 3 选择【选择】|【存储选区】命令，在打开的【存储选区】对话框中的【名称】文本框中输入选区名称，然后单击【确定】按钮，如图 6-77 所示。

步骤 4 按【Ctrl+D】组合键取消选区，选择【魔棒工具】，在属性栏中设置容差值为 50 像素，在小狗图像中单击橘黄色图像，获取除黑色边框外的图像选区，如图 6-78 所示。

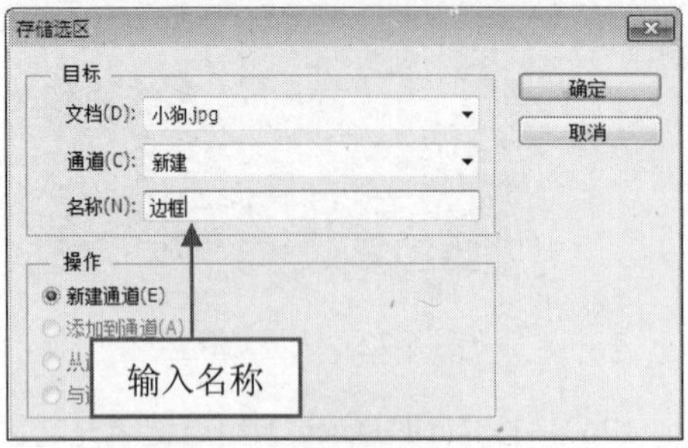

图 6-77 【存储选区】对话框

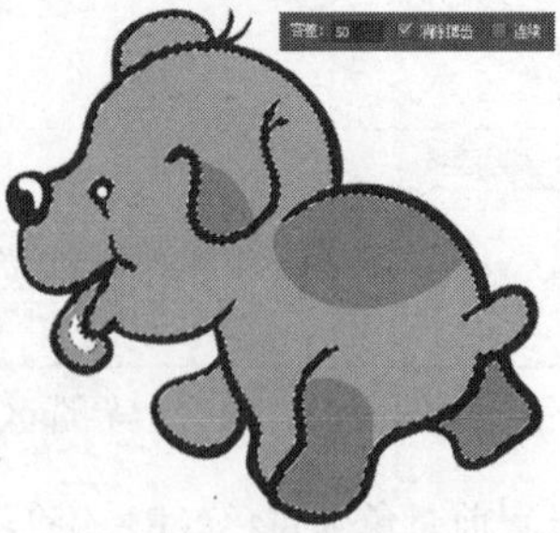

图 6-78 选择图像

步骤 5 选择【选择】|【载入选区】命令，打开【载入选区】对话框。在【通道】下拉列表中选择存储的选区，在【操作】栏下选择【添加到选区】，即表示当前选区将与载入后的选区相加，如图 6-79 所示。单击【确定】按钮，得到添加后的选区，效果如图 6-80 所示，该图获取了小狗图像的所有图像选区。

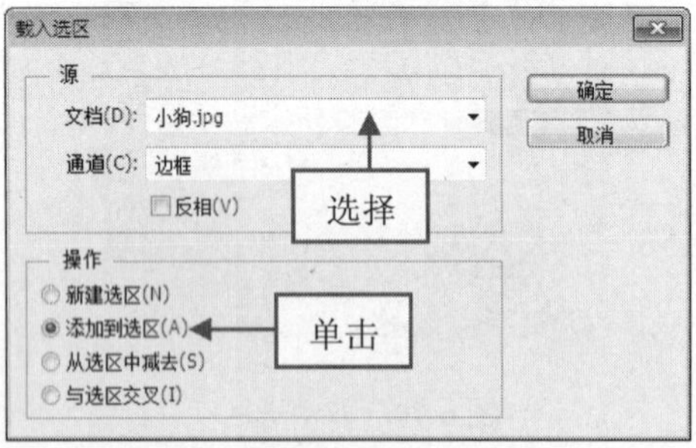

图 6-79 【载入选区】对话框

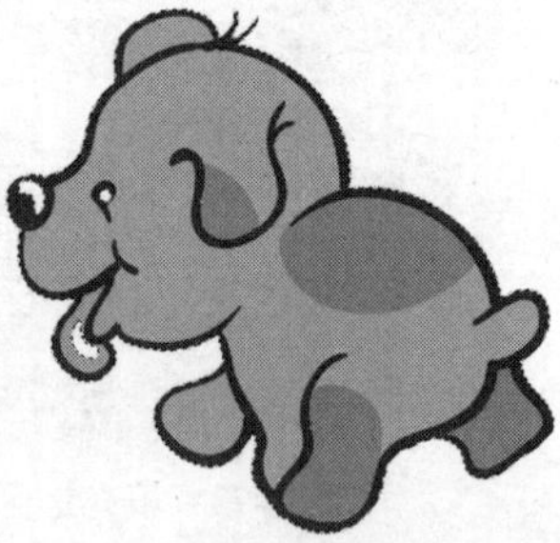

图 6-80 最终选区

Example 实例 运用【变换选区】命令变换选区

素材	光盘\素材\第 6 章\蝴蝶.jpg
视频	光盘\视频\第 6 章\实例 060.mp4

操作步骤

步骤 1 打开素材图像【蝴蝶.jpg】，选择【椭圆选框工具】在图像中绘制一个圆形选区，如图 6-81 所示。

步骤 2 选择【选择】|【变换选区】命令，选区四周即刻出现 8 个控制点。在选区中单击鼠标右键，在弹出的菜单中有多个变换选区命令，如图 6-82 所示。

步骤 3 如果选择【缩放】命令，将鼠标指针移动到变换框或任意控制点上，当鼠标指针变成↗、↘、↔或↕形状时按住鼠标左键并拖动，即可实现选区的缩放变换，如图 6-83 所示。

步骤 4 如果选择【旋转】命令，将鼠标指针移至变换框旁边，当鼠标指针变为↷形状时，按住鼠标左键不放并拖动，可使选区按顺时针或逆时针方向绕变换中心旋转，如图 6-84 所示。

步骤 5 如果选择【斜切】命令，将鼠标指针移至控制点旁边，当鼠标指针变为▸↔或▸↕形状时，按住鼠标左键不放并进行拖动即可实现选区的斜切变换，如图 6-85 所示。

步骤 6 如果选择【扭曲】命令，可以在选区各个控制点产生任意位移，从而带动选区的变换。将鼠标指针移至任意控制点上并按下鼠标左键并拖动，即可实现选区的扭曲变换，如图 6-86 所示。

图 6-81　显示控制框

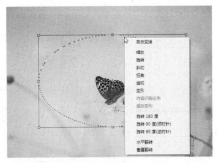

图 6-82　变换选区

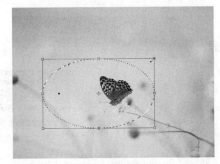

图 6-83　缩小选区

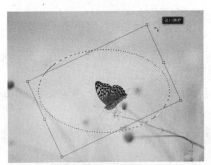

图 6-84　旋转选区

图 6-85　斜切选区

图 6-86　扭曲选区

步骤 7 如果选择【透视】命令，可以使选区从不同的角度观察都具有一定的透视关系，常用来调整选区与周围环境间的平衡关系。将鼠标指针移至变换框 4 个角处的任意控制点上并按下鼠标左键并水平或垂直拖动，即可实现选区的透视变换，如图 6-87 所示。

步骤 8 如果选择【变形】命令，选区内会出现垂直相交的变形网格线。这时在网格内单击并拖动鼠标可实现选区的变形，也可单击并拖动网格线两端的黑色实心点，实心点处会出现一个调整手柄，这时拖动调整手柄可实现选区的变形，如图 6-88 所示。

图 6-87　透视选区

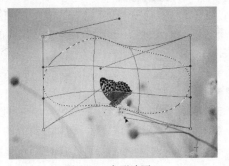

图 6-88　变形选区

第7章　文字的应用

在图像中添加文字能够增加图像艺术气息，并起到解释说明的作用。本章将介绍文字工具的使用方法，包括输入美术文本和段落文本、在路径上输入文字，以及字符段落的编辑等。

本章学习要点

■　创建文字　　　　　　　■　编辑文本

7.1　创建文字

要输入文字，首先要认识输入文字的工具。按住工具箱中的 T 工具不放，将显示出如图 7-1 所示的下拉列表工具组，其中各按钮的作用如下。

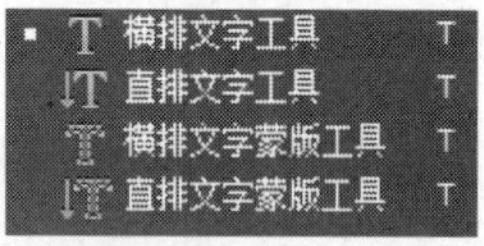

- 【横排文字工具】T：在图像文件中创建水平文字，且在【图层】面板中建立新的文字图层。
- 【直排文字工具】IT：在图像文件中创建垂直文字，且在【图层】面板中建立新的文字图层。

图 7-1　文字工具

- 【横排文字蒙版工具】：在图像文件中创建水平文字形状的选区，但在【图层】面板中不建立新的图层。
- 【直排文字蒙版工具】：在图像文件中创建垂直文字形状的选区，但在【图层】面板中不建立新的图层。

文字工具组中各工具对应的工具属性栏中的选项参数非常相似，这里以横排文字工具的工具属性栏为例进行介绍，如图 7-2 所示。

图 7-2　文字工具属性栏

- 更改文本方向：单击此按钮，可以将选择的水平方向的文字转换为垂直方向，或将选择的垂直方向的文字转换为水平方向。
- 字体 华文仿宋：设置文字的字体。单击其右侧的 ▼ 按钮，在弹出的下拉列表中可以选择所需的字体。
- 字型：设置文字使用的字体形态，但只有选中某些具有该属性的字体后，该下拉列表框才能激活。该下拉列表包括【Regular】（规则的）、【Italic】（斜体）、【Bold】（粗体）和【Bold Italic】（粗斜体）4 个选项。
- 字体大小 133.52点：设置文字的大小。单击其右侧的 ▼ 按钮，在弹出的下拉列表中可选择所需的字体大小，也可直接在该输入框中输入字体大小的值。
- 消除锯齿：设置消除文字锯齿的功能。提供了【无】、【锐利】、【犀利】、【浑厚】和【平滑】5 个选项。
- 对齐方式：设置段落文字排列（左对齐、居中和右对齐）的方式。当文字为竖排时，3 个按钮变为 （顶对齐、居中、底对齐）。
- 文本颜色：设置文字的颜色。单击可以打开【拾色器】对话框，从中选择字体的颜色。
- 变形文本：单击该按钮，可以在打开的【变形文字】对话框中设置变形文字样式。
- 字符和段落面板：单击该图标，可以显示或隐藏【字符】和【段落】面板，用于调整文字格式和段落格式。

Example 实例　运用文字工具输入美术文本

在 Photoshop CS6 中，用户可以使用【横排文字工具】和【直排文字工具】输入文字，下面将分别介绍横排文字和直排文字的创建方法。

1. 使用横排文字工具

素材	光盘\素材\第 7 章\花.jpg
视频	光盘\视频\第 7 章\实例 061.mp4

操 作 步 骤

步骤 ❶ 打开素材图像【花.jpg】，选择工具箱中的【横排文字工具】，在属性栏中设置【字体】为方正超粗黑简体，【字号】为 100，颜色为黑色，在图像中单击插入光标，如图 7-3 所示。

步骤 ❷ 在光标处输入文字【漂亮的小花】，注意字与字之间使用空格键间隔一下，如图 7-4 所示。

图 7-3　插入光标　　　　　　　　　　　　　　　图 7-4　输入文字

提示　如果有时输入的文字过大或过小，可单击工具属性栏中的 ⊘ 按钮，取消此次输入，然后在工具属性栏中选择合适的文字大小，再重新输入文字。

步骤 ❸ 输入文字后按【Ctrl+Enter】组合键，即可完成创建文字内容的操作，如图 7-5 所示。

图 7-5　完成输入

2. 使用直排文字工具

使用【直排文字工具】 ⁢T⁣ 可以在图像中沿垂直方向输入文本，也可输入垂直向下显示的段落文本，其输入方法与使用横排文字工具一样。

单击工具箱中的【直排文字工具】 ⁢T⁣ ，在图像编辑区单击，单击处会出现🖵形状闪烁的光标，这时输入需要的文字即可，如图 7-6 所示。

图 7-6 输入直排文字

Example 实例 运用文字工具输入段落文本

素材	光盘\素材\第 7 章\风车.jpg
效果	光盘\效果\第 7 章\段落文字.psd
视频	光盘\视频\第 7 章\实例 062.mp4

操 作 步 骤

步骤 ❶ 打开素材图像【风车.jpg】，选择【横排文字工具】，在其属性栏中设置好文字的各项属性，将指针移动至图像中，按住鼠标左键不放，向右下方拖出一个文本框，如图 7-7 所示。

步骤 ❷ 此时在文本框中将出现一个闪烁的光标，在光标后输入所需的文字，如图 7-8 所示。

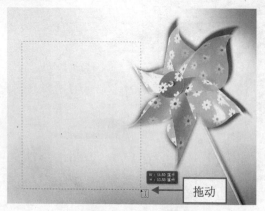

图 7-7 绘制文本框

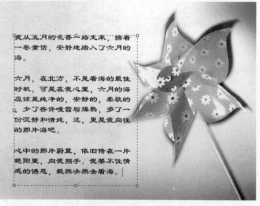

图 7-8 输入文字

步骤 3 输入完成后，单击属性栏中的 ✔ 按钮即可退出文字输入状态，如图 7-9 所示。

步骤 4 单击属性栏左侧的【切换文本取向】按钮 ，可以将横排段落文字转换为直排段落文字，如图 7-10 所示。

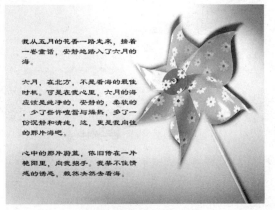

图 7-9 确认文字输入

图 7-10 转换文字反向

提示 如果要直接输入直排段落文字，只需选择【直排文字工具】，绘制出文本框，在其中输入文字即可。

Example 实例 运用路径输入文字

素材	光盘\素材\第 7 章\炫彩背景.jpg
效果	光盘\效果\第 7 章\制作自荐书封面.psd
视频	光盘\视频\第 7 章\实例 063.mp4

操 作 步 骤

步骤 1 打开素材图像【炫彩背景.jpg】，选择【钢笔工具】在图像中绘制一条曲线路径，如图 7-11 所示。

步骤 2 选择直排文字工具，将鼠标指针移动到路径最顶端，当指针变成 形状时，单击鼠标左键，即可插入光标，如图 7-12 所示。

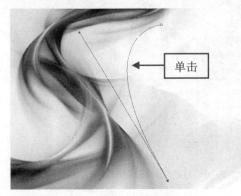

单击

图 7-11 绘制路径

图 7-12 确认起点

步骤 3 在插入光标处输入文字，文字将沿路径形状自动排列，如图 7-13 所示。在属性栏中调整好文字属性后，按【Ctrl+Enter】组合键确认输入，如图 7-14 所示。

图 7-13　输入文字

图 7-14　设置文字属性

步骤④ 选择【图层】|【图层样式】|【投影】命令，打开【图层样式】对话框，设置投影颜色为黑色，再设置其他参数，如图 7-15 所示。

步骤⑤ 单击【确定】按钮，得到文字的投影效果，如图 7-16 所示。

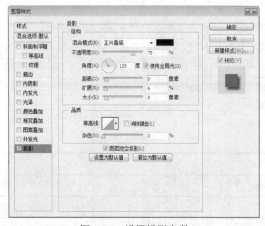

图 7-15　设置投影参数

图 7-16　文字投影效果

步骤⑥ 选择【钢笔工具】，在文字右侧再绘制一条曲线路径，如图 7-17 所示。同样使用【直排文字工具】在路径中单击输入文字，效果如图 7-18 所示。

图 7-17　绘制路径

图 7-18　沿路径输入文字

步骤⑦ 选择【直排文字工具】，在图像右侧输入两行文字，并在属性栏中设置合适的字体和颜色，效果如图 7-19 所示。

步骤⑧ 再次打开【图层样式】对话框，设置投影颜色为黑色，然后设置其他参数，如图 7-20 所示。

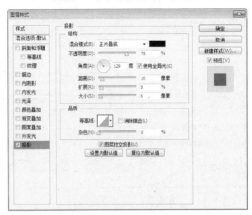

图 7-19 输入文字　　　　　　　　　　　　　　　　　　图 7-20 设置投影参数

步骤 9 单击【确定】按钮，得到文字投影效果，完成本实例的制作，如图 7-21 所示。

图 7-21 投影效果

Example 实例　运用文字蒙版工具创建文字选区

效果	光盘\效果\第 7 章\制作卡通文字.psd
视频	光盘\视频\第 7 章\实例 064.mp4

操 作 步 骤

步骤 1 选择【文件】|【新建】命令，打开【新建】对话框，设置文件名称为【卡通文字】，宽度和高度分别为 12 厘米和 8 厘米、分辨率为 150 像素/英寸，其他参数设置如图 7-22 所示。

步骤 2 选择【椭圆选框工具】在图像中绘制一个椭圆选区，然后按【Alt+Delete】组合键填充选区，如图 7-23 所示。

步骤 3 选择【选择】|【变换选区】命令，将鼠标指针放到变换框外侧，按住鼠标左键并拖动，适当旋转选区，如图 7-24 所示，按【Enter】键完成变换操作。

步骤 4 单击【图层】面板底部的【创建新图层】按钮，新建图层 1，设置前景色为蓝色（R：54、G：11、B：150），按【Alt+Delete】组合键填充选区，如图 7-25 所示。

步骤 5 选择工具箱中的【横排文字蒙版工具】，并在工具属性栏中设置字体为迷你简雪峰、字号为 80 点，如图 7-26 所示。

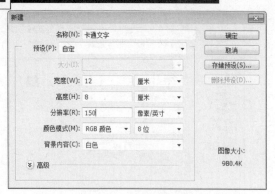

图 7-22 新建图像文件

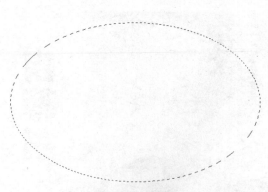

图 7-23 创建选区

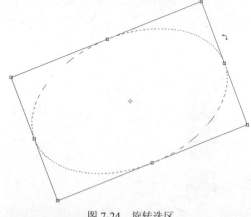

图 7-24 旋转选区

图 7-25 填充选区

图 7-26 设置工具属性栏

步骤 ⑥ 在图像中单击进入文字蒙版输入状态，然后输入字母【H】，如图 7-27 所示。按【Ctrl+Enter】组合键确认，得到如图 7-28 所示的文字选区。

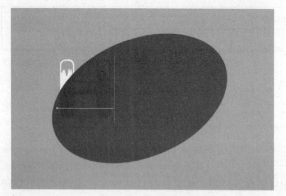

图 7-27 输入文字

图 7-28 文字选区

步骤 ⑦ 新建一个图层，使用【变换选区】命令适当旋转选区，然后将选区填充为橘黄色（R：249、G：180、B：33），取消选区后得到如图 7-29 所示的效果。

步骤 ⑧ 使用同样的方法，分别输入【a】、【p】、【p】、【y】，分别填充橘黄色（R：249、G：180、B：33）后调整到如图 7-30 所示的效果。

图 7-29　填充选区　　　　　　　　　　　　图 7-30　创建其他文字

步骤 ⑨ 选择【图层】|【图层样式】|【投影】命令，打开【图层样式】对话框，设置投影颜色为白色，再设置【距离】为 5、【扩展】为 0、【大小】为 0，其他参数设置如图 7-31 所示。

步骤 ⑩ 单击【确定】按钮，得到文字的投影效果如图 7-32 所示。

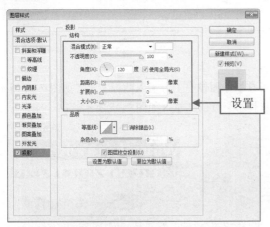

图 7-31　设置投影参数　　　　　　　　　　图 7-32　投影效果

7.2　编辑文本

输入文字后，如果还需要对文字进行编辑，可以在【字符】面板和【段落】面板中进行详细的设置，下面分别介绍。

Example （实例）　运用【字符】面板设置字符属性

文字工具属性栏中只包含了部分字符属性控制参数，而【字符】面板则集成了所有的参数控制，不但可以设置文字的字体、字号、样式、颜色，还可以设置字符间距、垂直缩放、水平缩放，以及是否加粗、加下划线、加上标等。单击文字工具属性栏中的 📋 按钮，可打开如图 7-33 所示的【字符】面板。

【字符】面板中各选项含义如下。

● ▢ Arial ▾ 下拉列表框：与前面介绍工具属性栏中设置字体的方法一样，可在下拉列表中选择不同的字体。

● ▢ Regular ▾ 下拉列表框：用于设置字体形态。

● ▢ 39.99 点 ▾ 下拉列表框：用于设置字符的大小。

● ▢ 79.98 点 ▾ 下拉列表框：用于设置文本行间距，值越大，间距越大。

图 7-33　【字符】面板

如果数值小到超过一定范围，文本行与行之间将重合在一起。在应用该选项前应先选择至少两行的文本。

- ↕T 100% 数值框：用于设置文本在垂直方向上的缩放比例。
- T 100% 数值框：用于设置文本在水平方向上的缩放比例，与垂直缩放效果相反。
- ⧉ 0% 下拉列表框：用于设置字符的比例间距，数值越大，字距越小。
- VA 0 下拉列表框：用于设置字符之间的距离，数值越大文本间距越大。
- V/A 下拉列表框：用于微调两个字符的间距，数值越大，间距越大。设置该项不需要先选择文本，只须将文字输入光标移到需要设置的位置即可。
- A≞ 0点 文本框：用于设置选择文本的偏移量，当文本为横排输入状态时，输入正数时文本往上移，输入负数时往下移；当文本为竖排输入状态时，输入正数时文本往右移，输入负数时值往左移。
- 文本颜色块：单击该颜色块，可在打开的【拾色器】对话框中重新设置字体的颜色。
- T T̓ TT Tͬ Tͥ T̗ T̲ T̅：该组按钮可以设置文字各种特殊效果，如加粗、倾斜等。

素材	光盘\素材\第 7 章\天空.jpg
效果	光盘\效果\第 7 章\设置文字属性.psd
视频	光盘\视频\第 7 章\实例 065.mp4

操 作 步 骤

步骤 ❶ 打开素材图像【天空.jpg】，使用【横排文字工具】在图像右上方输入两行文字，如图 7-34 所示。然后将光标插入到第一行文字前，拖动鼠标选择第一行的文本，如图 7-35 所示。

图 7-34　输入文本

图 7-35　选择部分文本

步骤 ❷ 选择【窗口】|【字符】命令，打开【字符】面板，单击面板底部的【全部大写字母】按钮 TT，可以将选择的文本转换成大写字母，再将文字颜色设置为蓝色（R：3、G：71、B：136），如图 7-36 所示，得到的文字效果如图 7-37 所示。

图 7-36　【字符】面板

图 7-37　设置属性后的字母

在【字符】面板中，下面一行调整文字特殊效果的按钮，从左到右依次为仿粗体、仿斜体、全部大写字母、小型大写字母、上标、下标、下划线和删除线。

步骤 ③ 再次选择第一行文字，并在【字符】面板中将其字号设置为 36 点，如图 7-38 所示。在第一行最前端单击插入光标，连续按空格键插入空格，直至该行文字后退到如图 7-39 所示的位置。

图 7-38　设置字体大小

图 7-39　字号变小后的效果

步骤 ④ 保持第一行被选择，在【字符】面板设置基线偏移值为−50 点，如图 7-40 所示，将该行文本向下移动后效果如图 7-41 所示。

图 7-40　设置基线偏移

图 7-41　文字偏移效果

步骤 ⑤ 选择第二行文字，在【字符】面板中单击【仿斜体】，并设置文字颜色为深蓝色（R：4、G：43、B：80），如图 7-42 所示，将该行文本向下移动后效果如图 7-43 所示。

图 7-42　设置文字倾斜

图 7-43　文字效果

Example 实例 运用【段落】面板设置段落属性

　　文字的段落属性设置包括设置文字的对齐方式、缩进方式等，除了可以通过前面所讲的文字属性工具栏进行设置外，还可通过【段落】面板来设置。【段落】面板如图 7-44 所示。

　　【段落】面板中的各选项含义如下。

- 　　【左对齐文本】按钮■：默认的文本对齐方式，文本以输入框左侧为基线进行对齐排放。

- 　　【居中对齐文本】按钮■：单击该按钮，可使文本居中对齐。

- 　　【右对齐文本】按钮■：单击该按钮，可使文本右对齐。

- 　　【最后一行左对齐】按钮■：单击该按钮，除最后一行左对齐外，其他行都左右对齐。

- 　　【最后一行居中对齐】按钮■：单击该按钮，除最后一行居中对齐，其他行都左右对齐。

图 7-44　【段落】面板

- 　　【最后一行右对齐】按钮■：单击该按钮，除最后一行右对齐外，其他行都左右对齐。

- 　　【全部对齐】按钮■：单击该按钮，可以使文本全部左右对齐。

- 　　■ 0点　文本框：用于设置文本左边向内缩进的距离。

- 　　■ 0点　文本框：用于设置文本右边向内缩进的距离。

- 　　■ 0点　文本框：用于设置文本首行缩进的空白距离。

- 　　■ 0点　文本框：用于设置插入所在段落与前一段落间的距离。

- 　　■ 0点　文本框：用于设置插入所在段落与后一段落间的距离。

- 　　☑连字 复选框：选择该复选框，可以将文本的最后一个外文单词拆开，形成连字符号，使剩余的部分自动换到下一行。

素材	光盘\素材\第 7 章\荷塘.jpg
效果	光盘\效果\第 7 章\制作段落文字.psd
视频	光盘\视频\第 7 章\实例 066.mp4

操作步骤

步骤 ① 打开素材图像【荷塘.jpg】，选择【横排文字工具】在图像中按住鼠标左键并拖动，绘制出一个文本框，如图 7-45 所示。

步骤 ② 在文字工具属性栏中设置字体为大黑简体，字号为 26 点，然后在图像右侧处输入如图 7-46 所示的段落文本。

图 7-45　绘制文本框

图 7-46　输入文字

步骤 ③ 将光标置于第一段中的任意位置，在【首行缩进】文本框中设置参数为 40 点，如图 7-47 所示，得到的第一段文本缩进效果如图 7-48 所示。

图 7-47 设置缩进参数

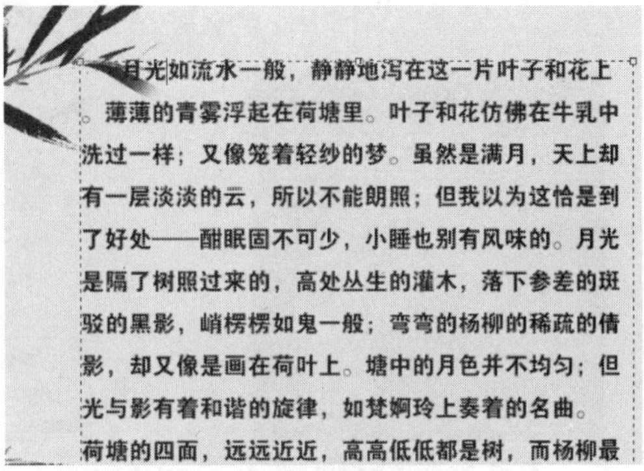

图 7-48 缩进效果

步骤 ④ 将光标置于第二段中的任意位置，同样设置在【首行缩进】文本框中的参数为 40 点，得到的第二段文本缩进效果如图 7-49 所示。

步骤 ⑤ 将光标置于第一段中的任意位置，在【段后添加空格】文本框中设置参数为 35 点，如图 7-50 所示，得到的段落效果如图 7-51 所示。

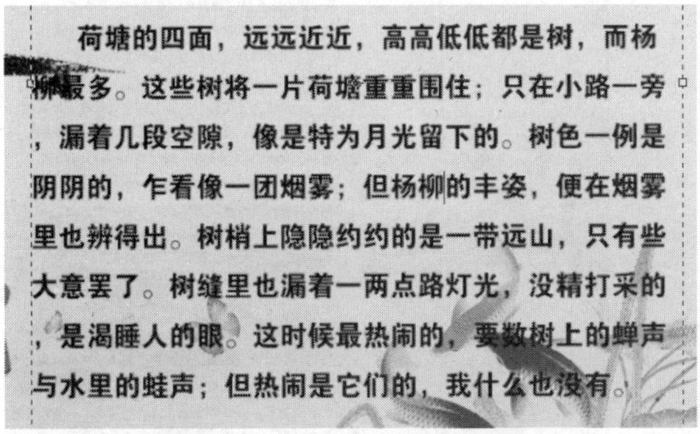

图 7-49 第二段缩进效果

图 7-50 设置段落空格

步骤 ⑥ 将光标置于第一段中的第一个文字前面，按【Enter】键空一行，在插入的第一行输入文字【荷塘月色】，如图 7-52 所示。

图 7-51 段落空格效果

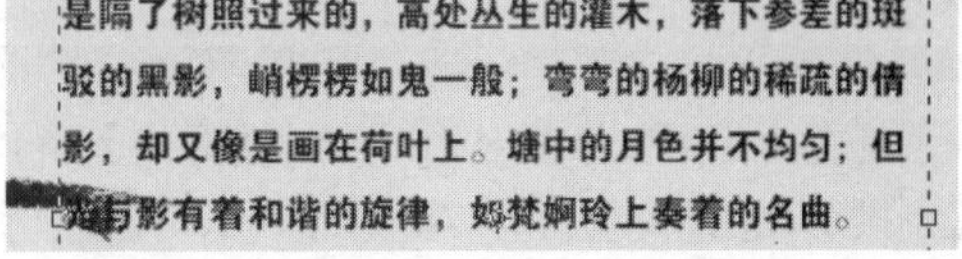

图 7-52 输入文字

步骤 7 选择文字【荷塘月色】，单击【段落】面板中的【居中对齐文本】按钮，如图 7-53 所示，得到居中对齐的效果，如图 7-54 所示。

图 7-53　设置居中

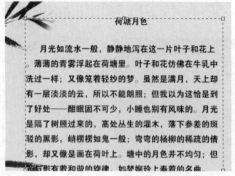

图 7-54　文字居中排列

步骤 8 切换到【字符】面板中，选择标题文字，设置字号大小为 36，如图 7-55 所示，文字效果如图 7-56 所示。

图 7-55　设置文字大小

图 7-56　文字效果

Example 实例 运用【变形文字】对话框变形文字

　　Photoshop 在文字工具属性栏中提供了一个文字变形工具，通过它可以将选择的文字改变成多种变形样式，从而大大提高文字的艺术效果。

　　文本输入完成后，单击属性栏中的【创建文字变形】按钮，将打开如图 7-57 所示的【变形文字】对话框。通过该对话框就可将文字编辑成多种的变形效果。

　　在图像中输入文字后，打开【变形】对话框，单击【样式】右侧的下三角形按钮，在打开的下拉列表中选择一种样式，如【贝壳】，然后设置变形参数，如图 7-58 所示，单击【确定】按钮，即可得到变形文字效果，如图 7-59 所示。

　　提示　系统在【变形文字】对话框中的【样式】下拉列表中内置了 15 种变形样式，分别为扇形、下弧、上弧、拱形、凸起、贝壳、花冠、旗帜、波浪、鱼形、增加、鱼眼、膨胀、挤压和扭转等。

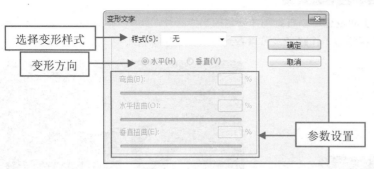

选择变形样式

变形方向

参数设置

图 7-57 【变形文字】对话框

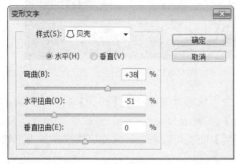

图 7-58 设置变形参数

图 7-59 文字变形效果

Example 实例 运用【文字】菜单转换文字为形状

素材	光盘\素材\第 7 章\灿烂背景.jpg
效果	光盘\效果\第 7 章\制作形状文字.psd
视频	光盘\视频\第 7 章\实例 067.mp4

操 作 步 骤

步骤 ❶ 打开素材图像【灿烂背景.jpg】,选择【横排文字工具】在其中输入文字,【图层】面板中将自动生成一个文字图层,如图 7-60 所示。

步骤 ❷ 选择【文字】|【创建工作路径】命令,可以沿文字边缘创建文字轮廓路径,这里隐藏文字图层,以便更好地观察路径,如图 7-61 所示。

图 7-60 输入文字

图 7-61 创建路径

步骤 ③ 切换到【路径】面板也可以看到刚才创建的工作路径，如图 7-62 所示。显示文字图层，使用【直接选择工具】调整该工作路径，可以看到原来的文字保持不变，如图 7-63 所示。

图 7-62 【路径】面板　　　　　　　　　　　图 7-63 编辑路径

步骤 ④ 除了将文字转换为路径外，还可以将文字转换为形状进行编辑。在【路径】面板中单击工作路径以外的灰色区域，即可取消路径的选择，如图 7-64 所示。

步骤 ⑤ 选择【文字】|【转换为形状】命令，通过【图层】面板可以看出，将文字图层转换为形状图层的效果，如图 7-65 所示。

图 7-64 取消选择路径　　　　　　　　　　图 7-65 转换为形状图层

步骤 ⑥ 这时用户可以使用【直接选择工具】对文字形状的部分节点进行调整，文字形状也将随之改变，如图 7-66 所示。

图 7-66 改变文字形状

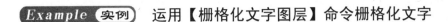

Example 实例 **运用【栅格化文字图层】命令栅格化文字**

在 Photoshop 中，对于直接输入的文字不能应用绘图和滤镜命令等操作，只有将其进行栅格化处理后，才能做进一步的编辑。

输入文字后，【图层】面板中将自动创建一个文字图层，如图 7-67 所示。选择该文字图层，选择【图层】|【栅格化】|【文字】命令，即可将文字图层转换为普通图层。将文字图层栅格化后，图层缩览图将发生变化，如图 7-68 所示，栅格化后的文字可以进行和图像一样的操作。

图 7-67　文字图层　　　　　　　　图 7-68　栅格化效果

第8章　图层的基础应用

在 Photoshop 中图层的应用是相当关键，也是非常重要的一个功能。本章将介绍图层的基础应用，包括【图层】面板的使用、图层的基本操作、图层的编辑和管理等。

本章学习要点

- 使用【图层】面板
- 图层的基本操作
- 图层的编辑

- 图层的管理
- 设置图层混合模式和不透明度

8.1　使用【图层】面板

图层是 Photoshop 的核心功能之一，有了它才能随心所欲地对图像进行编辑和修饰，没有图层则很难通过 Photoshop 处理出优秀的作品。

在 Photoshop 中，默认情况下【图层】面板位于工作界面的右侧，主要用于存储、创建、复制或删除等图层管理工作。打开一个具有多个图层的图像，其对应的【图层】面板如图 8-1 所示。

图 8-1　【图层】面板

在【图层】面板中可以看到，最底部有一个锁定的图层，称为背景图层，其右侧有一个锁形图标，表示它被锁定，不能进行移动、更名等操作，而其他图层位于背景图层之上，可以进行任意移动或更名等常用操作。图层的最初名称由系统自动生成，也可根据需要将其指定成另外的名称，以便管理。

在要重命名的图层名称上双击，此时图层名称呈可编辑状态，如图 8-2 所示。输入所需的名称后，单击其他任意位置即可完成重命名图层的操作，如图 8-3 所示。

图 8-2　图层名称呈可编辑状态

图 8-3　重命名后的图层名

Example (实例)　显示与隐藏图层

当一幅图像有较多图层时，为了便于操作可以将其中不需要显示的图层进行隐藏。在【图层】面板中单击需要隐藏图层左侧的指示图层可视性图标 👁，隐藏此图层，如图 8-4 所示。隐藏后该图层中的图像将不会显示在图像窗口中，隐藏图层后的图像效果如图 8-5 所示。

图 8-4　隐藏图层

图 8-5　图像效果

> **提**
> **示**　如果要显示隐藏的图层，再次单击图层左侧的指示图层可视性图标 👁 即可。

Example (实例)　选择图层

只有正确地选择图层，才能正确地对图像进行编辑及修饰，选择图层有如下 3 种方法。

1. 选择单个图层

如果要选择某个图层，只须在【图层】面板中单击要选择的图层即可，被选择的图层背景呈深色显示。

2. 选择多个连续图层

Photoshop CS6 允许用户同时选择多个连续图层。如打开一个有多个图层的图像文件，选择其中的【图层 1 图层，如图 8-6 所示，然后按住【Shift】键的同时单击【图层 4】图层，这样就选择了包括【图层 1】图层和【图层 4】图层，以及它们之间的所有图层，如图 8-7 所示。

图 8-6　选择【背景】图层

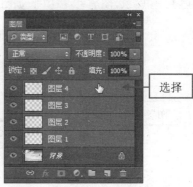

图 8-7　连续选择多个图层

3. 选择多个不连续图层

如果要选择不连续的多个图层，例如要选择如图 8-7 所示【图层】面板中的【图层 2】图层和【图层 4】图层，可以先单击选择【图层 2】图层，如图 8-8 所示，然后按住【Ctrl】键的同时单击【图层 4】图层即可，如图 8-9 所示。

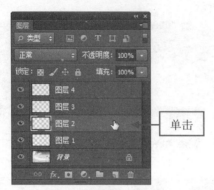

图 8-8　选择图层

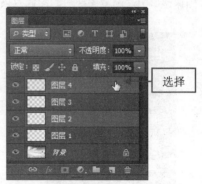

图 8-9　不连续选择多个图层

> **提示**　按【Ctrl+]】组合键可快速将当前图层向上移动一个位置，按【Ctrl+[】组合键则快速将当前图层向下移动一个位置。

8.2　图层的基本操作

在【图层】面板中，用户可以对图层应用创建、复制、删除、排序、链接和合并等操作，这也是制作复杂图像必须要掌握的知识点。

Example 实例　运用【新建】命令新建图层

创建图层，首先要新建或打开一个图像文档，然后既可以通过【图层】面板快速创建图层，也可以通过菜单命令来创建。

1. 通过【图层】面板创建图层

单击【图层】面板底部的【创建新图层】按钮，可以快速创建具有默认名称的新图层，图层名依次为"图层 1、图层 2、图层 3、……"，如图 8-10 所示。

图 8-10　创建图层前后的【图层】面板

新建的图层由于没有像素，所以图层缩览图为透明显示。

2. 通过菜单命令创建图层

视频	光盘\视频\第 8 章\实例 068.mp4

操作步骤

步骤 1 新建一个任意大小的图像文件，选择【图层】|【新建】|【图层】命令，打开【新建图层】对话框，在【名称】文本框中输入【气球】，在【颜色】下拉列表中选择【黄色】选项，如图 8-11 所示。

步骤 2 单击【确定】按钮，即可在【图层】面板中创建一个名称为【气球】的图层，并在【图层】面板中呈黄色显示，如图 8-12 所示。

图 8-11　【新建】图层对话框

图 8-12　创建的新图层

步骤 3 再次打开【新建图层】，再创建一个名称为【彩虹】、颜色为【红色】、模式为【滤色】的新图层，设置如图 8-13 所示，创建后的图层如图 8-14 所示。

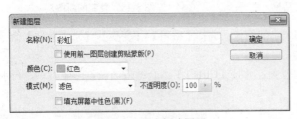

图 8-13　再次新建图层

图 8-14　创建的新图层

Example 实例　运用【复制图层】与【删除图层】命令处理图层

复制图层就是为已存在图层创建图层副本，下面分别介绍两种不同的图层复制方法。

1. 通过菜单命令复制图层

素材	光盘\素材\第 8 章\初夏有约.psd
效果	光盘\效果\第 8 章\复制蝴蝶.psd
视频	光盘\视频\第 8 章\实例 069.mp4

操作步骤

步骤 ① 打开素材图像文件【初夏有约.psd】，如图 8-15 所示，并在【图层】面板中单击选择要复制图层【蝴蝶】图层，如图 8-16 所示。

图 8-15 打开素材图像文件　　　　　　　　　　　　图 8-16 选择图层

步骤 ② 选择【图层】|【复制图层】命令，打开【复制图层】对话框，在【为】文本框中输入新图层的名称，在【文档】下拉列表中选择新图层要放置的图像文档，如图 8-17 所示。

步骤 ③ 单击【确定】按钮，这样就完成了图层的复制，如图 8-18 所示。

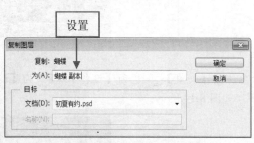

图 8-17 【复制图层】对话框　　　　　　　　　　　图 8-18 复制的新图层

步骤 ④ 复制图层，也就是复制了一个相同大小的图像。选择【编辑】|【变换】|【水平翻转】命令，如图 8-19 所示，将蝴蝶图像做水平翻转。

步骤 ⑤ 使用移动工具调整复制的蝴蝶图像位置，并按【Ctrl+T】组合键适当调整图像大小，再水平翻转图像，效果如图 8-20 所示。

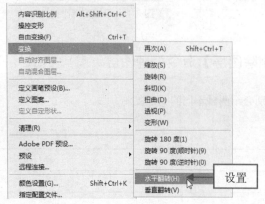

图 8-19 选择命令　　　　　　　　　　　　　　　图 8-20 复制的图像

2. 通过【图层】面板复制图层

用户还可以在【图层】面板中直接复制图层，在【图层】面板中单击并拖动需要复制的图层到其底部的【创建新图层】按钮 上，此时鼠标指针变成手形图标，如图 8-21 所示，释放鼠标按键即可得到复制生成的新图层，如图 8-22 所示。

图 8-21　拖动图层

图 8-22　复制的新图层

3. 删除图层

对于不需使用的图层，可以将其删除，删除图层后该图层中的图像也将被删除。删除图层有如下两种方法。

● 在【图层】面板中选择要删除的图层，选择【图层】|【删除】|【图层】命令即可。
● 在【图层】面板中选择要删除的图层，单击【图层】面板底部的【删除图层】按钮 即可。

Example 实例　运用【链接图层】与【合并图层】命令链接图层

当编辑的图像图层较多时，可以对图层进行链接或合并，这样可以简化工作量，操作起来也更加得心应手。

1. 链接图层

图层的链接是指将多个图层链接成一组，可以同时对链接的多个图层进行移动、变换和复制操作。打开上一小节应用过的图像文件【初夏有约.psd】，以链接【蝴蝶】和【蝴蝶 副本】图层为例来介绍其使用方法。

按住【Ctrl】键选择【蝴蝶】和【蝴蝶 副本】图层，如图 8-23 所示。单击【图层】面板底部的链接图层按钮 ，此时链接后的图层名称右侧会出现链接图标 ，表示被选择的图层已被链接，如图 8-24 所示。

图 8-23　选择要链接的图层

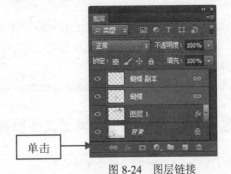

单击

图 8-24　图层链接

> 提示　如果要取消已经链接的图层，则需要先选择所有的链接图层，然后单击【图层】面板底部的链接图层按钮 ，即可取消图层的链接。

2. 合并图层

合并图层就是将两个或两个以上的图层合并到一个图层上。较复杂的图像处理完成后，一般都会产生大量的图层，这会使图像变大，使计算机处理速度变慢，这时可根据需要对图层进行合并，以减少图层的数量。

● 向下合并图层：向下合并图层就是将当前图层与它底部的第一个图层进行合并，例如要合并如图 8-25 所示的【图层 2】到【蝴蝶】图层中。可以先选择【图层 2】，然后选择【图层】|【向下合并】命令，或按【Ctrl+E】组合键，这样就将【图层 2】中的内容合并到了【蝴蝶】图层中，如图 8-26 所示。

● 合并可见图层：合并可见图层就是将当前所有的可见图层合并成一个图层。操作时选择【图层】|【合并可见图层】命令即可。图 8-27 和图 8-28 所示分别为合并前后的图层显示效果。

图 8-25　合并前的图层

图 8-26　合并后的图层

图 8-27　合并前的图层

● 拼合图层：拼合图层就是将所有可见图层进行合并，而隐藏的图层将被丢弃。操作时选择【图层】|【拼合图像】命令即可。图 8-29 和图 8-30 所示分别为拼合前后的图层显示效果。

图 8-28　合并后的图层

图 8-29　拼合前的图层

图 8-30　拼合后的图层

> **提示**　在合并图层时，合并后的图层名称默认情况下以最下层的图层名称命名。合并后，可双击图层名，对其进行修改。

Example 实例　**运用快捷菜单更改图层属性**

素材	光盘\素材\第 8 章\水台灯.psd
视频	光盘\视频\第 8 章\实例 070.mp4

操作步骤

步骤 ❶ 打开素材图像文件【水台灯.psd】，如图 8-31 所示。在【图层】面板中选择背景图层，单击鼠标右键，将弹出快捷菜单，如图 8-32 所示，在其中可以选择命令来设置图层属性。

图 8-31　打开素材图像文件

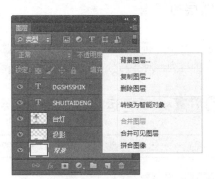

图 8-32　图层属性

步骤 2 如选择【背景图层】命令，将弹出【新建图层】对话框，如图 8-33 所示。默认各项设置，单击【确定】按钮，即可将背景图层转换为普通图层，如图 8-34 所示。

步骤 3 选择【投影】图层，在该图层中单击鼠标右键，可以在弹出的菜单中选择更多图层属性，还可以设置图层显示颜色，如图 8-35 所示。

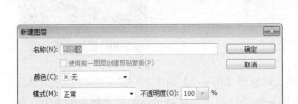

图 8-33　【新建图层】对话框

图 8-34　得到图层 0

图 8-35　右键菜单

步骤 4 如选择【删除图层】命令，即会弹出一个提示对话框，单击【是】按钮即可删除该图层，如图 8-36 所示。

步骤 5 如果要设置图层的颜色，可以选择其中一种颜色即可直接得到颜色效果，如选择【黄色】命令，该图层前面的眼睛图标即会显示该颜色，如图 8-37 所示。

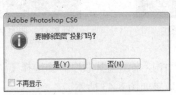

图 8-36　提示对话框

图 8-37　用颜色显示图层

8.3 图层的编辑

在前面介绍了新建图层、复制图层、合并图层和链接图层等操作后，还需要介绍一些编辑操作，下面将介绍图层的排列、对齐与分布、剪贴图层与自动混合图层等操作。

Example 实例 运用【排列】命令调整图层顺序

视频	光盘\视频\第 8 章\实例 071.mp4

操 作 步 骤

步骤 ① 新建一个图像文件，创建几个新图层，然后选择【自定形状工具】分别在每个图层中绘制图形，如图 8-38 所示。

步骤 ② 选择图层 3，再选择【图层】|【排列】命令，在打开的子菜单中可以选择不同的顺序，如图 8-39 所示，用户可以根据需要选择相应的排列顺序。

图 8-38　选择需要排序的图层　　　　图 8-39　排列子菜单　　　　　　图 8-40　后移一层

步骤 ③ 选择【后移一层】命令，即可将【图层 3】图层调整到【图层 2】的下方，如图 8-40 所示。然后选择【置为底层】命令，可以将【图层 3】图层移动到最下一层，也就是背景图层的上方，如图 8-41 所示。

图 8-41　置为底层　　　　　　图 8-42　拖动图层　　　　　　图 8-43　调整后的图层

步骤 ④ 用户还可以直接使用鼠标在【图层】面板中移动图层来调整其顺序。如选择【图层 2】图层并将其向下拖动到图层 3 的下方，如图 8-42 所示，效果如图 8-43 所示。

Example 实例　运用【对齐】与【分布】命令分布图层

素材	光盘\素材\第 8 章\大树.jpg
效果	光盘\效果\第 8 章\制作百叶窗效果.psd
视频	光盘\视频\第 8 章\实例 072.mp4

操作步骤

步骤 ① 打开素材图像【大树.jpg】，如图 8-44 所示。单击【图层】面板底部的【创建新图层】按钮 ，
新建一个图层，得到【图层 1】，将其不透明度设置为 25%，如图 8-45 所示。

　　　　图 8-44　素材图像　　　　　　　　　　　　　图 8-45　新建图层 1

步骤 ② 选择工具箱中的矩形选框工具，在图像中间绘制一个矩形选区，如图 8-46 所示。

步骤 ③ 设置前景色为白色，按【Alt+Delete】组合键填充选区，填充后按【Ctrl+D】组合键取消选区，如
图 8-47 所示。

　　　　图 8-46　绘制矩形选区　　　　　　　　　　　图 8-47　填充选区

步骤 ④ 连续按 10 次【Ctrl+J】组合键，为【图层 1】复制出 10 个副本图层，名称为【图层 1 副本】至【图
层 1 副本 10】，如图 8-48 所示，这时的图像效果如图 8-49 所示。

步骤 ⑤ 选择图层 1，然后使用工具箱中的移动工具，在图像窗口中将当前图层拖动调整到画面底部，如
图 8-50 所示。

图 8-48　复制多个图层　　　　　　　　　　　　　　图 8-49　图像效果

步骤 6 选择图层 1 副本 10，同样使用移动工具，在图像窗口中将其拖动调整到画面上端，如图 8-51 所示。

图 8-50　移动图层 1 图像　　　　　　　　　　　　图 8-51　移动图层 1 副本 10 图像

步骤 7 选择图层 1，按住【Shift】键单击图层 1 副本 10，将同时选择图层 1 到图层 1 副本 10 之间的所有图层，如图 8-52 所示。

步骤 8 单击工具属性栏中的【左对齐】按钮，对齐后的效果如图 8-53 所示。

图 8-52　选择多个图层　　　　　　　　　　　　图 8-53　对齐后的图像效果

步骤 9 接着再单击工具属性栏中的【垂直居中】按钮，分布后的效果如图 8-54 所示。

图 8-54 分布图像

Example 实例 **运用剪贴图层隐藏下一层图像**

素材	光盘\素材\第 8 章\饮料.jpg
效果	光盘\效果\第 8 章\饮料宣传.psd
视频	光盘\视频\第 8 章\实例 073.mp4

操 作 步 骤

步骤 1 打开素材图像【饮料.jpg】文件，如图 8-55 所示，按【Ctrl+J】组合键两次，复制背景图层，得到图层 1 和图层 1 副本，如图 8-56 所示。

图 8-55 素材图像

图 8-56 【图层】面板

步骤 2 选择背景图层，设置前景色为淡蓝色（R：187、G：251、B：244），按【Alt+Delete】组合键填充背景，再选择图层 1，设置其不透明度参数为 25%，如图 8-57 所示。

步骤 3 选择工具箱中的【圆角矩形工具】 ，在属性栏最左侧设置绘制样式为【形状】、【半径】为 40 像素，然后在图像右侧绘制出一个圆角矩形，如图 8-58 所示。

步骤 4 这时将在【图层】面板中得到一个形状图层，如图 8-59 所示。选择图层 1 副本，选择【图层】|【创建剪贴蒙版】命令，即可得到剪贴蒙版的效果，如图 8-60 所示。

图 8-57 【图层】面板

图 8-58 形状图层

图 8-59 剪贴图像效果

图 8-60 剪贴图层

步骤 5 这时【图层】面板的图层副本变成剪贴图层，如图 8-61 所示。选择【直排文字工具】在图像左侧输入两行文字，填充文字为绿色（R：14、G：173、B：44），适当调整文字大小等属性，完成本实例的制作，如图 8-62 所示。

图 8-61 剪贴图层

图 8-62 添加文字

8.4 图层的管理

图层组是用来管理和编辑图层的，因此可以将图层组理解为一个装有图层的器皿，无论图层是否在图层组内，对图层所做的编辑都不会受到影响。

Example 实例 **运用【新建】命令创建图层组**

创建图层组主要有如下几种方法。

- 单击【图层】面板底部的【创建新组】按钮■。
- 选择【图层】|【新建】|【从图层建立组】命令，可以将普通图层直接创建到图层组中。
- 选择【图层】|【新建】|【组】命令，可以创建新的图层组。
- 按住【Alt】键的同时单击【图层】面板底部的【创建新组】按钮■。
- 单击【图层】面板右上角的 按钮，在弹出的快捷菜单中选择【新建组】命令。

除了第一种方法外，其他几种方法创建图层组时，都会打开一个【新建组】对话框，如图 8-63 所示，在其中进行设置后单击【确定】按钮即可建立图层组，如图 8-64 所示。

图 8-63 【新建组】对话框

图 8-64 新建的图层组

直接单击【图层】面板中的【创建组】按钮■创建图层组时不会打开【新建组】对话框，创建的图层组将保持系统的默认设置，创建的图层组名依次为组 1、组 2 等。

Example 实例 **运用【图层编组】命令编辑图层组**

图层组的编辑主要包括增加或移除图层组内的图层，以及对图层组的删除操作。

1. 增加或移除组内图层

在【图层】面板中选择要添加到图层组中的图层，按住鼠标左键并将其拖至图层组上，当图层组周围出现黑色实线框时释放鼠标左键，即可完成向图层组内添加图层的操作。如果想将图层组内的某个图层移动到图层组外，只须将该图层拖放至图层组外后释放鼠标按键即可。

2. 删除图层组

删除图层组的方法与删除图层的操作方法一样，只须在【图层】面板中拖动要删除的图层组到【删除图层】按钮■上，如图 8-65 所示，或单击【删除图层】按钮■，然后在打开的提示对话框中单击相应的按钮即可，如图 8-66 所示。

图 8-65 拖动图层组到删除按钮上

图 8-66 提示对话框

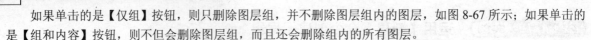

如果单击的是【仅组】按钮，则只删除图层组，并不删除图层组内的图层，如图 8-67 所示；如果单击的是【组和内容】按钮，则不但会删除图层组，而且还会删除组内的所有图层。

图 8-67　仅删除图层组

8.5　设置图层混合模式和不透明度

所谓图层混合是指通过调整当前图层上的像素属性，以使其与下面图层上的像素产生叠加，从而产生不同的混合效果。

Example 实例　运用【不透明度】设置图层不透明度

通过调整图层的不透明度，可以使图像产生不同的透明程度，从而产生类似穿过具有不同透明程度的玻璃一样观察其他图层上图像的效果。

在【图层】面板中选择要改变不透明度的图层，如图 8-68 所示。单击【图层】面板右上角的【不透明度】下拉列表框，然后拖动随后弹出的滑条上的滑块，或直接在数值框中输入需要的不透明数值即可，如图 8-69 所示。

图 8-68　选择图层　　　　　图 8-69　调整图像不透明度

另外，【图层】面板中的【填充】下拉列表框也可用来设置图层的不透明效果，其方法完全与图层不透明度的设置方法一样，得到的效果也一样。

Example 实例　运用【图层混合模式】设置图像混合

在使用 Photoshop 进行图像合成时，图层混合模式是使用最为频繁的技术之一。它通过控制当前图层和位于其下的图层之间的像素作用模式，从而使图像产生奇妙的效果。

Photoshop CS6 提供了 20 多种图层混合模式，它们全部位于【图层】面板左上角的【正常】下拉列表中。

为图像设置混合模式非常简单，只须将各个图层排列好，然后选择要设置混合模式的图层，并为其选择一种混合模式即可。下面将详细介绍 Photoshop CS6 中 20 多种混合模式的含义。

1. 【正常】模式

这是系统默认的图层混合模式。在该模式下，上面图层中的图像完全遮盖下面的图层上对应的区域，如图 8-70 所示。

2. 【溶解】模式

如果上面图层中的图像具有柔和的半透明效果，选择该混合模式可生成像素点状效果，如图 8-71 所示。

图 8-70　【正常】模式　　　　　　　　　　　　图 8-71　【溶解】模式

3. 【变暗】模式

选择该模式后，上面图层中较暗的像素将代替下面图层中与之相对应的较亮像素，而下面图层中较暗的像素将代替上面图层中与之相对应的较亮的像素，从而使叠加后的图像区域变暗，如图 8-72 所示。

4. 【正片叠底】模式

该模式将上面图层中的颜色与下面图层中的颜色进行混合相乘，形成一种光线透过两张叠加在一起的幻灯片的效果，从而得到比原来的两种颜色更深的颜色效果，如图 8-73 所示。

图 8-72　【变暗】模式　　　　　　　　　　　　图 8-73　【正片叠底】模式

5. 【颜色加深】模式

该模式将增强上面图层与下面图层之间的对比度，从而得到颜色加深的图像效果，如图 8-74 所示。

6.【颜色减淡】模式

该模式将通过减小上下图层中像素的对比度来提高图像的亮度，如图 8-75 所示。

图 8-74　【颜色加深】模式

图 8-75　【颜色减淡】模式

7.【线性加深】模式

该模式将查看每个颜色通道中的颜色信息，加暗所有通道的基色，并通过提高其他颜色的亮度来反映混合颜色。此模式对于白色将不产生任何作用，如图 8-76 所示。

8.【线性减淡】模式

该模式与【线性加深】模式的作用刚好相反，它是通过加亮所有通道的基色，并通过降低其他颜色的亮度来反映混合颜色。此模式对黑色将不产生任何作用，如图 8-77 所示。

图 8-76　【线性加深】模式

图 8-77　【线性减淡】模式

9.【变亮】模式

该模式与【变暗】模式作用相反，它将下面图像中比上面图像中更亮的颜色作为当前显示颜色，如图 8-78 所示。

10.【滤色】模式

该模式将上面图层与下面图层中相对应的较亮颜色进行合成，从而生成一种漂白增亮的图像效果，如图 8-79 所示。

图 8-78　【变亮】模式　　　　　　　　　　　　图 8-79　【滤色】模式

11.【叠加】模式

该模式根据下层图层的颜色，与上面图层中的相对应的颜色进行相乘或覆盖，产生变亮或变暗的效果，如图 8-80 所示。

12.【柔光】模式

该模式根据下面图层中颜色的灰度值与上面图层中相对应的颜色进行处理，高亮度的区域更亮，暗部区域更暗，从而产生一种柔和光线照射的效果，如图 8-81 所示。

图 8-80　【叠加】模式　　　　　　　　　　　　图 8-81　【柔光】模式

13.【强光】模式

该模式与【柔光】模式类似，也是将下面图层中的灰度值与对上面图层进行处理，所不同的是产生的效果就像有一束强光照射在图像上一样，如图 8-82 所示。

14.【亮光】模式

该模式通过增加或减小上下图层中颜色的对比度来加深或减淡颜色，具体取决于混合色。如果混合色比 50%灰色亮，则通过减小对比度使图像变亮；如果混合色比 50%灰色暗，则通过增加对比度使图像变暗，如图 8-83 所示。

15.【线性光】模式

该模式通过减小或增加上下图层中颜色的亮度来加深或减淡颜色，具体取决于混合色。如果混合色比 50%灰色亮，则通过增加亮度使图像变亮；如果混合色比 50%灰色暗，则通过减小亮度使图像变暗，如图 8-84 所示。

图 8-82 【强光】模式　　　　　　　　图 8-83 【亮光】模式

16. 【点光】模式

该模式与【线性光】模式相似，是根据上面图层与下面图层的混合色来决定替换部分较暗或较亮像素的颜色，如图 8-85 所示。

图 8-84 【线性光】模式　　　　　　　图 8-85 【点光】模式

17. 【实色混合】模式

该模式将根据上面图层与下面图层的混合色产生减淡或加深效果，如图 8-86 所示。

18. 【差值】模式

该模式将上面图层与下面图层中颜色的亮度值进行比较，将两者的差值作为结果颜色。当不透明度为100%时，白色将全部反转，而黑色保持不变，如图 8-87 所示。

图 8-86 【实色混合】模式　　　　　　图 8-87 【差值】模式

19. 【排除】模式

该模式由亮度决定是否从上面图层中减去部分颜色，得到的效果与【差值】模式相似，只是它更柔和一些，如图 8-88 所示。

20. 【色相】模式

该模式只是将上下图层中颜色的色相进行相融，形成特殊的效果，但并不改变下面图层的亮度与饱和度，如图 8-89 所示。

图 8-88　【排除】模式

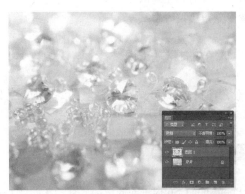

图 8-89　【色相】模式

21. 【饱和度】模式

该模式只是将上下图层中颜色的饱和度进行相融，形成特殊的效果，但并不改变下面图层的亮度与色相，如图 8-90 所示。

22. 【颜色】模式

该模式只将上面图层中颜色的色相和饱和度融到下面图层中，并与下面图层中颜色的亮度值进行混合，但不改变其亮度，如图 8-91 所示。

图 8-90　【饱和度】模式

23. 【明度】模式

该模式与【颜色】模式相反，它只将当前图层中颜色的亮度融到下面图层中，但不改变下面图层中颜色的色相和饱和度，如图 8-92 所示。

图 8-91　【颜色】模式

图 8-92　【明度】模式

第9章 滤镜的初级应用

本章主要介绍滤镜的相关基本知识，包括滤镜的样式、滤镜的重复使用、一些常用滤镜的使用方法，以及滤镜库和智能滤镜的功能及操作。

本章学习要点

- 滤镜的相关知识
- 常用滤镜的设置与应用
- 使用滤镜库与智能滤镜

9.1 滤镜的相关知识

使用滤镜之前首先应该了解一些滤镜的相关知识，包括滤镜的样式和滤镜的作用范围，下面分别进行介绍。

Example 实例 滤镜的样式

Photoshop CS6 提供的滤镜都放置在【滤镜】菜单中，用户单击滤镜菜单，如图 9-1 所示，即可看到部分滤镜组，而还有一部分滤镜则包含在滤镜库里。

Photoshop CS6 提供了多达十几类、上百种滤镜，使用每一种滤镜都可以制作出不同的图像效果，而将多个滤镜叠加使用，更是可以制作出奇妙的特殊效果。

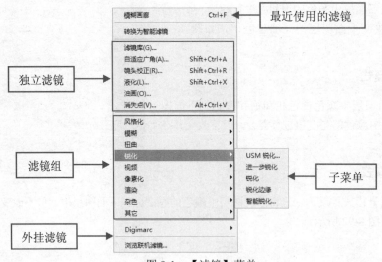

图 9-1 【滤镜】菜单

滤镜命令只能作用于当前正在编辑的、可见的图层或图层中的选定区域，如果没有选定区域，系统会将整个图层视为当前选定区域；另外，也可对整幅图像应用滤镜。

要对图像使用滤镜，必须要了解图像色彩模式与滤镜的关系。RGB 颜色模式的图像可以使用 Photoshop CS6 下的所有滤镜，而不能使用滤镜的图像色彩模式有位图模式、16 位灰度图、索引模式、48 位 RGB 模式。

有的色彩模式图像只能使用部分滤镜，如在 CMYK 模式下不能使用画笔描边、素描、纹理、艺术效果和视频类滤镜。

> 滤镜对图像的处理是以像素为单位进行的，即使滤镜的参数设置完全相同，有时也会因为图像的分辨率不同而造成效果不同。

Example　实例　滤镜的重复使用

素材	光盘\素材\第 9 章\香烟.jpg
效果	光盘\效果\第 9 章\制作烟雾效果.psd
视频	光盘\视频\第 9 章\实例 074.mp4

操 作 步 骤

步骤① 打开素材图像【香烟.jpg】，如图 9-2 所示，下面将使用重复滤镜命令为香烟添加烟雾效果。

步骤② 选择工具箱中的【套索工具】，在属性栏中设置【羽化】为 3 像素，按住【Shift】键，在烟头处绘制手动绘制一个不规则选区，如图 9-3 所示。

图 9-2　打开素材图像

图 9-3　绘制选区

步骤③ 按住【Shift】键，在烟头处通过加选选区，手动绘制出多个选区，如图 9-4 所示。

步骤④ 单击【图层】面板底部的【创建新图层】按钮，新建图层 1，然后设置前景色为白色，按【Alt+Delete】组合键填充选区，再按【Ctrl+D】组合键取消选区，如图 9-5 所示。

图 9-4　绘制多个选区

图 9-5　填充选区

步骤 ⑤ 选择【滤镜】|【风格化】|【风】命令，打开【风】对话框，设置【方法】为【风】、【方向】为【从右】，如图 9-6 所示。

步骤 ⑥ 单击【确定】按钮，得到风滤镜效果，如图 9-7 所示。

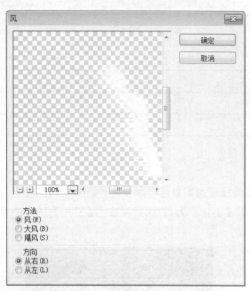

图 9-6 【风】对话框

图 9-7 风吹效果

步骤 ⑦ 按下【Ctrl＋F】组合键重复操作，得到重复的风吹效果，如图 9-8 所示。

步骤 ⑧ 选择【涂抹工具】，在属性栏中设置画笔大小为 100、强度为 50，对白色图像进行涂抹，如图 9-9 所示。

图 9-8 重复滤镜

图 9-9 涂抹图像

步骤 ⑨ 设置图层 1 的【不透明度】为 70%，得到较为透明的烟雾效果，如图 9-10 所示。

步骤 ⑩ 选择【橡皮擦工具】，在属性栏中选择画笔样式为【柔边】，大小为 200 像素，然后设置【不透明度】为 50%、【流量】为 50%，擦除部分烟雾图像，得到更加真实的烟雾效果，如图 9-11 所示。

图 9-10　透明的图像　　　　　　　　　　　　　　图 9-11　擦除图像

9.2　常用滤镜的设置与应用

下面将介绍一些常用滤镜的设置与应用，其中包括【镜头校正】、【液化】、【油画】和【消失点】几种独立滤镜。

Example　实例　运用【镜头校正】滤镜制作奇妙图像

素材	光盘\素材\第 9 章\茶壶.jpg
效果	光盘\效果\第 9 章\制作奇妙图像.psd
视频	光盘\视频\第 9 章\实例 075.mp4

操作步骤

步骤 ❶　打开素材图像【茶壶.jpg】，如图 9-12 所示。下面将使用【镜头校正】命令为图像制作奇妙效果。

步骤 ❷　选择【滤镜】|【镜头矫正】命令，打开【镜头矫正】对话框，如图 9-13 所示。

图 9-12　打开素材图像

图 9-13　【镜头校正】对话框

步骤 3 选择【自动校正】选项卡，用户可以设置矫正选项，在【边缘】下拉菜单中可以选择相应的命令，如图 9-14 所示。

步骤 4 在【搜索条件】下拉菜单中，可以设置相机的品牌、型号和镜头型号，如图 9-15 所示。

图 9-14　设置选项　　　　　　　　　　　　图 9-15　选择相机型号

步骤 5 单击【自定】选项卡，可以精确地设置各项参数来得到校正图像，或制作特殊图像效果。这里设置【移去扭曲】为-40、【修复蓝/黄边】为-74.6、【数量】为 100、【中点】为 13、【比例】为 100，如图 9-16 所示。

步骤 6 单击【确定】按钮，得到特殊图像效果，如图 9-17 所示。

图 9-16　设置各选项参数　　　　　　　　　图 9-17　图像效果

> **提示** 【镜头校正】滤镜可以修复常见的镜头瑕疵，如桶形和枕形失真、晕影和色差。该滤镜在 RGB 或灰度模式下只能用于 8 位/通道和 16 位/通道的图像。

Example **实例** 运用【液化】滤镜为人物瘦身

素材	光盘\素材\第 9 章\美女模特.jpg
效果	光盘\效果\第 9 章\为人物瘦身.psd
视频	光盘\视频\第 9 章\实例 076.mp4

操作步骤

步骤① 打开素材图像【美女模特.jpg】，如图 9-18 所示，可以看到图像中的人物身材不太苗条，下面将使用【液化】命令为人物瘦身。

步骤② 选择【滤镜】|【液化】命令，打开【液化】对话框，选择【高级模式】，显示所有选项，如图 9-19 所示。

图 9-18　打开素材图像

图 9-19　【液化】对话框

步骤③ 选择向前变形工具 ，设置【画笔大小】为 100 像素，将人物的左侧腰部图像向内拖拉，使人物腰部变细，如图 9-20 所示。

步骤④ 选择褶皱工具 ，设置【画笔大小】为 80 像素，在人物的右侧腰部图像从上到下拖动，使右侧腰部也变细，如图 9-21 所示。

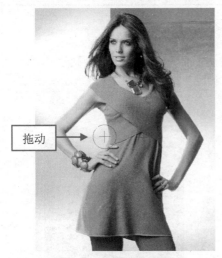

图 9-20　使用向前变形工具

图 9-21　使用褶皱工具

步骤⑤ 选择左推工具 ，设置【画笔大小】为 50 像素、【画笔密度】为 100 像素、【画笔压力】为 20 像素，将人物左腿向内拖动，如图 9-22 所示。

步骤⑥ 使用向前变形工具，将人物右侧腿部图像向内拖动，将腿部图像也变细，单击【确定】按钮，得到人物瘦身效果，如图 9-23 所示。

图 9-22　使用左推工具

图 9-23　瘦身效果

　　使用【液化】滤镜可以对图像的任何部分进行多种类似液化效果的变形处理，如收缩、膨胀、旋转等，并且在液化过程中可对其各种效果程度进行随意控制，是修饰图像和创建艺术效果的有效方法。

Example 实例　运用【油画】滤镜制作油画图像

素材	光盘\素材\第 9 章\大树.jpg
效果	光盘\效果\第 9 章\制作油画效果.psd
视频	光盘\视频\第 9 章\实例 077.mp4

操 作 步 骤

步骤 ❶ 打开素材图像【大树.jpg】，如图 9-24 所示。下面将使用【油画】命令制作出油画效果。

步骤 ❷ 按下【Ctrl+J】组合键，复制背景图层，得到图层 1，如图 9-25 所示。

图 9-24　打开素材图像

图 9-25　复制图层

步骤 ❸ 选择【滤镜】|【油画】命令，打开【油画】对话框，设置【画笔】和【光照】各项参数，如图 9-26 所示。

步骤 ❹ 单击【确定】按钮，图像的油画效果，如图 9-27 所示。

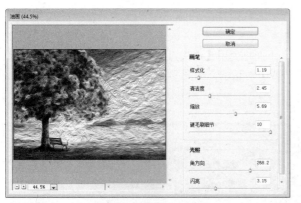

图 9-26　【油画】对话框

图 9-27　图像效果

步骤 5 下面的操作是为了让油画效果更加真实。选择背景图层，按【Ctrl+J】组合键复制一次该图层，得到背景副本图层，然后选择【图层】|【排列】|【置为顶层】命令，如图 9-28 所示，将复制的图层放到最顶层，如图 9-29 所示。

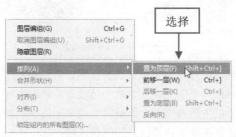

图 9-28　排列图层顺序

图 9-29　图层顺序

步骤 6 设置背景副本图层的图层混合模式为【叠加】、【不透明度】为 60%，如图 9-30 所示。这时得到的图像效果如图 9-31 所示，完成本实例的制作。

图 9-30　设置图层属性

图 9-31　图像效果

Example **实例**　运用【消失点】滤镜复制图像

素材	光盘\素材\第 9 章\流水.jpg
效果	光盘\效果\第 9 章\复制图像.psd
视频	光盘\视频\第 9 章\实例 078.mp4

操 作 步 骤

步骤① 打开素材图像【流水.jpg】，如图 9-32 所示。下面将使用【消失点】命令复制画面中的石头图像。

步骤② 选择【滤镜】|【消失点】命令，打开【消失点】对话框，如图 9-33 所示。

图 9-32　打开素材图像

图 9-33　【消失点】对话框

● 创建平面工具 ⊞：打开"消失点"对话框时，该工具为默认选择工具。在预览框中不同的位置单击 4 次，可创建一个透视平面。在对话框顶部的"网格大小"下拉列表框中可设置显示的密度。

● 编辑平面工具 ：选择该工具可以调整绘制的透视平面，调整时拖动平面边缘的控制点即可。

● 选框工具 ：选择该工具后在图像中单击并拖动可选择固定的图像区域；按住【Alt】键拖动选区可以将选区复制到新的位置；按住【Ctrl】键拖动选区可以用源图像填充该区域。

● 画笔工具 ：在画面中拖动画笔可以绘制图像。选择【修复】下拉列表中的【明亮度】选项可以将绘图调整为适应阴影或纹理。

● 图章工具 ：该工具与工具箱中的仿制图章工具一样，在透视平面内按住【Alt】键并单击图像可以对图像取样，然后在透视平面其他地方单击，可以将取样图像进行复制，复制后的图像与透视平面保持一样的透视关系。

步骤③ 选择创建平面工具 ⊞，并在预览窗中不同的位置处单击 4 次，以创建具有 4 个顶点的透视平面，如图 9-34 所示。

步骤④ 选择【编辑平面工具】 ，拖动平面边缘的控制点，以将其调整到与图像中的水流具有相同的透视关系，如图 9-35 所示。

单击

图 9-34　创建透视平面

拖动

图 9-35　调整透视关系

步骤⑤ 选择【图章工具】，然后按住【Alt】键的同时在透视平面内的石头上单击取样，如图 9-36 所示。

步骤⑥ 移动鼠标指针到透视平面的左侧处并单击，即可将取样处的石头复制到单击处，如图 9-37 所示。单击【确定】按钮，完成本实例的制作。

图 9-36　取样图像

图 9-37　复制图像

9.3　使用滤镜库与智能滤镜

在滤镜库中可以为一个图像同时应用多个滤镜，每个滤镜被认为是一个滤镜效果图层。与普通图层一样，它们也可进行复制、删除或隐藏等，从而将滤镜效果叠加起来，得到更加丰富的特殊图像。智能滤镜能将使用过的滤镜参数存储下来，以便用户可以再次对该滤镜参数进行编辑。

Example 实例　运用【滤镜库】命令添加滤镜

素材	光盘\素材\第 9 章\酒杯.jpg
效果	光盘\效果\第 9 章\制作图像边框像.psd
视频	光盘\视频\第 9 章\实例 079.mp4

操作步骤

步骤❶ 打开素材图像【酒杯.jpg】，如图 9-38 所示。下面将在【滤镜库】对话框中添加滤镜，制作出具有玻璃边框效果的图像。

步骤❷ 选择【矩形选框工具】，在属性栏中设置【羽化】值为 10 像素，绘制出矩形选区，再按【Shift＋Ctrl＋I】组合键反向选区，效果如图 9-39 所示。

图 9-38　打开素材图像

图 9-39　绘制矩形选区

步骤 ③ 选择【滤镜】|【滤镜库】命令，打开【滤镜库】对话框，如图 9-40 所示。可以看到滤镜库中整合了【扭曲】、【画笔描边】、【素描】、【纹理】、【艺术效果】和【风格化】6 组滤镜。

图 9-40　【滤镜库】对话框

步骤 ④ 选择【纹理】滤镜组，在打开的预览图中选择【龟裂缝】命令，然后设置参数为 15、6、9，如图 9-41 所示。

步骤 ⑤ 单击对话框底部的【新建效果图层】按钮，默认新建一个相同的效果图层，如图 9-42 所示。

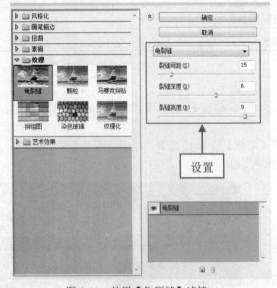

图 9-41　使用【龟裂缝】滤镜

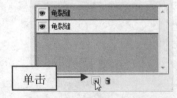

图 9-42　创建新的效果图层

步骤 ⑥ 在中间加选【艺术效果】|【彩色铅笔】选项，这时【彩色铅笔】效果图层将自动替换最上层的【龟裂缝】效果图层，再设置各项参数，如图 9-43 所示。

步骤 ⑦ 单击【确定】按钮，回到画面中，按【Ctrl+D】组合键取消选区，如图 9-44 所示，得到边框效果。

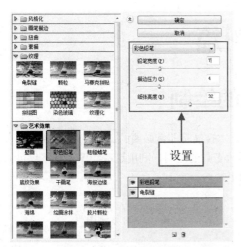

图 9-43　设置滤镜参数

图 9-44　图像效果

滤镜库中的效果图层也和普通图层一样是可以隐藏和删除的。如果不想观察某一个或某几个滤镜效果图层产生的滤镜效果，只须单击不需要观察的滤镜效果图层前面的眼睛图标，以将其隐藏即可。对于不再需要的滤镜效果图层，可以先在滤镜列表框中选择要删除的图层，然后单击底部的【删除效果图层】按钮即可。

Example（实例）　运用【智能滤镜】命令存储滤镜

选择【滤镜】|【转换为智能滤镜】命令，可以将图层转换为智能对象。应用于智能对象的任何滤镜都是智能滤镜。应用智能滤镜后，在【图层】面板中，智能滤镜图层下方将出现所应用的智能滤镜内容，如图 9-45 所示。

普通滤镜在设置好后不能再进行重新编辑，但如果将滤镜转换为智能滤镜后，就可以对原来应用的滤镜效果进行编辑。双击【图层】面板中添加的滤镜效果可以开启设置的滤镜命令，在相应对话框中对其进行重新编辑，如图 9-46 所示。

图 9-45　转换为智能对象图层

图 9-46　重新设置滤镜

绘图与修图篇

第 10 章　图像的绘制

在平面作品创作中，我们经常要手绘图形，因此掌握手绘艺术技能是非常必要的。Photoshop 软件提供了很多绘图工具，本章将详细介绍画笔工具、铅笔工具和自定形状工具的运用，利用这些绘图工具不仅可以创建图像，还可以利用自定义的画笔样式和铅笔样式创建各种图形特效。

本章学习要点

- 绘制图像
- 查看与选择画笔样式
- 绘制形状图形

10.1　绘制图像

画笔工具是图像处理过程中使用最为频繁的绘制工具，常用来绘制边缘较柔和的线条，其效果类似于用毛笔画出的线条，也可绘制具有特殊形状的线条效果；而铅笔工具则主要是用来绘制较硬朗的线条。下面分别介绍这两种工具的具体使用方法。

Example 实例　运用【画笔工具】绘制图像

素材	光盘\素材\第 10 章\图案.jpg
效果	光盘\效果\第 10 章\绘制图案.psd
视频	光盘\视频\第 10 章\实例 080.mp4

操 作 步 骤

步骤 ① 打开素材图像【图案.jpg】，如图 10-1 所示，下面将使用画笔工具为图像填充颜色，得到五彩缤纷的图案效果。

步骤 ② 选择工具箱中的魔棒工具，在属性栏中设置【容差】为 10 像素，并选择【连续】复选框，单击中间的黑色图像，获取选区，如图 10-2 所示。

图 10-1　打开素材图像　　　　　　　　　　图 10-2　获取选区

步骤 ③ 设置前景色为蓝色（R:21、G:118、B:237），选择工具箱中的画笔工具，单击工具属性栏中画笔选项右侧的·按钮，在弹出的【画笔】面板中选择画笔样式为柔边，设置画笔主直径为 300，然后设置画笔的透明度和流量都为 100%，如图 10-3 所示。

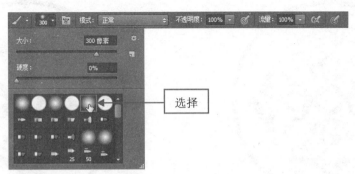

图 10-3　设置画笔属性

- ：单击右侧的·按钮，将打开【画笔设置】选取器，在其中可以设置画笔的笔头的大小和使用样式。
- 大小：用来设置画笔的大小。可在该选项右边的文本框中输入数值，也可拖动滑杆上的滑块来控制画笔的大小。
- 硬度：用来设置画笔边缘的晕化程度，值越小，晕化越明显，就像毛笔在宣纸上绘制后产生的湿边效果一样。
- 模式：用于设置画笔工具对当前图像中像素的作用形式，即当前使用的绘图颜色与原有底色之间进行混合的模式。
- 不透明度：用于设置画笔颜色的不透明度，数值越大，不透明度就越高。
- 流量：用于设置画笔工具的压力大小，百分比越大，则画笔笔触就越浓。
- ：单击该按钮可以启用喷枪工具进行绘图。
- ：始终对【不透明度】使用【压力】，在关闭时，【画笔预设】控制【压力】。
- ：始终对【大小】使用【压力】，在关闭时，【画笔预设】控制【压力】。

步骤 ④ 设置好画笔属性后，按住【Shift】键在选区底部从左侧拖动到右侧，绘制出蓝色图像，如图 10-4 所示。

步骤 ⑤ 设置前景色为黄色（R:237、G:179、B:21），在选区图像上方从左到右拖到鼠标，绘制出黄色图像，如图 10-5 所示。

图 10-4　绘制蓝色图像　　　　图 10-5　绘制黄色图像

步骤 ⑥ 选择魔棒工具，单击属性栏中的【添加到选区】按钮，单击第一个图像中的白色图像和中间两个白色图像，通过加选获取选区，如图 10-6 所示。

步骤 ⑦ 设置前景色为淡蓝色（R:164、G:205、B:255），在属性栏中设置画笔样式为柔边，大小为 200
像素，对选区做涂抹，效果如图 10-7 所示。

图 10-6 加选选区

图 10-7 添加淡蓝色

步骤 ⑧ 设置前景色为淡黄色（R:255、G:217、B:114），使用魔棒工具单击图案中的其他白色图像区域，
然后使用画笔工具对选区进行涂抹，如图 10-8 所示。

步骤 ⑨ 设置前景色为紫色（R:255、G:217、B:114），使用魔棒工具，对图案中间的白色圆形单击，然
后按【Alt+Delete】键填充选区，再按【Ctrl+D】键取消选区，效果如图 10-9 所示。

图 10-8 绘制图像

图 10-9 填充选区

> **提示** 使用画笔工具绘图实质就是使作某种颜色在图像中进行填充颜色，在填充过程中不但可以不断调整画
> 笔笔头大小，还可以控制填充颜色的透明度、流量和模式。

Example 实例 查看与选择画笔样式

Photoshop CS6 为用户提供了多种内置画笔样式，选择【窗口】|【画笔】命令，或按【F5】键，或先选
择工具箱中的画笔工具，然后单击工具属性栏中的【切换画笔面板】按钮 ，即可打开【画笔】面板，，通
过【画笔】面板用户可以查看并载入其他画笔样式，如图 10-10 所示。

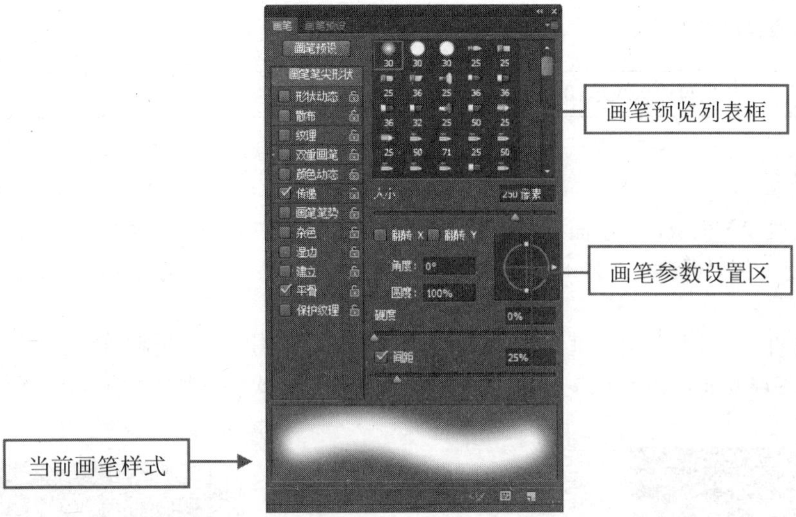

图 10-10　【画笔】面板

1．设置画笔预览方式

视频	光盘\视频\第 10 章\实例 081.mp4

操作步骤

步骤 1 选择【窗口】|【画笔预设】命令，打开【画笔预设】面板，单击该面板右上角的三角按钮，弹出快捷菜单，如图 10-11 所示。

步骤 2 快捷菜单中罗列了仅文本、小缩略图、大缩略图、小列表、大列表和描边缩略图等 6 种预览方式命令，选择其中一种命令即可。如选择【小列表】选项，面板中的画笔预览效果如图 10-12 所示。

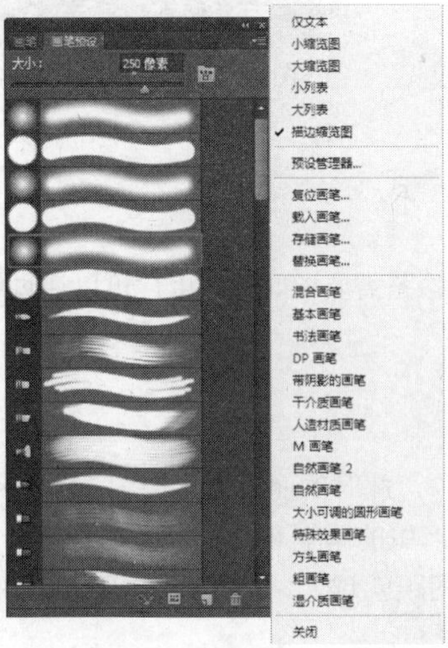

图 10-11　快捷菜单

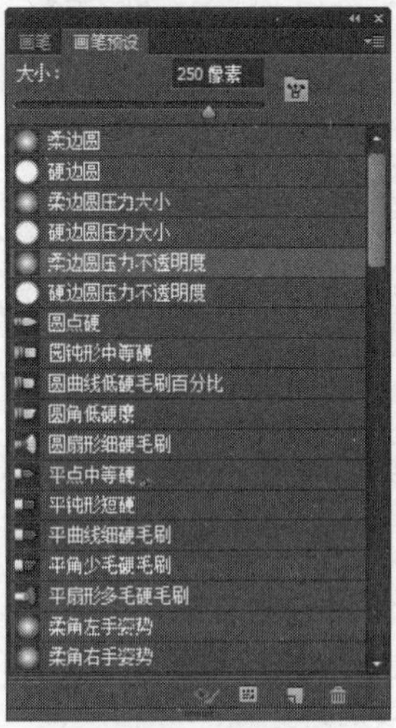

图 10-12　预览效果

> **提示**　【画笔预设】面板就是为了让用户能够更加快捷直观的预览画笔样式。画笔预览列表框中列出了 Photoshop CS6 默认的画笔样式，用户可以根据个人爱好设置符合自己要求的预览方式。

2. 载入其他画笔样式

视频	光盘\视频\第 10 章\实例 082.mp4

操作步骤

步骤 ① 打开【画笔】面板，单击面板左上方的【画笔预设】按钮，进入【画笔预设】面板，单击面板右上角的三角按钮 ▼≡，在弹出快捷菜单中列出了多种画笔样式，这里选择【M 画笔】命令，如图 10-13 所示。

步骤 ② 这时将打开一个提示对话框，如果单击【确定】按钮，将用载入的画笔样式替换原有的画笔样式，如图 10-14 所示，如果单击【添加】按钮，则载入的样式将添加到原有画笔后面。

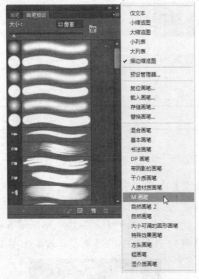

图 10-13　选择画笔样式

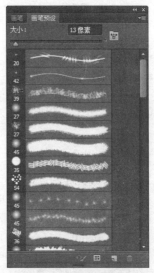

图 10-14　替换的画笔样式

Example 实例　运用【画笔】面板设置画笔样式

　　【画笔】面板中内置的画笔样式虽然多，但也有不能满足绘图需要的时候，用户可以通过编辑或创建的新的画笔样式来完成。

1. 设置画笔笔尖形状

　　打开【画笔】面板，选择面板中的【画笔笔尖形状】选项，此时的面板显示如图 10-15 所示。

● 　间距：用来设置连续运用画笔工具绘制时，前一个产生的画笔和后一个产生的画笔之间的距离，只需在【间距】数值框中输入相应的百分比数值即可，值越大，间距就越大。如图 10-13 所示为间距分别为 100% 和 190% 的间距效果。

● 　硬度：用来设置画笔绘图时的边缘晕化程度，值越大，画笔边缘越清晰，值越小则边缘越柔和。如图 10-17 所示硬度分别为 60% 和 0% 时的画笔效果。

● 　圆度：用来设置画笔垂直方向和水平方向的比例关系，值越大，画笔趋于正圆显示，值越小则趋于椭圆显示。如图 10-18 所示圆度分别为 60% 和 10% 时的画笔效果。

● 　角度：用来设置画笔旋转的角度，值越大，则旋转的效果越明显示。如图 10-19 所示为角度分别为 50 度和 90 度时的画笔效果。

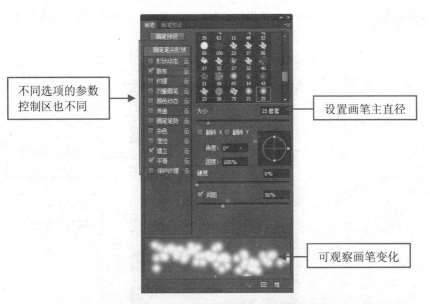

不同选项的参数控制区也不同

设置画笔主直径

可观察画笔变化

图 10-15   画笔笔尖形状对应【画笔】面板

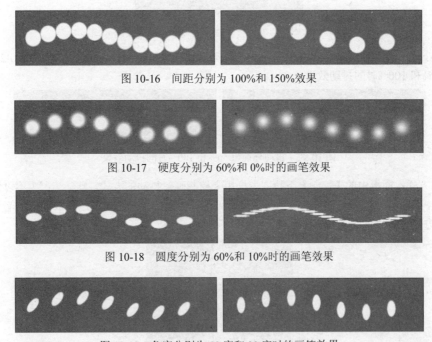

图 10-16   间距分别为 100%和 150%效果

图 10-17   硬度分别为 60%和 0%时的画笔效果

图 10-18   圆度分别为 60%和 10%时的画笔效果

图 10-19   角度分别为 50 度和 90 度时的画笔效果

● 翻转：画笔翻转可分为水平翻转和垂直翻转，分别对应【翻转 X】和【翻转 Y】复选框，例如对树叶状的画笔水平翻转后的效果如图 10-17 所示。

图 10-20   水平翻转前后的画笔效果

2. 设置形状动态画笔

通过为画笔设置形状动态效果，可以绘制出具有渐隐效果的图像，如烟雾的生成到渐渐消逝过程、表现物体的运动轨迹等。选择【画笔】面板中的【形状动态】复选框后，此时的面板显示如图 10-21 所示。

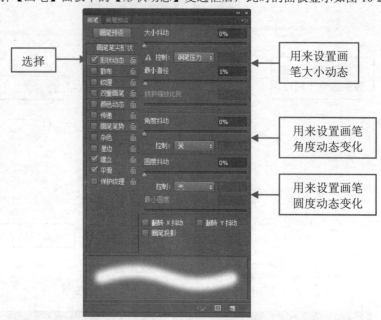

图 10-21　形状动态对应的【画笔】面板

● 　大小抖动：用来控制画笔产生的画笔大小的动态效果，值越大抖动越明显，如图 10-22 所示在大小抖动分别为 50%和 100%时的抖动效果。

图 10-22　抖动分别为 50%和 100%时的抖动效果

● 　抖动方式：面板中的【控制】下拉列表框用来控制画笔抖动的方式，默认情况为不可用状态，只有在其下拉列表中选择其他选择一种抖动方式时才变为可用。如果电脑没有安装绘图板或光电笔等设施，只有【渐隐】抖动方式有效，如图 10-23 所示。

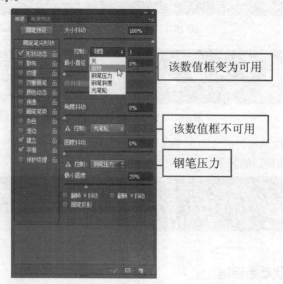

图 10-23　设置不同的抖动方式

在【控制】下拉列表中选择某种抖动方式后，如果其右侧的数值框变为可用，表示当前设置的抖动方式有效，否则该抖动方式无效。

- 大小抖动方式：当设置大小抖动方式为渐隐时，其右侧的数值框用来设置渐隐的步数，值越小，渐隐就越明显。如图 10-24 所示为渐隐步数分别为 20 和 10 时的效果。

图 10-24 渐隐步数分别为 20 和 10 时的效果

- 角度抖动方式：当设置角度抖动方式为渐隐时，其右侧的数值框用来设置画笔旋转的步数，如图 10-25 所示为分别在 10 步和 50 步时的旋转效果。

图 10-25 在 10 步和 50 步时的旋转效果

- 圆度抖动方式：当设置圆度抖动方式为渐隐时，其右侧的数值框用来设置画笔圆度抖动的步数，如图 10-26 所示为分别在 10 步和 25 步时的圆度抖动效果。

图 10-26 在 10 步和 25 步时的圆度抖动效果

3. 设置散布画笔

通过为画笔设置散布各项参数可以使绘制后的画笔图像在图像窗口随机分布。选择【画笔】面板中的【散布】复选框后，此时的面板显示如图 10-27 所示。

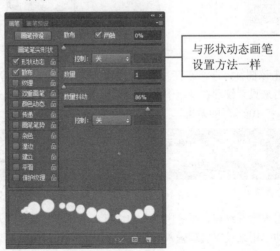

与形状动态画笔设置方法一样

图 10-27 散布对应的【画笔】面板

- 散布：用来设置画笔散布的距离，值越大，散布范围越宽。如图 10-28 所示为分别设置散布为 100% 和 200% 时的效果。
- 数量：用来控制画笔产生的数量，值越大数值量越多。如图 10-29 所示分别为 2 和 3 时的效果。

图 10-28 散布为 200%和 500%时的效果

图 10-29 数量为 2 和 4 时的效果

4. 设置纹理画笔

通过为画笔设置纹理可以使绘制后的画笔图像在图像产生纹理化效果。选择【画笔】面板中的【纹理】复选框后，此时的面板显示如图 10-30 所示。

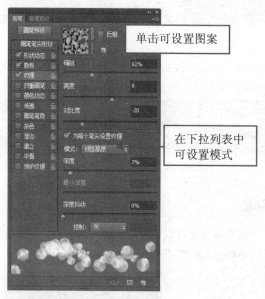

图 10-30 纹理对应的【画笔】面板

- ● 图标：单击该图标，即可在打开的【图案】拾色器中选择所需的图案。
- ● 缩放：用来设置纹理在画笔中的大小显示，值越大，纹理显示面积就越大。如图 10-31 所示为分别设置缩放比为 16%和 100%时的效果。

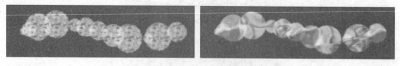

图 10-31 缩放比为 16%和 150%时的效果

- ● 深度：用来设置纹理在画笔中溶入的深度，值越小，显示就越不明显。
- ● 深度抖动：用来设置纹理融入到画笔中的变化，值越大，抖动越强，效果越明显。

5. 设置双重画笔

素材	光盘\素材\第 10 章\天空.jpg
效果	光盘\效果\第 10 章\绘制边缘图像.psd
视频	光盘\视频\第 10 章\实例 083.mp4

操作步骤

步骤 1　打开素材图像【天空.jpg】，如图 10-32 所示，下面将在【画笔】面板中设置双重画笔来绘制出特殊边缘图像。

步骤 2　选择工具箱中的画笔工具，单击属性栏中的 ![按钮] 按钮打开【画笔】面板，在【画笔笔尖】选项中的画笔预览框中选择一种画笔样式作为双重画笔中的一种画笔样式，如选择【柔角 45】，然后再设置【大小】为 80 像素、【间距】为 97%，如图 10-33 所示。

图 10-32　打开素材图像

图 10-33　设置画笔属性

步骤 3　选择【双重画笔】复选框，在面板中选择一种画笔样式为作双重画笔中的第二种画笔样式，这里选择花瓣样式画笔，然后设置各项参数，如图 10-34 所示。

步骤 4　设置前景色为白色，使用设置好的画笔工具在图像中绘制出花瓣和圆点图像，得到的图像效果如图 10-35 所示。

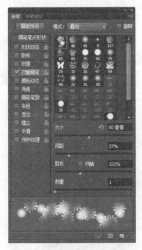

图 10-34　设置双重画笔

图 10-35　绘制图像

提示

通过为画笔设置双重画笔可以使绘制后的画笔图像中具有两种画笔样式的融入效果。

6. 设置颜色动态画笔

素材	光盘\素材\第 10 章\小女孩.jpg
效果	光盘\效果\第 10 章\绘制五彩图.psd
视频	光盘\视频\第 10 章\实例 084.mp4

操 作 步 骤

步骤① 打开素材图像【小女孩.jpg】，如图 10-36 所示，下面将在【画笔】面板中设置颜色动态画笔来绘制出特殊图像。

步骤② 在工具箱中设置前景色为白色，背景色为紫色（R:217、G:34、B:159）。选择画笔工具，并在【画笔】面板中选择如图 10-37 所示的画笔样式，然后再设置【大小】为 63 像素、间距】为 140%。

图 10-36　打开素材图像

图 10-37　选择画画笔样式

> **提示** 通过为画笔设置颜色动态，可以使绘制后的画笔图像在两种颜色之间产生渐变过渡。

步骤③ 选择【散布】复选框，选择【两轴】复选框，并设置各选项参数，如图 10-38 所示。

步骤④ 选择【颜色动态】复选框，并在面板中设置使颜色的色相、饱度和、亮度和纯度产生渐隐样式，如图 10-39 所示。

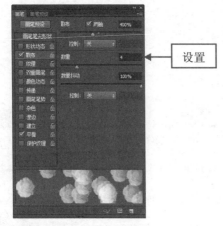

图 10-38　设置散布参数

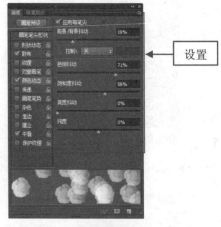

图 10-39　设置颜色动态

步骤 5 设置好画笔属性后，在图像右侧拖动鼠标进行绘制，绘制后的图像颜色将在前景色和背景色之间过渡，如图 10-40 所示。

图 10-40　绘制的图像

7. 设置其他画笔

在其他动态设置包括杂色、湿边、喷枪、平滑和保护纹理等，只须选中对应的复选框即可，这此复选框都没有参数控制，只是在画笔中产生相应的效果而已。例如，分别选中【杂色】和【湿边】复选框，对应的画笔效果分别如图 10-41 和图 10-42 所示。

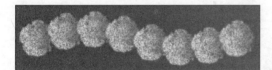

图 10-41　带杂色的画笔

图 10-42　湿边的画笔

Example 实例　运用【铅笔工具】绘制爱心咖啡

素材	光盘\素材\第 10 章\爱心咖啡.jpg
效果	光盘\效果\第 10 章\绘制爱心咖啡.psd
视频	光盘\视频\第 10 章\实例 085.mp4

操 作 步 骤

步骤 1 打开素材图像【爱心咖啡.jpg】，如图 10-43 所示，下面使用画笔工具在图像中绘制出心形外形，并在咖啡里绘制出笑脸。

图 10-43　打开素材图像

步骤② 在工具箱中选择铅笔工具，并打开【画笔】面板，选择画笔样式为【尖角 36】，然后设置间距参数为 104%，如图 10-44 所示。

步骤③ 选择【颜色动态】选项，设置各选项参数从上到下分别为 100%、16%、15%、11% 和 −19%，如图 10-45 所示。

图 10-44　设置画笔样式　　　　图 10-45　设置画笔颜色动态

步骤④ 设置前景色为赭石色（R:156、G:87、B:70），背景色为白色，使用铅笔工具沿着咖啡豆图像外轮廓绘制出一个心形图像，如图 10-46 所示。

图 10-46　绘制图像

步骤⑤ 在【画笔】面板中取消选择【颜色动态】选项，然后选择【画笔笔尖形状】，设置【大小】为 10 像素、【间距】为 1%，如图 10-47 所示。

步骤⑥ 设置前景色为白色，在咖啡杯中手动绘制出笑脸图像，如图 10-48 所示，完成本实例的操作。

图 10-47　设置画笔属性　　　　图 10-48　绘制笑脸

10.2　绘制形状图形

使用 Photoshop CS6 提供的形状工具可以绘制出一些预设图形，如音乐符号、人物、动物和植物等，还可以直接绘制出矩形、圆形和圆角矩形等图形。

Example 实例　运用形状工具绘制基本形状

Photoshop CS6 自带了多达 6 种形状绘制工具，包括矩形工具、圆角矩形工具、椭圆工具、多边形工具、直线工具和自定义形状工具，下面主要介绍绘制基本形状的工具。

1. 矩形工具

使用矩形工具可以绘制任意方形或具有固定长宽的矩形形状，并且可以为绘制后的形状添加一种特殊样式，其对应的工具属性栏如图 10-49 所示。

图 10-49　矩形工具对应的工具属性栏

● 绘图方式 路径 ：单击该图标，可以打开一个下拉菜单，用户可以在其中选择绘图方式，有【路径】、【形状】和【像素】三种命令，选择【形状】命令所绘制的图形可以自动在【图层】面板中创建一个形状图层，如图 10-50 和图 10-51 所示；选择【路径】命令时可以直接绘制路径；选择【像素】命令时，可以图像中直接绘制出图像，而不是路径图形，如同使用画笔工具在图像中填充颜色一样。

图 10-50　绘制矩形

图 10-51　形状图层

● 【填充】选项：单击该选项中的色块，将打开相应的面板，用户可以选择填充类型，再选择预设颜色，如图 10-52 所示，单击面板右上角的 ▇ 按钮可以打开【拾色器（填充颜色）】对话框，用户可以自由设置所需的颜色，如图 10-53 所示。

● 【描边】选项：单击该选项后面的色块，在弹出的面板中可以设置描边的颜色和类型，包括无颜色、纯色、渐变和图案。

● 3点 ：单击该选项后面的按钮按钮，可以调整滑块设置宽度，也可以直接在该文本框中输入参数设置形状描边宽度。

● ▭▭▭▭ ：单击该按钮即可弹出对应的面板，如图 10-54 所示，用户可以在其中设置绘制形状的描边类型，还可以选择描边类型、对齐方式，端点和角点的方式，单击【更多选项】按钮，在打开的【描边】对话框中设置更加精确的选项设置，如图 10-55 所示。

图 10-52　打开填充面板

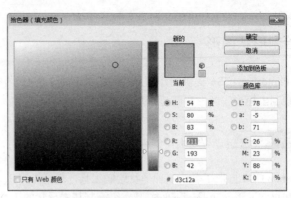

图 10-53　自定义颜色

图 10-54　描边选项

图 10-55　【描边】对话框

-

　在该选项中输入参数，可以设置形状的宽度和高度。

- 　该组按钮用于对路径的编辑，包括形状的合并、重叠、对齐
方式，以及前后顺序等。

- 　单击该按钮，用户可以在弹出的面板中设置绘制出的矩形形态，如
图 10-56 所示。

图 10-56　设置面板

2. 圆角矩形工具

运用好圆角矩形工具可以绘制出带圆角弧度的矩形形状，该工具属性栏与矩形工具相似，但是增加了一
个【半径】文本框，如图 10-57 所示，在其中输入参数可以设置圆角矩形的圆角半径的大小，如设置【半径】
为 40 像素，绘制出的圆角矩形如图 10-58 所示。

图 10-57　工具属性栏

3. 椭圆工具

运用椭圆工具可以在图像中绘制正圆形或椭圆形，它与圆角矩形工具对应工具属性栏中的参数设置相同，
选择该工具，在图像中按住鼠标左键拖到，即可绘制出一个圆形，如图 10-59 所示。

图 10-58　圆角矩形形状

图 10-59　椭圆形状

4. 多边形工具

使用多边形工具可以绘制具有不同边数的多边形形状，在【边】数值框中输入数值，可以确定多边形的边数或星形的顶角数，其工具属性栏如图 10-60 所示。

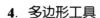

图 10-60　多边形工具属性栏

单击 按钮，将弹出一个面板，如图 10-61 所示，在其中可以设置多边形的多种造型，面板中各选项含义如下：

- 半径：用来定义星形或多边形的半径。
- 平滑拐角：选择该复选框后，所绘制的星形或多边形具有圆滑型拐角。
- 星形：选择该复选框后，即可绘制星形形状。
- 缩进边依据：在该数值框中可以设置星形的缩进量参数，图 10-62 所示为不同缩进量时绘制的星形。

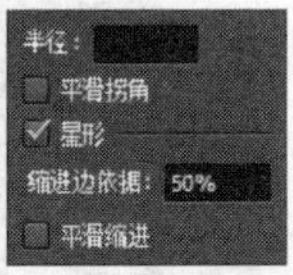

图 10-61　快捷面板　　　　图 10-62　缩时量分别为 50%和 80%时绘制的星形

- 平滑缩进：选择该复选框后，所绘制的星形将尽量保持平滑。

5. 直线工具

使用直线工具可以绘制具有不同精细的直线形状，还可以根据需要为直线增加单向或双向箭头。其工具属性栏，在【粗细】数值框中输入参数可以控制箭头直线的宽度如图 10-63 所示。

图 10-63　直线工具属性栏

单击 按钮，将弹出一个面板，如图 10-64 所示，在其中可以设置箭头的多种造型，面板中各选项含义如下：

- 起点/终点：如果要绘制带箭头，则应选中对应的复选框。选择【起点】复选框，表示在箭头产生的直线起点，选择【终点】复选框，则表示箭头产生在直线未端，设置箭头样式后绘制的图像如图 10-65 所示。
- 宽度/长度：用来设置箭头的比例。
- 凹度：用来定义箭头的尖锐程度。

图 10-64　弹出面板 　　　　　　图 10-65　绘制直线形状

Example （实例） 运用【自定形状工具】绘制多种图形

视频	光盘\视频\第 10 章\实例 086.mp4

操 作 步 骤

步骤 ① 选择工具箱中的自定义形状工具 ，再单击属性栏中【形状】右侧的三角形按钮，即可打开【自定义形状】面板，如图 10-66 所示。

步骤 ② 默认情况下，预设形状为一些基本形状，单击面板右上方的 按钮，将弹出一个快捷菜单，如图 10-67 所示，用户可以选择需要载入的形状组。

步骤 ③ 如果【全部】命令，即可弹出如图 10-68 所示的提示对话框，单击【确定】按钮即可将所有图形都添加到面板中，如图 10-69 所示，用户也可以选择单独的一组图形追加或替换当前图形。

图 10-66 弹出面板

图 10-67 菜单命令

图 10-68 提示对话框

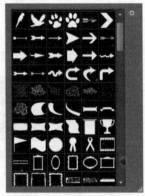
图 10-69 全部预设图形

步骤 ④ 选择一种图形，如【红心形卡】，然后将鼠标移动到图像窗口中按住鼠标进行拖动，即可绘制出一个矢量图形，如图 10-70 所示。

图 10-70 绘制图形

Example （实例） 运用【栅格化图层】命令状转换形状图层

在路径工具属性栏中设置工具模式为【形状】后，所绘制出的对象都将在【图层】面板中自动生成形状图层。形状图层具有矢量特征，在某种程度上限制了对图像进行处理的可能性，所以用户在该图层中无法使用对像素进行处理的各种工具，如画笔工具、渐变工具等。因此，要对形状图层中的图像进行处理，首先要将形状图层转换为普通图层。

在【图层】面板中用鼠标使用右键单击形状图层右侧的空白处，在弹出的快捷菜单中选择【栅格化图层】

命令，即可将形状图层转换为普通图层，如图 10-71 所示。图 10-72 所示是栅格化图层后的效果，形状图层右下角的形状图标将消失。

图 10-71 选择命令

图 10-72 栅格化图层

第11章 修饰与编辑图像

利用 Photoshop 中的编辑和修饰工具可以对图像进行复制等编辑和颜色修饰等处理，其中主要包括图章工具组、修复工具组、模糊工具组和减淡工具组，本章将详细介绍这些工具的使用。

本章学习要点

- 图像的局部修饰
- 复制图像
- 修复图像
- 修饰图像

11.1 图像的局部修饰

在 Photoshop 中，用户可以利用模糊工具对图像制作模糊效果，使用锐化工具让图像变得更清晰，再使用涂抹工具扭曲图像。

Example 实例 运用【模糊工具】制作景深效果

素材	光盘\素材\第 11 章\荷花.jpg
效果	光盘\效果\第 11 章\制作景深图像.psd
视频	光盘\视频\第 11 章\实例 087.mp4

操 作 步 骤

步骤 ① 打开素材图像【荷花.jpg】，下面将使用模糊工具对图像制作景深效果，如图 11-1 所示。

步骤 ② 首先调整图像的明度和对比度。选择【图像】|【调整】|【色阶】命令，打开【色阶】对话框，拖动【输入色阶】下面的三角形滑块，为图像增加明度和对比度，如图 11-2 所示。

图 11-1 打开素材图像

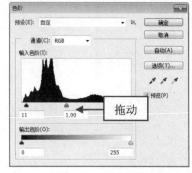

图 11-2 调整色阶

步骤 ③ 单击【确定】按钮，得到调整后的图像，效果如图 11-3 所示。

步骤 ④ 选择工具箱中的【套索工具】，在属性栏中设置【羽化】值为 10。绘制出荷花图像选区，效果如图 11-4 所示。

步骤 ⑤ 按【Shift+Ctrl+I】组合键反向选区，选择【模糊工具】 ，在属性栏中设置画笔大小为 200 像素，【强度】为 100，效果如图 11-5 所示。

- 模式：用于选择模糊图像的模式。
- 强度：用于设置模糊的压力程度。数值越大，效果越明显；数值越小，效果越弱。

图 11-3　调整后的图像效果

图 11-4　绘制选区

图 11-5　魔棒工具属性栏

> **提示**　使用模糊工具可以通过鼠标的拖动操作对图像进行模糊处理，使图像中的色彩过渡平滑，从而使图像产生模糊的效果。

步骤 6　在选区中按住左键拖动鼠标指针涂抹图像，适当地对上面的图像多涂抹几次，加深模糊效果，如图 11-6 所示。

步骤 7　按【Ctrl+D】组合键取消选区，然后使用模糊工具，调整画笔大小为 80，对荷花图像边缘图像进行涂抹，效果如图 11-7 所示，得到图像的景深效果。

图 11-6　涂抹图像

图 11-7　景深效果

Example　实例　运用【锐化工具】使图像清晰

素材	光盘\素材\第 11 章\小狗.jpg
效果	光盘\效果\第 11 章\制作清晰图像.psd
视频	光盘\视频\第 11 章\实例 088.mp4

操 作 步 骤

步骤 1　选择【锐化工具】🔺，并在工具属性栏中将参数设置成如图 11-8 所示。

图 11-8　锐化工具属性栏

步骤② 打开素材图像【小狗.jpg】，如图 11-9 所示，可以看到该图像具有明显的模糊感，下面将使用锐化工具让图像变得更清晰。

步骤③ 在锐化工具属性栏中设置画笔大小为 100 像素，【强度】为 50%，在小狗脸部反复进行涂抹，直至变得清晰为止，如图 11-10 所示。

步骤④ 继续在小狗的头部和身体其他部分涂抹，逐渐让小狗图像变得清晰，效果如图 11-11 所示，完成图像的锐化。

图 11-9　打开素材图像

图 11-10　锐化面部图像

图 11-11　完成效果

Example 实例　运用【涂抹工具】绘制光束

素材	光盘\素材\第 11 章\美丽天空.jpg
效果	光盘\效果\第 11 章\绘制光束.psd
视频	光盘\视频\第 11 章\实例 089.mp4

操作步骤

步骤① 打开素材图像【美丽天空.jpg】，下面将使用涂抹工具在图像中绘制出光束图像，让画面显得更加奇妙，如图 11-12 所示。

步骤② 单击【图层】面板底部的【创建新图层】按钮　，新建图层 1，如图 11-13 所示。

图 11-12　打开素材图像

图 11-13　创建新图层

步骤 ③ 设置前景色为白色，选择画笔工具在图像中手动绘制一条白色曲线，效果如图 11-14 所示。

步骤 ④ 选择【涂抹工具】 ，该工具属性栏与模糊工具一样，在其中设置画笔大小为 150 像素，【强度】为 50%，对白色图像做多次涂抹，得到一种柔和的光束效果，如图 11-15 所示。

图 11-14　绘制白色曲线

图 11-15　涂抹图像

> **提示**　【涂抹工具】 可以模拟在湿的颜料画布上涂抹而使图像产生变形的效果。如果图像在颜色与颜色之间的边界生硬，或颜色与颜色之间过渡得不好，可以使用涂抹工具，将过渡颜色柔和化。

步骤 ⑤ 运用同样的方法，再使用画笔工具绘制几条白色曲线，如图 11-16 所示，然后使用涂抹工具对其进行涂抹，得到的光束图像如图 11-17 所示。

图 11-16　绘制图像

图 11-17　涂抹图像

11.2　修复图像

对一些有杂点、污渍的图像，用户都可以利用 Photoshop 中的修复工具组对图像进行处理，下面将分别介绍该工具组工具的运用。

Example 实例　运用【污点修复画笔工具】修复杂点

素材	光盘\素材\第 11 章\茶杯.jpg
效果	光盘\效果\第 11 章\修复杂点.psd
视频	光盘\视频\第 11 章\实例 090.mp4

Photoshop CS6 中文版

图像处理实战从入门到精通

操作步骤

步骤 ❶ 选择工具箱中的【污点修复画笔工具】 ，其属性栏如图 11-18 所示。

图 11-18 【污点修复画笔工具】属性栏

- 画笔 ：与画笔工具属性栏对应的选项一样，用来设置画笔的大小和样式等。
- 【模式】选项：用于设置绘制后生成图像与底色之间的混合模型。
- 【类型】选项：用于设置修复图像区域修复过程中采用的修复类型。选择【近似匹配】单选项后，将使用要修复区域周围的像素来修复图像；选择【创建纹理】单选项，将使用被修复图像区域中的像素来创建修复纹理，并使其纹理与周围纹理相协调。
- 【对所有图层取样】复选框：选择该复选框将从所有可见图层中对数据进行取样。

步骤 ❷ 打开素材图像【茶杯.jpg】，可以看到在茶水杯中有一些污点，下面将使用污点修复画笔工具对其进行修复，如图 11-19 所示。

步骤 ❸ 选择【污点修复画笔工具】 ，在工具属性栏中设置画笔主直径为 30 像素，然后将鼠标指针移动到最前面的茶杯左侧污点上，如图 11-20 所示。

图 11-19 打开素材图像

图 11-20 选择修复区域

步骤 ❹ 按住鼠标左键并拖动，覆盖污点，这样系统会自动在拖动的图像周围取样，并将取样后的图像平均处理后填充到鼠标指针所到之处，即完成对该处污点的去除，如图 11-21 所示。

步骤 ❺ 按照前面两个步骤的操作方法，继续修复其他位置的污点，最终效果如图 11-22 所示。

图 11-21 涂抹杂点

图 11-22 修复效果

> **提示** 使用【污点修复画笔工具】 能取样图像中某一点的图像，修复时会将该图像覆盖到需要应用的位置。在复制时，它能将样本像素的纹理、光照、透明度和阴影与所修复的像素相匹配，从而产生自然的修复效果。污点修复画笔工具不需要指定基准点，它能自动从所修饰区域的周围进行像素的取样。

素材	光盘\素材\第 11 章\斑马.jpg
效果	光盘\效果\第 11 章\删除草地上的图像.psd
视频	光盘\视频\第 11 章\实例 091.mp4

操 作 步 骤

步骤 ① 选择工具箱中的【修复画笔工具】 ✐ ，其属性栏如图 11-23 所示。

图 11-23 修复画笔工具属性栏

● 【源】选项：选择【取样】选项，即可使用当前图像中的像素修复图像，在修复前需定位取样点；勾选【图案】选项，可以在右侧的【图案】下拉列表中选择图案来修复。

● 【对齐】复选框：当选中该选项后，将以同一基准点为基准对齐，即使多次复制图像，复制出来的图像仍然是同一幅图像；若取消该选项，则多次复制出来的图像将是多幅以基准点为模板的相同图像。

步骤 ② 打开素材图像【斑马.jpg】，可以看到在图像中还有许多远处的杂点和小斑马图像，下面将使用修复画笔工具将其全部删除，如图 11-24 所示。

步骤 ③ 现在首先来删除图像右侧的小动物图像。选择【修复画笔工具】，在工具属性栏中设置画笔主直径为 28 像素，按住【Alt】键，当鼠标变成 ⊕ 时在小动物图像的旁边单击取样，如图 11-25 所示。

图 11-24 打开素材图像

单击

图 11-25 取样图像

步骤 ④ 释放【Alt】键后在小动物图像中单击并进行涂抹，可以发现涂抹处的图像被取样处的图像覆盖，如图 11-26 所示。

步骤 ⑤ 继续在图像中取样涂抹其他的小动物和杂点图像，直到所有杂点图像被去除为止，如图 11-27 所示。

拖动鼠标
进行涂抹

图 11-26 涂抹图像

图 11-27 删除其他图像

> 提
> 示
> 　　使用【修复画笔工具】可以用图像中与被修复区域相似的颜色去修复图像，还可将样本像素的纹理、光照、透明度和阴影与所修复的像素进行匹配，从而使修复后的像素自然地融入整幅图像中。

Example 实例　**运用【修补工具】修补图像折痕**

素材	光盘\素材\第 11 章\夏日饮料.jpg
效果	光盘\效果\第 11 章\修补图像折痕.psd
视频	光盘\视频\第 11 章\实例 092.mp4

操 作 步 骤

步骤 ❶ 选择工具箱中的【修补工具】，其属性栏如图 11-28 所示。

图 11-28　修复画笔工具属性栏

- 　　：与选框工具一样，通过这些按钮可以对绘制的选区进行加选、减选或交叉等操作。
- 【修补】选项：选择【源】单选按钮，在修补选区内显示原位置的图像；选择【目标】单选按钮，修补区域的图像被移动后，将使用选择区域内的图像进行覆盖。
- 【透明】复选框：选择该复选框可以设置应用透明的图案。
- 【使用图案】选项：此项只有在图像中建立了选区后才能被激活。在选区中应用图案样式后，可以保留图像原来的质感。

步骤 ❷ 打开素材图像【夏日饮料.jpg】，通过观察可以发现在图像左侧有明显的折痕，下面将使用修补工具对该折痕做修复，如图 11-29 所示。

步骤 ❸ 选择【修补工具】，按住鼠标左键在图像最左侧较短的折痕图像周围绘制选区，如图 11-30 所示。

图 11-29　打开素材图像

图 11-30　绘制选区

步骤 ❹ 在属性栏中选择【源】单选项，然后将鼠标指针移动到选区内，按住鼠标左键并拖动至右侧相似的图像区域，如图 11-31 所示。

步骤 ❺ 释放鼠标左键，按【Ctrl+D】组合键取消选区，可以看到修复后的效果，如图 11-32 所示。

步骤 ❻ 使用【修补工具】再对较长的一条折痕上端进行框选，获取选区，如图 11-33 所示。

步骤 ❼ 在选区中按住鼠标左键向左侧相似的图像中拖动选区，如图 11-34 所示，松开鼠标左键后，即可得到修复的图像。

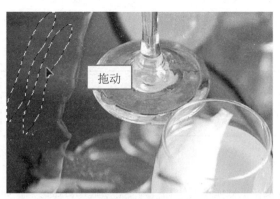

图 11-31 寻找相似图像

图 11-32 修复效果

图 11-33 选择其他图像

图 11-34 拖动进行修复

> **提示** 修补工具的使用方法和作用与修复画笔工具相似，最大的不同之处就是在使用修补工具之前必须要建立选区，然后在选区范围内修补图像。

步骤 8 继续选择其他折痕图像，向左侧相似的图像中拖动，让周围图像覆盖选区内的图像，效果如图 11-35 所示。

步骤 9 对于一些修补得不够完整的图像，可以选择修复工具对其做进一步的修复，效果如图 11-36 所示，完成本实例的操作。

图 11-35 继续修补图像

图 11-36 完成效果

Example 实例 运用【红眼工具】去除人物红眼

Example 实例 运用【红眼工具】去除人物红眼

素材	光盘\素材\第 11 章\小女孩.jpg
效果	光盘\效果\第 11 章\去除人物红眼.psd
视频	光盘\视频\第 11 章\实例 093.mp4

操 作 步 骤

步骤 ① 打开素材图像【小女孩.jpg】，可以看到在小女孩的眼睛中有由相机闪光灯引起的红眼斑点，如图 11-37 所示。

步骤 ② 选择【红眼工具】 ，在工具属性栏中设置【瞳孔大小】为 50%、【变暗量】为 50%，如图 11-38 所示。

用于设置瞳孔的大小　用于设置瞳孔的暗度

图 11-37 打开素材图像　　　　　　　　图 11-38 红眼工具属性栏

步骤 ③ 使用红眼工具在左侧红眼图像中单击，即可将红眼现象消除，得到黑眼睛效果，如图 11-39 所示。

步骤 ④ 使用同样的方法修复另一个红眼，单击右侧的红眼图像，得到黑眼睛效果，如图 11-40 所示，完成本实例的操作。

单击

图 11-39 在左眼图像处单击修复　　　　　图 11-40 完成效果

11.3 修饰图像

对于一些颜色有些问题的图片，用户可以使用减淡工具、加深工具和海绵工具对图像做局部处理，让图像色彩更加真实、漂亮。

Example (实例) 运用【减淡工具】减淡色彩

素材	光盘\素材\第 11 章\大树.jpg
效果	光盘\效果\第 11 章\提亮图像层次.psd
视频	光盘\视频\第 11 章\实例 094.mp4

操 作 步 骤

步骤 ❶ 选择工具箱中的【减淡工具】 🔍，其工具属性栏如图 11-41 所示。

图 11-41 减淡工具属性栏

● 【范围】选项：用于设置图像颜色提高亮度的范围，其下拉列表框中有 3 个选项。【中间调】表示更改图像中颜色呈灰色显示的区域；【阴影】表示更改图像中颜色显示较暗区域；【高光】表示只对图像颜色显示较亮区域进行更改。

● 【曝光度】选项：用于设置应用画笔时的力度。

● 【保护色调】复选框：选择该复选框可以保护所调整图像范围的颜色。

步骤 ❷ 打开素材图像【大树.jpg】，可以看到图像中颜色整体较暗，下面将使用减淡工具增加图像中局部位置的亮度，使画面更加有层次感，如图 11-42 所示。

步骤 ❸ 选择【减淡工具】 🔍，在属性栏中设置画笔大小为 250 像素，【范围】为【高光】，【曝光度】为 50，对天空中较亮的图像进行涂抹，如图 11-43 所示。

图 11-42 打开素材图像

图 11-43 涂抹天空图像

步骤 ❹ 再设置【范围】为【阴影】，对水面图像进行涂抹，增加该部分图像的亮度，如图 11-44 所示。

步骤 ❺ 再设置【范围】为【中间调】，对大树图像进行涂抹，增加该部分图像的亮度，如图 11-45 所示，完成本实例的操作。

提示 使用减淡工具 🔍 可以提高图像中色彩的亮度，常用来增加图像的亮度。它主要是根据照片特定区域曝光度的传统摄影技术原理来使图像变亮。

图 11-44 涂抹水面图像

图 11-45 涂抹大树图像

Example （实例） 运用【加深工具】制作阴影

素材	光盘\素材\第 11 章\手提袋.psd
效果	光盘\效果\第 11 章\制作阴影图像.psd
视频	光盘\视频\第 11 章\实例 095.mp4

操 作 步 骤

步骤 ① 打开素材图像【手提袋.psd】，如图 11-46 所示。下面将使用加深工具为手提袋左侧面添加阴影效果。可以在【图层】面板中看到手提袋和背景分别为两个图层，如图 11-47 所示。

图 11-46 打开素材图像

图 11-47 【图层】面板

步骤 ② 在【图层】面板中选择图层 1，然后选择【多边形套索工具】，在手提袋左侧图像中绘制出一个四边形选区，效果如图 11-48 所示。

步骤 ③ 选择【加深工具】 ，在属性栏中设置画笔大小为 200 像素，【范围】为【中间调】、【曝光度】为 100%，对选区中的图像进行涂抹，加深图像颜色，效果如图 11-49 所示。

> 提
> 示
> 加深工具 的作用与减淡工具相反，主要是通过降低图像的曝光度来降低图像的亮度。

步骤 ④ 在属性栏中设置【范围】为【高光】，对选区中的图像进行涂抹，然后按【Ctrl+D】组合键取消选区，得到侧面图的阴影效果，如图 11-50 所示。

图 11-48　绘制选区

图 11-49　加深选区中的图像

步骤 5　选择【多边形套索工具】在手提袋侧面下方绘制一个三角形选区，填充为土黄色（R:120、G:93、B:48），如图 11-51 所示。

图 11-50　侧面图像加深效果

图 11-51　绘制三角形图像

步骤 6　选择【加深工具】，在属性栏中设置【范围】为【中间调】，对选区中的图像右侧做涂抹，得到加深图像效果，如图 11-52 所示。

步骤 7　选择背景图层，选择【多边形套索工具】，在属性栏中设置【羽化】为 3 像素，在手提袋图像底部绘制一个不规则选区，如图 11-53 所示。

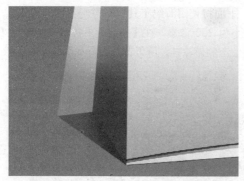

图 11-52　加深图像效果

图 11-53　绘制选区

步骤 8　选择【加深工具】在选区中进行涂抹，得到手提袋的投影效果。在涂抹的过程中应注意投影的深浅关系，如图 11-54 所示。

步骤 9　选择【多边形套索工具】在手提袋侧面图像底部绘制一条细长的矩形选区，然后使用【加深工具】对其进行涂抹，得到更加真实的阴影效果，如图 11-55 所示。

图 11-54　投影效果

图 11-55　完成效果

Example 实例　运用【海绵工具】降低图像饱和度

素材	光盘\素材\第 11 章\水果.jpg
效果	光盘\效果\第 11 章\制作半彩色图像.psd
视频	光盘\视频\第 11 章\实例 096.mp4

操 作 步 骤

步骤 ❶ 选择工具箱中的【海绵工具】 ，该工具的属性栏如图 11-56 所示。

图 11-56　海绵工具属性栏

● 【模式】选项：用于设置是否增加或降低饱和度。在其下拉列表中选择【降低饱和度】时，表示降低图像中色彩饱和度，选择【饱和】时，表示增加图像的色彩饱和度。

● 【流量】文本框：在此文本框中可以直接输入流量值，也可以单击右侧的下三角按钮，拖动打开的三角滑块。该值设定的是工具涂抹压力值，压力值越大，饱和度改变的效果越明显。

步骤 ❷ 打开素材图像【水果.psd】，如图 11-57 所示。下面将使用海绵工具对图像制作特殊效果。

步骤 ❸ 选择【海绵工具】 ，在属性栏中设置画笔大小为 300 像素，在【模式】下拉列表中选择【降低饱和度】选项，再设置【流量】为 100%，在图像左侧做涂抹，降低饱和度，如图 11-58 所示。

图 11-57　打开素材图像

图 11-58　涂抹图像

步骤 ❹ 再在【模式】下拉列表中选择【饱和度】选项，设置【流量】为 30%，在图像右侧做涂抹，增加图像饱和度，如图 11-59 所示，得到具有强烈对比的半彩色图像效果。

图 11-59　增加图像饱和度

11.4　复制图像

在 Photoshop 中，复制图像可以制作出多种特殊效果，下面主要介绍运用仿制图章工具组中的工具复制图像。

Example 实例　运用【仿制图章工具】仿制图像

素材	光盘\素材\第 11 章\卡通背景.jpg、可爱女孩 1.jpg、可爱女孩 2.jpg
效果	光盘\效果\第 11 章\制作双胞胎.psd
视频	光盘\视频\第 11 章\实例 097.mp4

操 作 步 骤

步骤 ① 选择工具箱中的【仿制图章工具】，其属性栏如图 11-60 所示。

图 11-60　仿制图章工具属性栏

- 【对齐】复选框：选择该复选框可以使复制生成的图像具有连续性。
- 【样本】选项：在其下拉列表中可以选择复制生成的图像是否应用到所有可见图层中。

步骤 ② 打开素材图像【卡通背景.jpg】、【可爱女孩 1.jpg】和【可爱女孩 2.jpg】，如图 11-61 所示。

图 11-61　打开素材图像

步骤 **3** 选择【可爱女孩 1】图像为当前操作的图像，选择【仿制图章工具】，按住【Alt】键在小女孩的脸部图像中单击，得到取样的图像，如图 11-62 所示。

步骤 **4** 切换到【卡通背景】图像文件中，在属性栏中设置画笔大小为 150 像素，不透明度为 85%，然后在卡通图像中选定一个位置，按住鼠标左键并拖动，复制出取样的小女孩图像，如图 11-63 所示。

图 11-62 取样图像

图 11-63 复制图像

步骤 **5** 选择【可爱女孩 2】图像，选择【仿制图章工具】，按住【Alt】单击小女孩图像，得到新的取样图像，如图 11-64 所示。

步骤 **6** 切换到【卡通背景】图像中，在蓝天图像右侧按住鼠标左键单击并拖动，复制取样得到的图像，如图 11-65 所示。

图 11-64 取样图像

图 11-65 完成效果

Example 实例 运用【图案图章工具】绘制连续图案

素材	光盘\素材\第 11 章\草帽.jpg
效果	光盘\效果\第 11 章\制作背景图案.psd
视频	光盘\视频\第 11 章\实例 098.mp4

操 作 步 骤

步骤 **1** 打开素材图像【草帽.jpg】，如图 11-66 所示。下面将使用图案图章工具绘制出特殊图案背景。

步骤 **2** 选择【魔棒工具】，在属性栏中设置【容差】为 10 像素，单击图像中的白色背景，获取背景选区，如图 11-67 所示。

图 11-66　打开素材图像

图 11-67　选择图案

步骤 ③ 选择工具箱中的【图案图章工具】，单击工具属性栏中的下拉列表框，在弹出的【图案】面板中选择一种填充图案，如选择【编织】图案，如图 11-68 所示。

步骤 ④ 设置画笔大小为 150 像素，在选区中按住鼠标左键进行拖动涂抹，绘制出编织图案，效果如图 11-69 所示。

图 11-68　选择图案

图 11-69　选择图案

步骤 ⑤ 选择【图像】|【调整】|【色相/饱和度】命令，打开【色相/饱和度】对话框，选择【着色】复选框，然后设置【色相】为 127、【饱和度】为 51，如图 11-70 所示。

步骤 ⑥ 单击【确定】按钮，得到添加颜色后的效果，如图 11-71 所示。

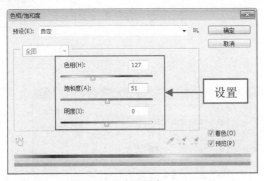

图 11-70　选择图案

图 11-71　选择图案

提示 使用【图案图章工具】可以将 Photoshop 中自带的图案或自定义的图案填充到图像中，就相当于使用画笔工具绘制图案一样。

特效提高篇

第 12 章　图层高级应用

图层的高级应用主要是指调整图层和图层样式的运用，使用调整图层可以无损调整图像的色调、饱和度、对比度等，而使用图层样式可以为图像设计特殊图像效果。

本章学习要点

- ■ 调整图层的应用
- ■ 为图层添加图层样式
- ■ 管理图层的样式

12.1　调整图层的应用

调整图层类似于图层蒙版，它由调整缩略图和图层蒙版缩略图组成。调整缩略图由于创建调整图层时选择的色调或色彩命令不一样而显示出不同的图像效果；图层蒙版随调整图层的创建而创建，默认情况下填充为白色，即表示调整图层对图像中的所有区域起作用；调整图层名称会随着创建调整图层时选择的调整命令来显示，例如当创建的调整图层是用来调整图像的色彩平衡时，则名称为【色彩平衡】。

Example 实例　运用新建功能创建调整图层

视频	光盘\视频\第 12 章\实例 099.mp4

操作步骤

步骤 1 打开需要调整的素材图像，选择【图层】|【新建调整图层】命令，这时将打开对应的子菜单，其中包括了所有调整图层命令，如图 12-1 所示。

步骤 2 选择所需的调整命令，如选择【曝光度】命令，这时将自动弹出一个【新建图层】对话框，如图 12-2 所示。

图 12-1　菜单命令

图 12-2　【新建图层】对话框

步骤 3 默认各项设置后，单击【确定】按钮，将自动打开【属性】面板，在其中可以设置曝光度各选项参数，如图 12-3 所示。

步骤 4 这时【图层】面板中将自动生成一个调整图层，如图 12-4 所示，得到创建的调整图层。

> **提示**　在【图层】面板中，调整图层左侧的图标为调整缩略图，双击该图标可以直接进入【属性】面板，对该命令进行重新调整；右侧的图标则是图层蒙版缩略图，双击该图标可以进入【属性】面板，对蒙版做编辑。

图 12-3　【属性】面板

图 12-4　生成的调整图层

步骤 5 用户还可以添加填充图层，选择【图层】|【新建填充图层】命令，在其子菜单中可以看到所有填充图层命令，如图 12-5 所示。

步骤 6 选择一个命令，如选择【渐变】命令，将弹出【新建图层】对话框，默认设置后单击【确定】按钮，即可打开【渐变填充】对话框，如图 12-6 所示，在其中可以设置各项参数。

步骤 7 单击【确定】按钮，【图层】面板中即可得到一个新建的填充图层，如图 12-7 所示。

图 12-5　菜单命令

图 12-6　【渐变填充】对话框

图 12-7　新建的填充图层

Example 实例　运用【属性】面板编辑调整图层

素材	光盘\素材\第 12 章\水波.jpg
效果	光盘\效果\第 12 章\编辑调整图层.psd
视频	光盘\视频\第 12 章\实例 100.mp4

操作步骤

步骤 1 打开素材图像【水波.jpg】，如图 12-8 所示。下面将通过调整图层来调整图像亮度和饱和度。

步骤 2 选择【图层】|【新建调整图层】|【色阶】命令，在弹出的【新建图层】对话框中单击【确定】按钮，进入【属性】面板。拖动【属性】面板中色阶直方图下方的三角形滑块，为图像增加亮度和对比度，如图 12-9 所示。

> **提示**　使用调整图层可以在不损坏原图像的情况下，增加一个透明遮罩图层。在该图层中可仅对图像色彩、亮度、对比度做出调整。

步骤 3 调整后的图像效果如图 12-10 所示，而【图层】面板中将自动生成色阶调整图层。

步骤 4 单击【图层】面板底部的【创建新的填充或调整图层】按钮 ⊘，在弹出的快捷菜单中也可以选择调整命令，这里选择【色相/饱和度】命令，如图 12-11 所示。

图 12-8　打开素材图像

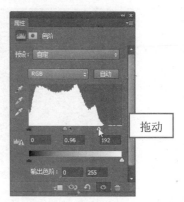

图 12-9　调整色阶

图 12-10　图像效果

图 12-11　选择调整命令

步骤 ⑤ 在【属性】面板中设置【色相】为-7、【饱和度】为 33、【明度】为 0，如图 12-12 所示。调整后得到的图像效果如图 12-13 所示。

图 12-12　调整色相参数

图 12-13　调整后的图像

步骤 ⑥ 选择【矩形选框工具】，在图像中绘制一个矩形选区，然后按【Shift+Ctrl+I】组合键反向选区，如图 12-14 所示。

步骤 ⑦ 选择【图层】|【新建填充图层】|【渐变】命令，在打开的【新建图层】对话框中单击【确定】按钮，进入【渐变填充】对话框。单击该对话框中的渐变色条，设置颜色从白色到绿色（R:59、G:225、B:153），如图 12-15 所示。

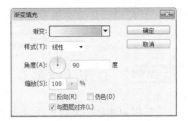

图 12-14　反向选区　　　　　　　　　　　　　　　图 12-15　设置渐变填充

提示　在创建调整图层时，在弹出的【新建图层】对话框中如果选择【使用前图层创建剪贴蒙版】复选框，那么调整图层中的效果时只对其下面一层图层起作用，否则将对其下面所有的图层起作用。

步骤 8　单击【确定】按钮，得到一个填充图层，图像效果如图 12-16 所示。

步骤 9　在【图层】面板中选择图层蒙版缩略图，然后在【属性】面板中设置羽化参数为 62 像素，如图 12-17 所示。

图 12-16　渐变填充效果　　　　　　　　　　　　图 12-17　设置图层蒙版

步骤 10　这时将得到边框羽化的效果，如图 12-18 所示，完成本实例的操作。

图 12-18　最终效果

12.2　为图层添加图层样式

在 Photoshop CS6 中用户可以为图层添加样式，使图像呈现出不同的艺术效果。Photoshop CS6 内置了 10 多种图层样式，使用时只须简单设置几个参数就可以轻易地制作出投影、外发光、内发光、浮雕、描边等效果。

Example 实例　运用【投影】与【内阴影】样式制作投影效果

投影样式用于模拟物体受光后产生的投影效果，主要用来增加图像的层次感。投影样式生成的投影效果沿图像边缘向外扩展；而内阴影样式是沿图像边缘向内产生投影效果，刚好与投影样式产生的效果方向相反。二者的参数控制区大致相同。

1. 使用【投影】样式

素材	光盘\素材\第 12 章\圣诞节背景.jpg
效果	光盘\效果\第 12 章\制作阴影文字.psd
视频	光盘\视频\第 12 章\实例 101（A）.mp4

操 作 步 骤

步骤 ① 打开素材图像【圣诞节背景.jpg】，如图 12-19 所示。

步骤 ② 选择【横排文字工具】在其中输入文字，并在属性栏中设置字体为迷你简雪峰，再适当调整文字大小，放到白色图像中，如图 12-20 所示。

图 12-19　打开素材图像

图 12-20　输入文字

步骤 ③ 选择【图层】|【图层样式】|【投影】命令，打开【图层样式】对话框，设置投影为黑色，其他参数如图 12-21 所示。选择【预览】复选框，可以预览到文字的投影效果，如图 12-22 所示。

● 【混合模式】选项：用来设置投影图像与原图像间的混合模式。单击后面的 按钮，可在弹出的菜单中选择不同的混合模式。通常默认模式产生的效果最理想。其右侧的颜色块用来控制投影的颜色，单击它可在打开的【拾色器（投影颜色）】对话框中设置另一种颜色。系统默认为黑色。

● 【不透明度】选项：用来设置投影的不透明度，可以拖动滑块也可以直接输入数值进行设置。

● 【角度】选项：用来设置光照的方向，投影在该方向的对面出现。

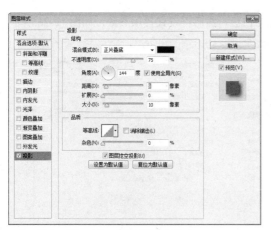

图 12-21　设置投影参数

图 12-22　文字效果

- 【使用全局光】复选框：选中该复选框，图像中所有图层将使用相同光线照入角度。
- 【距离】选项：设置投影与原图像间的距离，值越大，距离越远。
- 【扩展】选项：用于设置投影的扩散程度，值越大扩散越多。
- 【大小】选项：用于调整阴影模糊的程度，值越大越模糊。
- 【等高线】选项：用来设置投影的轮廓形状。
- 【消除锯齿】复选框：用来消除投影边缘的锯齿。
- 【杂色】选项：用于设置是否使用噪声点来对投影进行填充。

步骤 4 单击【等高线】右侧的下三角形按钮，在弹出的面板中有默认的等高线设置，选择其中一种样式，如【环形-双】，如图 12-23 所示，单击【确定】按钮，将得到特殊投影效果，如图 12-24 所示。

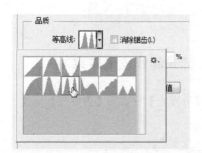

图 12-23　选择等高线颜色

图 12-24　特殊投影效果

2. 使用【内阴影】样式

效果	光盘\效果\第 12 章\制作阴影文字.psd
视频	光盘\视频\第 12 章\实例 101（B）.mp4

步骤 1 继续使用上一小节制作的圣诞节文字图像，单击【图层】面板底部的 *fx.* 按钮，在弹出的快捷菜单中选择【内阴影】命令，如图 12-25 所示。

步骤 2 打开【图层样式】对话框，设置内阴影颜色为白色，然后再设置各项参数，如图 12-26 所示。

图 12-25　选择命令

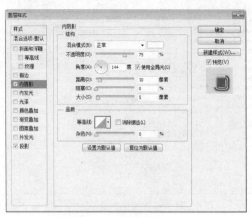

图 12-26　设置内阴影样式

步骤 3 单击【确定】按钮，此时白色内阴影沿文字边缘向内产生，效果如图 12-27 所示。

图 12-27　内阴影效果

Example 实例 运用【外发光】与【内发光】样式制作发光效果

Photoshop CS6 图层样式为用户提供了两种光照样式，即【外发光】样式和【内发光】样式。

1. 使用【外发光】样式

素材	光盘\素材\第 12 章\炫彩背景.jpg
效果	光盘\效果\第 12 章\制作外发光效果.psd
视频	光盘\视频\第 12 章\实例 102.mp4

操 作 步 骤

步骤 1 打开素材图像【炫彩背景.jpg】，如图 12-28 所示。单击【图层】面板底部的【创建新图层】按钮，新建图层 1，如图 12-29 所示。

步骤 2 选择【椭圆选框工具】在图像中绘制一个椭圆形选区，填充为白色，如图 12-30 所示。然后在【图层】面板中设置图层 1 的【填充】为 0%，如图 12-31 所示。

图 12-28　打开素材图像

图 12-29　新建图层

图 12-30　绘制椭圆形

图 12-31　设置图层属性

步骤 ③ 选择【图层】|【图层样式】|【外发光】命令，打开【图层样式】对话框，单击⊙□ 色块，设置外发光颜色为白色，然后再设置外发光其他各选项参数，如图 12-32 所示。选择【预览】复选框以便预览到图像的外发光效果，如图 12-33 所示。

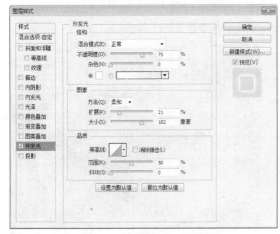

图 12-32　【外发光】对话框

图 12-33　图像外发光效果

● ⊙□：选中该单选按钮，单击颜色图标，将打开【拾色器（外发光颜色）】对话框，可在其中选择一种颜色。

- ：选中该单选按钮，单击渐变条，可以在打开的对话框中自定义渐变色或在下拉列表中选择一种渐变色作为发光色。
  - 【方法】选项：用于设置对外发光效果应用的柔和技术，可供选择的有【柔合】和【精确】选项。
  - 【范围】选项：用于设置图像外发光的轮廓范围。
  - 【抖动】选项：用于改变渐变的颜色和不透明度的应用。

步骤 ④ 在【外发光】样式中同样可以设置【等高线】选项。单击【等高线】缩略图，打开【等高线编辑器】对话框编辑曲线，如图 12-34 所示。

步骤 ⑤ 单击【确定】按钮，得到编辑等高线后的图像外发光效果如图 12-35 所示。

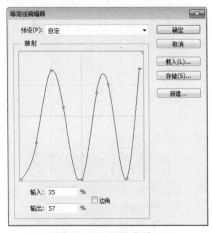

图 12-34　调整曲线

图 12-35　编辑等高线后的图像效果

> **提示**　在【图层样式】对话框中，很多图层样式选项都可以设置等高线效果，用户可以根据需要调整不同的设置，得到各项特殊图像效果。

2. 使用【内发光】样式

　　【内发光】样式与【外发光】样式刚好相反，是指在图层内容的边缘以内添加发光效果。【内发光】样式的设置方法和选项与【外发光】样式相同。打开【图层样式】对话框，设置内发光颜色为白色，再设置其他参数，如图 12-36 所示。单击【确定】按钮，得到的图像内发光效果如图 12-37 所示。

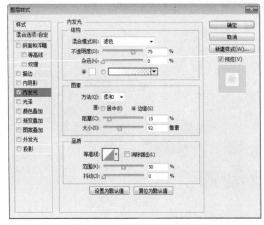

图 14-36　设置内发光参数

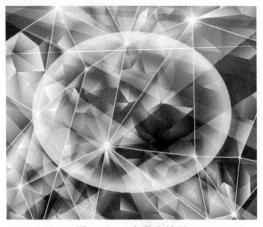

图 14-37　内发光效果

运用【斜面和浮雕样式】制作浮雕效果

素材	光盘\素材\第 12 章\钢板背景.jpg
效果	光盘\效果\第 12 章\制作浮雕效果.psd
视频	光盘\视频\第 12 章\实例 103.mp4

操 作 步 骤

步骤 ① 打开素材图像【钢板背景.jpg】，选择【横排文字工具】 T 在图像中输入文字，并在属性栏中设置字体为方正琥珀简体，如图 12-38 所示。

步骤 ② 选择【编辑】|【变换】|【自由变换】命令，文字周围将出现变换框，将鼠标指针移动到变换框外侧，按住鼠标左键并向左拖动，旋转文字，如图 12-39 所示，在变换框内双击鼠标左键，完成变换。

图 12-38　输入文字

图 12-39　旋转文字

步骤 ③ 选择【图层】|【图层样式】|【斜面和浮雕】命令，打开【图层样式】对话框，在【样式】下拉列表中选择【枕状浮雕】、在方法下拉列表中选择【方法】为【雕刻清晰】，再设置其他各选项参数，如图 12-40 所示。

步骤 ④ 单击【光泽等高线】右侧的下三角形按钮，在弹出的面板选择【高斯】样式，如图 12-41 所示。

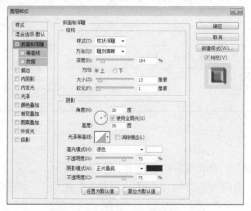

图 12-40　【图层样式】对话框

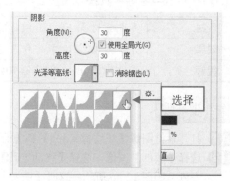

图 12-41　选择等高线样式

● 　【样式】选项：在该选项的下拉列表中可以选择斜面和浮雕的样式。选择【外斜面】选项可以使图像的边缘外侧呈斜面浮雕状的效果；选择【内斜面】选项可在图像的内边缘创建斜面浮雕的效果；选择【浮雕效果】选项可以让图像产生一种凸出于平面的效果；选择【枕状浮雕】选项可产生一种凹陷于图像内部的效果；【描边浮雕】选项可将浮雕效果仅应用于图像的边界。

- 【方法】选项：用于设置斜面和浮雕的雕刻方式。其中【平滑】选项可产生一种平滑的浮雕效果；【雕刻清晰】选项可产生一种硬的雕刻效果，【雕刻柔和】选项可产生一种柔和的雕刻效果。
- 【深度】选项：用于设置斜面和浮雕的效果深浅程度，值越大，浮雕效果越明显。
- 【方向】选项：选择⊙上单选按钮，表示高光区在上，阴影区在下；选择⊙下单选按钮，表示高光区在下，阴影区在上。
- 【高度】选项：用于设置光源的高度。
- 【高光模式】选项：用于设置高光区域的混合模式。单击右侧的颜色块可设置高光区域的颜色，【不透明度】用于设置高光区域的不透明度。
- 【阴影模式】选项：用于设置阴影区域的混合模式。单击其右侧的颜色块可设置阴影区域的颜色，下侧的【不透明度】数值框用于设置阴影区域的不透明度。

步骤 5 单击【确定】按钮，得到文字浮雕效果，如图 12-42 所示。在【图层】面板中选择文字图层，并设置【填充】参数为 0%，得到透明浮雕文字效果，如图 12-43 所示。

图 12-42　浮雕效果　　　　　　　　　　　　　　图 12-43　完成效果

Example **实例**　运用【颜色叠加】与【渐变叠加】样式制作人物剪影

Photoshop CS6 图层样式为用户提供了两种光照样式，即【外发光】样式和【内发光】样式。

1. 使用【颜色叠加】样式

素材	光盘\素材\第 12 章\花纹背景.jpg、面部.psd
效果	光盘\效果\第 12 章\制作人物剪影效果.psd
视频	光盘\视频\第 12 章\实例 104.mp4

操 作 步 骤

步骤 1 打开素材图像【花纹背景.jpg】和【面部 psd】，如图 12-44 所示和图 12-45 所示。

步骤 2 选择【面部】图像，选择【移动工具】将人物图像直接拖曳到【花纹背景】图像中，放到图像的左侧，如图 12-46 所示。这时【图层】面板中将自动生成图层 1，如图 12-47 所示。

步骤 3 选择【图层】|【图层样式】|【颜色叠加】命令，打开【图层样式】对话框，设置叠加的颜色为黑色，再设置其他各选项参数，如图 12-48 所示。

步骤 4 单击【确定】按钮，得到黑色叠加人物图像效果，如图 12-49 所示，

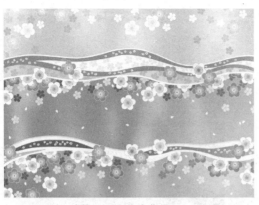

图 12-44　花纹背景

图 12-45　面部图像

图 12-46　添加图像

图 12-47　生成图层 1

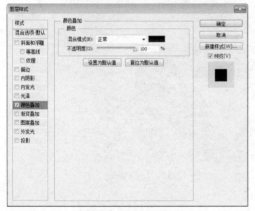

图 12-48　设置颜色叠加

图 12-49　颜色叠加效果

步骤 ⑤ 在【图层】面板中设置图层 1 的【不透明度】为 46%，如图 12-50 所示，得到透明图像效果，如图 12-51 所示。

步骤 ⑥ 按【Ctrl+J】组合键复制一次图层 1，得到图层 1 副本。调整该图层的不透明度为 40%，然后使用移动工具适当向左侧移动图像，得到重影效果，如图 12-52 所示。

步骤 ⑦ 再次复制图层 1，得到图层 1 副本 2。设置该图层的不透明度为 26%，如图 12-53 所示。然后将第 2 次复制得到的图像向左侧适当移动，得到如图 12-5 所示的效果，完成人物剪影的制作。

2. 使用【渐变叠加】样式

颜色叠加样式就是使用一种渐变颜色覆盖在图像表面，如同使用渐变工具填充图像或选区一样，其参数设置控制区如图 12-54 所示。图 12-55 所示为使用色谱样式填充人物所在图层后的效果。

图 12-50　设置图层不透明度

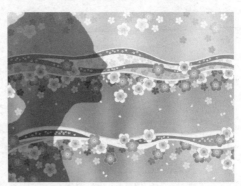

图 12-51　图像透明效果

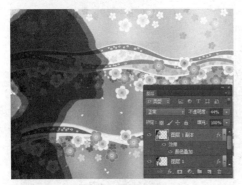

图 12-52　复制图像

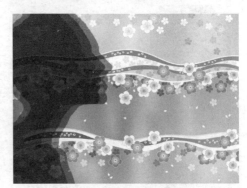

图 12-53　完成效果

图 12-54　设置渐变叠加样式

图 12-55　图像效果

Example　实例　运用【图案叠加】样式制作图案效果

素材	光盘\素材\第 12 章\花朵.jpg
效果	光盘\效果\第 12 章\制作图案叠加效果.psd
视频	光盘\视频\第 12 章\实例 105.mp4

步骤① 打开素材图像【花朵.jpg】，选择【横排文字工具】 T.在图像中输入文字，并在属性栏中设置字体为方正琥珀简体，颜色为白色，如图 12-56 所示。

步骤 ② 选择【图像】|【图层样式】|【图案叠加】命令，打开【图层样式】对话框，设置各选项参数，如图 12-57 所示。

图 12-56 输入文字

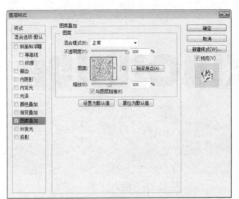

图 12-57 【图层样式】对话框

步骤 ③ 单击【图案】右侧的图标，打开相应的面板，在其中选择一种图案样式，如选择黑色大理石样式，如图 12-58 所示。

步骤 ④ 单击【确定】按钮，得到图案叠加的文字效果，如图 12-59 所示。

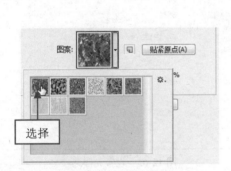

图 12-58 设置图案样式

图 12-59 图案叠加效果

Example 实例 运用【光泽】与【描边】样式制作特效文字

素材	光盘\素材\第 12 章\小菊花.psd
效果	光盘\效果\第 12 章\制作特效文字.psd
视频	光盘\视频\第 12 章\实例 106.mp4

操 作 步 骤

步骤 ① 打开素材图像【小菊花.psd】，选择【横排文字工具】 在图像中输入文字，并在属性栏中设置字体为 Bauhaus 93，颜色为黑色，如图 12-60 所示。

步骤 ② 选择【图像】|【图层样式】|【渐变叠加】命令，打开【图层样式】对话框，设置【混合模式】为【正常】、不透明度为 100、【角度】和【缩放】为 90，如图 12-61 所示。

步骤 ③ 单击渐变色条，打开【渐变编辑器】对话框，设置颜色从绿色（R:13、G:239、B:50）到紫色（R:221、G:0、B:140）渐变，如图 12-62 所示。

步骤 ④ 单击【确定】按钮，回到【图层样式】对话框中，选择【光泽】选项，单击【混合模式】右侧的色块，设置光泽颜色为白色，再设置其他选项参数，如图 12-63 所示。

图 12-60　输入文字

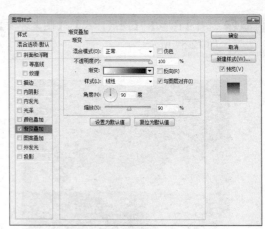

图 12-61　【图层样式】对话框

图 12-62　设置渐变颜色

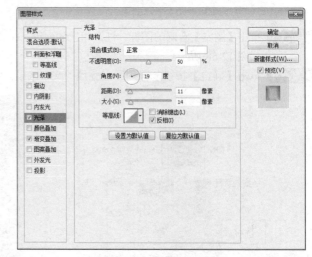

图 12-63　设置光泽选项

步骤 ⑤　单击【等高线】图标右侧的下三角形按钮，在弹出的面板中选择一种样式，如选择【环形-双】，如图 12-64 所示，选择【预览】复选框，得到光泽图像效果，如图 12-65 所示。

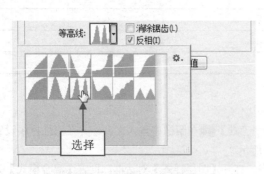

图 12-64　选择等高线样式

图 12-65　图像效果

提
示　光泽样式通常用于制作光滑的磨光或金属效果。

步骤 6 选择【图层样式】对话框左侧的【描边】选项，设置描边【大小】为 3，【位置】为【外部】，如图 12-66 所示。

步骤 7 单击【填充类型】右侧的下三角形按钮，在弹出的下拉列表中选择【渐变】选项，然后设置渐变颜色为【铜色渐变】、【样式】为【线性】、角度为 90°，如图 12-67 所示。

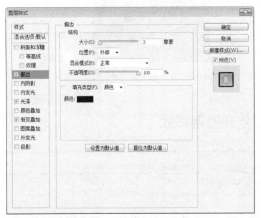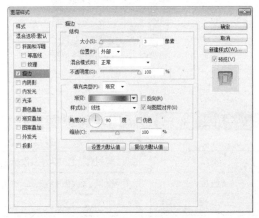

图 12-66　设置描边选项　　　　　　　　　图 12-67　设置描边样式

步骤 8 单击【确定】按钮，得到图像描边效果，如图 12-68 所示。

图 12-68　文字描边效果

12.3　管理图层样式

在 Photoshop 中，为图像添加了图层样式后，用户可以对图层样式进行查看，对于已经存在的已添加的图层样式可以再次进行编辑，也可以清除不需要的已有图层样式。

Example 实例　展开和折叠图层样式

当用户在图像中应用了图层样式后，可以通过【图层】面板将图层样式进行展开和折叠，以方便用户对图层样式的管理。

当图层样式较多时，会增加【图层】面板的长度，用户可以采取折叠图层样式的方法来缩短【图层】面板。在【图层】面板中单击图层名称右侧的 按钮可以展开图层样式，如图 12-69 所示。在其中能查看当前图层应用了哪些图层样式。再次单击 按钮即可折叠图层样式，如图 12-70 所示。

图 12-69　展开图层样式　　　　　　　　图 12-70　折叠图层样式

Example 实例 **运用【拷贝图层样式】命令复制图层样式**

素材	光盘\素材\第 12 章\按钮.psd
效果	光盘\效果\第 12 章\添加按钮上的特殊文字.psd
视频	光盘\视频\第 12 章\实例 107.mp4

操 作 步 骤

步骤 ❶ 打开素材图像【按钮.psd】，可以看到其中的文字和按钮都是有图层样式效果的，如图 12-71 所示。

步骤 ❷ 单击文字图层右侧的█按钮，展开图层样式，如图 12-72 所示，可以看到该图层样式。

图 12-71　打开素材图像　　　　　　　　图 12-72　展开图层样式

步骤 ❸ 选择【横排文字工具】，在按钮图像下方输入一行英文文字，在属性栏中设置字体为 Bauhaus 93，大小为 80 点，如图 12-73 所示。这时将新生成一个文字图层，如图 12-74 所示。

图 12-73　输入文字　　　　　　　　　图 12-74　生成的文字图层

步骤 ❹ 选择原有文字图层，在该图层中单击鼠标右键，在弹出的菜单中选择【拷贝图层样式】命令，如图 12-75 所示。

步骤 ❺ 选择新输入的文字图层，在该图层中单击鼠标右键，在弹出的菜单中选择【粘贴图层样式】命令，如图 12-76 所示。

图 12-75　输入文字

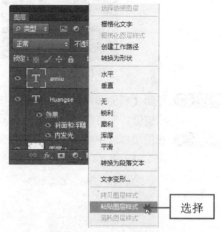

图 12-76　生成的文字图层

步骤 ❻ 这时可以看到新建的文字图层将显示图层样式，如图 12-77 所示，得到的文字效果如图 12-78 所示。

图 12-77　显示图层样式

图 12-78　文字效果

提示　用户也可以按住【Alt】键，然后拖动效果图层到普通图层中，即可得到复制的图层样式效果。但原有图层中的【不透明度】和【填充】参数将不被复制。

Example 【实例】　运用【清除图层样式】命令删除图层样式

视频	光盘\视频\第 12 章\实例 108.mp4

操 作 步 骤

步骤 ❶ 继续使用上一小节中的案例。在【图层】面板中选择图层 1，确认该图层为当前编辑层，如图 12-79 所示。

步骤 ❷ 单击图层 1 右侧的按钮，展开图层样式，如图 12-80 所示，可以看到该图层的图层样式。

图 12-79 选择图层

图 12-80 展开图层样式

步骤 ③ 拖动【斜面和浮雕】样式到【图层】面板底部的【删除图层】按钮 🗑 上方，按钮凹陷后松开鼠标按键，即可将该图层样式删除，如图 12-81 所示。

步骤 ④ 在图层样式中单击鼠标右键，在弹出的菜单中取消已选择的图层样式，即可删除该图层样式，如图 12-82 所示。如选择【清除图层样式】命令，则能清除全部图层样式，如图 12-83 所示。

图 12-81 删除单一图层效果

图 12-82 选择命令

图 12-83 清除图层样式效果

> **提示** 用户还可以隐藏或显示图层样式。单击效果前的眼睛图标 👁，可将该图层的所有图层样式隐藏；单击单一图层样式前的眼睛图标，可以只隐藏该图层样式。选择【图层】|【图层样式】|【显示所有效果】命令，可以显示所有图层样式效果。

Example **实例** 运用【全局光】命令设置光源

素材	光盘\素材\第 12 章\水晶箭头.psd
视频	光盘\视频\第 12 章\实例 109.mp4

操 作 步 骤

步骤 ① 打开素材图像【水晶箭头.psd】，如图 12-84 所示，在【图层】面板中可以看到箭头图像的图层样式，如图 12-85 所示。

步骤 ② 选择【图层】|【图层样式】|【全局光】命令，打开【全局光】对话框，设置【角度】和【高度】参数，如图 12-86 所示。

步骤 ③ 单击【确定】按钮，得到调整全局光后的效果，如图 12-87 所示。

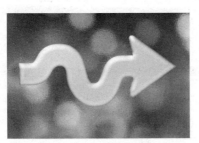

图 12-84　打开素材图像

图 12-85　【图层】面板

图 12-86　【全局光】对话框

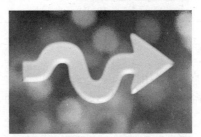

图 12-87　图像效果

提示　　使用【全局光】命令可以在图像上呈现一致的光源照明外观。对不同图层中的图像应用了图层样式后，在调整全局光图像时将一起做调整。

Example 实例　运用缩放图层样式

素材	光盘\素材\第 12 章\水晶箭头.psd
视频	光盘\视频\第 12 章\实例 110.mp4

操作步骤

步骤 ① 打开素材图像【水晶箭头.psd】图像文件，确认图层 1 为当前编辑图层，如图 12-88 所示。

步骤 ② 选择【图层】|【图层样式】|【缩放效果】命令，打开【缩放图层效果】对话框，可以直接在数值框中输入缩放参数，也可以单击【缩放】右侧的三角形按钮，在弹出的滑条上拖动三角形滑块调整缩放参数，如图 12-89 所示。

步骤 ③ 单击【确定】按钮，关闭对话框，得到调整缩放样式后的效果，如图 12-90 所示。

图 12-88　【图层】面板

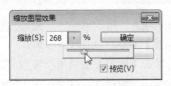

图 12-89　【缩放图层效果】对话框

图 12-90　图像效果

Example （实例） **运用【样式】面板**

素材	光盘\素材\第 12 章\图案.psd
视频	光盘\视频\第 12 章\实例 111.mp4

操作步骤

步骤 ① 打开素材图像【图案.psd】，选择图层 1，也就是图案所在图层，如图 12-91 所示。

步骤 ② 选择【窗口】|【样式】命令，打开【样式】面板，可以看到该面板中的各种预设样式，如图 12-92 所示。

图 12-91　打开素材图像

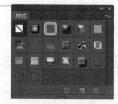

图 12-92　展开图层样式

步骤 ③ 单击【样式】面板右侧的下三角形按钮■，在弹出的菜单中可以设置缩略图显示方式，如选择【小列表】命令，如图 12-93 所示，得到的预设样式缩览图展示状态如图 12-94 所示。

图 12-93　选择命令

图 12-94　小列表缩览图

步骤 ④ 将预设样式恢复到小缩览图展示状态，再次单击下三角形按钮，在该菜单中可以选择其他图层样式预设命令，如选择【Web 样式】命令，如图 12-95 所示。

步骤 ⑤ 这时将弹出一个提示对话框，单击【确定】按钮可以将当前默认预设样式替换，单击【追加】按钮可以在当前默认预设样式中添加预设样式，效果如图 12-96 所示。

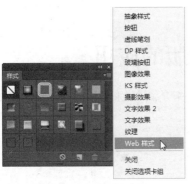

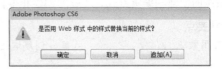

图 12-95　选择命令　　　　　　　　　　　　　　图 12-96　提示对话框

步骤 6 这里如果单击【确定】按钮，样式面板中将只显示该预设样式组中的各种样式，如图 12-97 所示。

步骤 7 单击其中一种样式，如【水银】样式，即可得到预设的图像效果，如图 12-98 所示。

图 12-97　Web 样式　　　　　　　　　　　图 12-98　图像效果

步骤 8 对图层样式进行了一定的修改后，可以选择【存储样式】命令，如图 12-99 所示，在打开的对话框中设置名称后单击【保存】按钮存储设置的样式。

步骤 9 选择【预设管理器】命令，打开【预设管理器】对话框，如图 12-100 所示，用户可以在这里对样式进行存储、载入、重命名等操作。

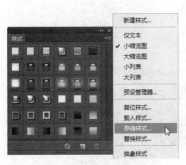

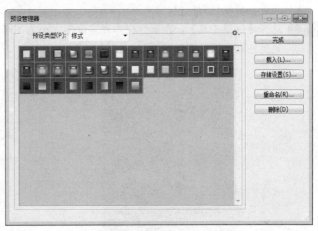

图 12-99　选择命令　　　　　　　　　　图 12-100　【预设样式】对话框

第 13 章　通道与蒙版的应用

通道和蒙版的应用是图像编辑中非常重要的功能。本章将详细介绍通道和蒙版的各种操作方法，主要包括几种蒙版的创建和编辑方式、通道的创建和编辑等。

本章学习要点

- ■　应用蒙版
- ■　创建通道
- ■　通道的操作

13.1　应用蒙版

蒙版可以控制显示或隐藏图像内容，使用蒙版可以将图层或图层组中的不同区域隐藏或显示。通过编辑蒙版可以对图层应用各种特殊效果，而不会实际影响该图层上的像素。

Example 实例　运用快速蒙版

快速蒙版是一个编辑选区的临时环境，它可以辅助用户快速创建出需要的选区。在快速蒙版模式下可以使用各种编辑工具或滤镜命令对蒙版进行编辑。

1.　创建快速蒙版

素材	光盘\素材\第 13 章\海螺.jpg
视频	光盘\视频\第 13 章\实例 112（A）.mp4

操 作 步 骤

步骤 1 打开素材图像【海螺.jpg】，如图 13-1 所示。下面将在图像中应用快速蒙版。

步骤 2 单击工具箱底部的【以快速蒙版模式编辑】按钮，进入快速蒙版编辑状态，并确认前景色为黑色、背景色为白色。

步骤 3 选择【画笔工具】，在属性栏中设置画笔大小为 100 像素，对画面中的海螺图像进行涂抹，涂抹之处被红色透明图像所覆盖，如图 13-2 所示。

图 13-1　打开素材图像　　　　　　　　　　图 13-2　编辑蒙版

> **提示**　红色覆盖的区域，表示该区域图像为受保护状态，也就是选区以外的区域。在涂抹过程中，可以根据画面需要调整画笔大小。

步骤④ 切换到【通道】面板，可以看到面板中自动生成了一个临时快速蒙版通道，如图 13-3 所示。

步骤⑤ 单击工具属性栏中的【以标准模式编辑】按钮 ，进入标准编辑模式，可以看到图像中产生了选区，涂抹区域为选区以外的选区，如图 13-4 所示。

图 13-3　进入快速蒙版

图 13-4　获取选区

> **提示**　在快速蒙版中涂抹图像后，按【Q】键可以退出该蒙版状态，获取选区；再次按【Q】键，激活【以快速蒙版模式编辑】按钮，可以看到刚才所生成的选区又转换为蒙版涂抹状态。

2. 设置快速蒙版选项

视频	光盘\视频\第 13 章\实例 112（B）.mp4

操 作 步 骤

步骤① 继续上一小节的实例，按【Ctrl+D】组合键取消选区，然后双击【以快速蒙版模式编辑】按钮 ，将打开【快速蒙版选项】对话框，如图 13-5 所示。

步骤② 系统默认蒙版颜色为红色、50%透明度，单击颜色图标，将弹出【拾色器（快速蒙版颜色）】对话框，设置蒙版颜色为绿色（R:20、G:199、B:172），再选择【所选区域】单选项、【不透明度】设为 100%，如图 13-6 所示。

图 13-5　【快速蒙版选项】对话框

图 13-6　设置选项

- 【被蒙版区域】单选项：选择该选项，可以使受保护的区域被颜色覆盖。
- 【所选区域】单选项：选择该选项，可以使未受保护的区域被颜色覆盖。
- 【颜色】选项区：单击颜色图标，在弹出的对话框中可以设置不同的蒙版颜色。
- 【不透明度】设置：在该数值框中可以更改蒙版颜色的不透明度。

步骤③ 单击【确定】按钮，关闭对话框，此时已经自动进入快速蒙版编辑状态。按【D】键确认前景色为黑色，背景色为白色，使用【画笔工具】在海螺图像中进行涂抹，可以看到被遮盖区域呈现绿色不透明状态，如图 13-7 所示。

步骤 ④ 单击【以标准模式编辑】按钮，退出快速蒙版模式。这时可以看到，与默认情况相反，受颜色遮盖的区域成为了选区，如图 13-8 所示。这是因为在【色彩指示】选项组中选择了【所选区域】选项。

图 13-7　更改快速蒙版选项后的涂抹效果

图 13-8　获取的选区效果

> **提示** 按【Alt】键的同时，单击【以快速蒙版模式编辑】按钮，即可在快速蒙版的【被蒙版区域】和【所选区域】选项之间切换。

Example 实例　运用图层蒙版隐藏图像

图层蒙版可以让图层中的图像部分呈现或隐藏。图层蒙版是一种灰度图像，其效果与分辨率相关，因此用黑色绘制的区域是隐藏的，用白色绘制的区域是可见的，而用灰色绘制的区域则会出现在不同层次的透明区域中。

1. 创建图层蒙版

素材	光盘\素材\第 13 章\城市.jpg、天空.jpg
效果	光盘\效果\第 13 章\合成图像.psd
视频	光盘\视频\第 13 章\实例 113.mp4

操 作 步 骤

步骤 ① 打开素材图像【城市.jpg】，如图 13-9 所示。选择【图像】|【调整】|【色阶】命令，打开【色阶】对话框，拖动下面的三角形滑块，如图 13-10 所示。

图 13-9　城市图像

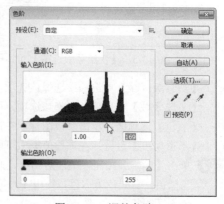

图 13-10　调整色阶

步骤② 单击【确定】按钮，得到调整色阶后的图像。再选择【图像】|【调整】|【色彩平衡】命令，打开【色彩平衡】对话框，为图像增加一些青色、绿色和蓝色，如图 13-11 所示。

步骤③ 单击【确定】按钮，得到调整色调后的图像，如图 13-12 所示。

步骤④ 打开素材图像【天空.jpg】，选择【移动工具】将该图像直接拖曳到城市图像中，适当调整图像大小，放到如图 13-13 所示的位置，这时【图层】面板中将自动生成图层 1，如图 13-14 所示。

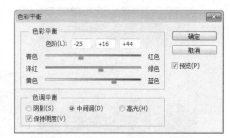

图 13-11　调整色彩平衡

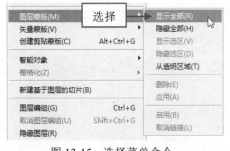
图 13-12　图像效果

图 13-13　添加天空图像

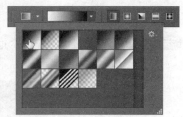
图 13-14　生成图层 1

步骤⑤ 选择【图层】|【图层蒙版】|【显示全部】命令，如图 13-15 所示，为图层 1 添加图层蒙版，如图 13-16 所示。

步骤⑥ 按下【D】键恢复前景色为黑色，背景色为白色。选择【渐变工具】，在属性栏中单击【线性渐变按钮】 ，再单击渐变色条右侧的下三角形按钮，在弹出的面板中选择黑白渐变，如图 13-17 所示。

图 13-15　选择菜单命令　　　　图 13-16　添加的图层蒙版　　　　图 13-17　选择渐变样式

步骤⑦ 在图像中按住鼠标左键从上到下拖动鼠标指针，应用线性渐变填充，将下半部分图像遮盖住，得到自然与底层融合的效果，如图 13-18 所示。

步骤⑧ 打开素材图像【水面.jpg】，如图 13-19 所示。使用移动工具将其拖曳到当前编辑的图像中，放到图像的下方，如图 13-20 所示。

步骤⑨ 这时在【图层】面板中将自动生成图层 2。单击面板底部的【创建图层蒙版】按钮，为图层添加蒙版，如图 13-21 所示。

步骤⑩ 选择画笔工具对水面上方进行涂抹，隐藏部分图像，显示下一层的建筑物图像，如图 13-22 所示。

步骤⑪ 在画笔工具属性栏中设置不透明度为 80%，然后对水面图像再做一些涂抹，使得水面图像的降低透明度，如图 13-23 所示。这时【图层】面板中的图层蒙版显示如图 13-24 所示。

图 13-18 蒙版效果　　　　　　图 13-19 水面图像　　　　　　图 13-20 添加素材图像

图 13-21 添加图层蒙版　　　图 13-22 图像效果　　　　图 13-23 图像效果　　　图 13-24 【图层】面板

2. 编辑图层蒙版

素材	光盘\素材\第 13 章\星球.jpg、星星背景.jpg
效果	光盘\效果\第 13 章\星球合成.psd
视频	光盘\视频\第 13 章\实例 114.mp4

操 作 步 骤

步骤 ❶ 打开素材图像【星球.jpg】和【星星背景.jpg】，如图 13-25 所示。下面将在这两个图像中应用图
层蒙版功能。

图 13-25 打开素材图像

步骤 ❷ 选择【移动工具】，将星球图像直接拖曳到星星背景图像中，如图 13-26 所示，这时【图层】面
板将自动生成图层 1，如图 13-27 所示。

图 13-26　添加图像

图 13-27　【图层】面板

步骤 ③ 在【图层】面板中选择图层 1，单击面板底部的【添加图层蒙版】按钮 ，即可在该图层缩览图上出现一个白色方框，如图 13-28 所示。

步骤 ④ 选择【画笔工具】，在属性栏中设置画笔大小为 150 像素，对星球图像中白色背景进行涂抹，可以隐藏涂抹的图像，如图 13-29 所示。

图 13-28　添加图层蒙版

图 13-29　涂抹白色图像

步骤 ⑤ 继续对其他白色背景图像进行涂抹。在涂抹的过程中可以随时调整画笔大小，得到如图 13-30 所示的效果。这时在【图层】面板中的图层蒙版缩略图将以黑色显示被涂抹的图像区域，如图 13-31 所示。

图 13-30　隐藏图像

图 13-31　图层蒙版缩略图

步骤 ⑥ 切换到【通道】面板，可以看到创建了一个图层蒙版，缩略图为画笔所涂抹的区域，如图 13-32 所示。

步骤 ⑦ 回到【图层】面板，在图层蒙版中单击鼠标右键，弹出一个快捷菜单，如图 13-33 所示。通过该快捷菜单用户可以对图层蒙版做相应的编辑。

步骤 ⑧ 选择【停用图层蒙版】命令，将显示所有被遮盖的图像，【图层】面板中的图层蒙版缩略图将显示一个×符号，如图 13-34 所示。

步骤 ⑨ 选择【删除图层蒙版】命令，可以删除所应用的图层蒙版状态；选择【应用图层蒙版】命令，可以使图像直接应用添加图层蒙版后的状态，并删除蒙版状态，如图 13-35 所示。

图 13-32　图层蒙版

图 13-33　快捷菜单

图 13-34　停用图层蒙版状态

图 13-35　应用图层蒙版状态

步骤 ⑩ 按【Ctrl+Z】组合键后退一步操作，回到图层蒙版状态，在图层蒙版缩略图中单击鼠标右键，在快捷菜单中选择【调整蒙版】命令，将打开【调整蒙版】对话框，设置各项参数，如图 13-36 所示。

步骤 ⑪ 单击【确定】按钮，得到调整蒙版后的图像效果，如图 13-37 所示。

图 13-36　【调整蒙版】对话框

图 13-37　图像效果

Example 实例　运用矢量蒙版

运用矢量蒙版可以在图层上创建锐边形状，因为矢量蒙版是依靠路径图形来定义图层中图像的显示区域。另外，使用矢量蒙版创建图层之后，还可以给该图层应用一个或多个图层样式，并且可以编辑这些图层样式。

1. 创建并编辑矢量蒙版

素材	光盘\素材\第 13 章\珠子背景.jpg
效果	光盘\效果\第 13 章\隐藏图像效果.psd
视频	光盘\视频\第 13 章\实例 115.mp4

操 作 步 骤

步骤 ① 打开素材图像【珠子背景.jpg】，如图 13-38 所示。下面将在该图像中添加矢量蒙版绘制图像。

步骤 ② 双击背景图层，在弹出的对话框中默认设置，单击【确定】按钮，得到图层 0；再新建图层 1，将其填充为淡绿色（R:178、G:232、B:228），如图 13-39 所示。

步骤 ③ 选择【图层】|【新建】|【背景图层】命令，将图层 1 转换为背景图层，然后选择图层 0，按【Ctrl+J】组合键复制图层 0，得到图层 0 副本，并隐藏该图层，如图 13-40 所示。

步骤 ④ 选择图层 0，选择【图层】|【矢量蒙版】|【显示全部】命令，即可添加矢量蒙版。在【图层】面板中将显示一个矢量蒙版缩略图，如图 13-41 所示。

图 13-38　打开素材图像

图 13-39　调整图层

图 13-40　转换图层效果

图 13-41　添加矢量蒙版

> **提示** 按住【crtl】键并单击【添加图层蒙版】按钮，将为选择的图层或图层组添加显示全部的矢量蒙版。

步骤 ⑤ 按【Ctrl+Z】组合键撤销上一步操作。选择【图层】|【矢量蒙版】|【隐藏全部】命令，将创建隐藏整个图层的矢量蒙版，此时图层 0 中的图像将不可见，如图 13-42 所示。

步骤 ⑥ 选择工具箱中的【圆角矩形工具】，在属性栏中选择绘制方式为【路径】，【半径】为 40 像素，然后在图像中绘制一个圆角矩形路径，这时将显示形状内容的矢量蒙版，如图 13-43 所示。

图 13-42　添加矢量蒙版

图 13-43　编辑蒙版

步骤 ⑦ 在【图层】面板中选择图层 0 副本，单击前面的眼睛图标，显示该图层。选择【圆角矩形工具】，在图像右侧绘制一个圆角矩形路径，如图 13-44 所示。

步骤 ⑧ 选择【图层】|【矢量蒙版】|【当前路径】命令，这时将根据当前工作路径建立矢量蒙版，如图 13-45 所示。

步骤 ⑨ 按【Ctrl+Z】组合键后退一步，再次使用【圆角矩形工具】在图像右侧绘制一个圆角矩形路径；然后选择工具箱中的【路径选择工具】，在图像中单击鼠标右键，在弹出的菜单中选择【创建矢量蒙版】命令，如图 13-46 所示，为图层 0 副本添加矢量蒙版，将圆角矩形以外的图像隐藏。【图层】面板中的矢量蒙版缩略图显示状态如图 13-47 所示。

步骤 ⑩ 选择【直接选择工具】 ，选择圆角矩形路径，可以对路径进行调整，如图 13-48 所示。

图 13-44　绘制路径

图 13-45　使用【当前路径】命令

图 13-46　选择命令

图 13-47　生成矢量蒙版

步骤 ⑪ 选择【自定形状工具】，在属性栏中单击【形状】右侧的下三角形按钮，在弹出的面板中选择一个图形，如选择【装饰 8】，如图 13-49 所示。

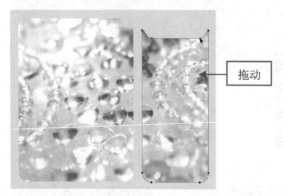

图 13-48　调整路径

图 13-49　选择图形

步骤 ⑫ 选择图层 0，在左侧图像中绘制出该图形，效果如图 13-50 所示。

步骤 ⑬ 选择【图层】|【图层样式】|【投影】命令，打开【图层样式】对话框，设置投影颜色为黑色，其他参数设置如图 13-51 所示。

步骤 ⑭ 单击【确定】按钮，得到投影图像效果，如图 13-52 所示。选择【直排文字工具】在右侧图像中输入英文文字，在属性栏中设置合适的字体并调整大小后，填充为洋红色（R:174、G:16、B:101），完成本实例的操作，如图 13-53 所示。

图 13-50　绘制图像

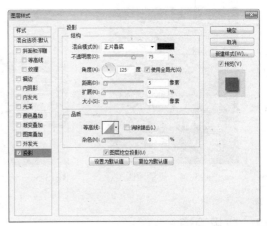

图 13-51　添加投影样式

图 13-52　投影图像效果

图 13-53　输入文字

> 提示　在【图层】面板中可以看到，矢量蒙版与图层蒙版的工作方式非常接近，不同的是矢量蒙版右侧的缩览图内显示的是路径图形内容。路径内的部分为白色，表示该区域的图层内容可见，路径外为灰色，表示该区域的内容被蒙版遮蔽，图像不可见。

2. 将矢量蒙版转换为图层蒙版

视频	光盘\视频\第 13 章\实例 116.mp4

操 作 步 骤

步骤 ❶ 用户可以将矢量蒙版转换为图层蒙版进行编辑。继续使用上一小节中的实例，选择图层 0，如图 13-54 所示。选择【图层】|【栅格化】|【矢量蒙版】命令，即可将矢量蒙版转换为图层蒙版，如图 13-55 所示。

步骤 ❷ 另外，还可以在矢量蒙版缩览图中单击鼠标右键，在弹出的快捷菜单中选择【停用矢量蒙版】、【删除矢量蒙版】或【栅格化矢量蒙版】，对矢量蒙版进行编辑，如图 13-56 所示。

图 13-54　矢量蒙版

图 13-55　转换为图层蒙版

图 13-56　矢量蒙版菜单

13.2　应用通道

通道是 Photoshop 中的一个极为重要的概念，可以说它是使用 Photoshop 的一个极有表现力的处理平台。简单地说，通道是用来保持颜色信息及选区的一个载体。

Example （实例）　认识通道

通道是 Photoshop 中用来保护图层选区信息的一种特殊技术，使用通道能制作出许多特殊图像效果。下面就来认识一下通道分类和【通道】面板。

1．通道分类

在 Photoshop 中，通道是用于存放颜色信息的，是独立的颜色平面。每个 Photoshop 图像都具有一个或多个通道，如图 13-57 所示。用户可以分别对每个原色通道进行明暗度、对比度的调整，甚至可以对原色通道单独执行滤镜功能，从而为图像添加许多令人惊讶的特殊效果。

图 13-57　CMYK 色彩模式对应的通道

当新建或打开一幅图像时，系统会自动为该图像创建相应的颜色通道。图像的颜色模式不同，系统所创建的通道数量也不同，下面分别进行介绍：

● RGB 模式图像的颜色通道：一幅 RGB 图像是由红、绿、蓝 3 个颜色通道组成的，分别用于保存图像的红色、绿色和蓝色颜色信息。每个通道用 8 位或 16 位来表示。

● CMYK 模式图像的颜色通道：CMYK 模式的图像共有 4 个颜色通道，包括青色、洋红、黄色和黑色通道，分别保存相应的颜色信息。

● Lab 模式图像的颜色通道：Lab 模式图像的颜色通道有 3 个，包括明度通道、a（由红色到绿色的光谱变化）通道和 b（由蓝色到黄色的光谱变化）通道。

● 灰度模式图像的颜色通道：灰度模式图像的颜色通道只有一个，用来保存图像的灰度信息，用 8 位或 16 位来表示。

● 位图模式图像的颜色通道：位图模式图像的颜色通道只有一个，用来表示图像的黑白两种颜色。

● 索引颜色模式图像的颜色通道：索引颜色模式图像的颜色通道只有一个，用来保存调色板中的位置信息，具体的颜色由调色板中该位置所对应的颜色来决定。

2.【通道】面板

素材	光盘\素材\第 13 章\花园房.jpg
视频	光盘\视频\第 13 章\实例 117.mp4

操 作 步 骤

步骤 ❶ 打开素材图像【花园房.jpg】，如图 13-58 所示。选择【窗口】|【通道】命令，打开【通道】面板，如图 13-59 所示，可以看到每个通道的左侧都是通道内容的缩览图，编辑通道时它会自动更新。

步骤 ❷ 单击【通道】面板右上方的▼≡按钮，在弹出的菜单中选择【面板选项】命令，如图 13-60 所示，打开【通道面板选项】对话框。在该对话框中可以根据需要调整通道缩览图的大小，如图 13-61 所示。

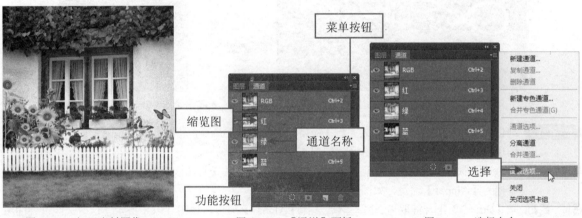

图 13-58　打开素材图像　　　　　图 13-59　【通道】面板　　　　　图 13-60　选择命令

步骤 ❸ 如在【通道面板选项】对话框中选择【无】选项，则可以得到文字表述的【通道】面板，如图 13-62 所示；如选择最大的缩览图显示，将在【通道】面板中得到最大的缩览图显示效果，如图 13-63 所示。

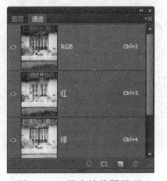

图 13-61　选择缩览图大小　　　　图 13-62　无缩览图显示　　　　图 13-63　最大缩览图显示

素材	光盘\素材\第 13 章\文字.psd
效果	光盘\效果\第 13 章\制造荧光字.psd
视频	光盘\视频\第 13 章\实例 118.mp4

操 作 步 骤

步骤 ① 打开素材图像【文字.psd】，如图 13-64 所示，可以在该图像的【图层】面板中看到背景图层和
文字图层，如图 13-65 所示。

图 13-64　素材图像　　　　　　　　　　　　　　图 13-65　【图层】面板

步骤 ② 选择文字图层，然后选择【文字】|【栅格化文字图层】命令，将其转换为普通图层。按住【Ctrl】
键单击文字图层，载入图像选区，如图 13-66 所示。

步骤 ③ 保持选区状态，切换到【通道】面板，单击面板底部的【将选区存储为通道】按钮 ，将选区
存储为【Alpha1】通道，如图 13-67 所示。

步骤 ④ 按【Ctrl+D】组合键取消选区，然后选择【Alpha1】通道，如图 13-68 所示。这时选区以外的图
像将以黑色背景显示，如图 13-69 所示。

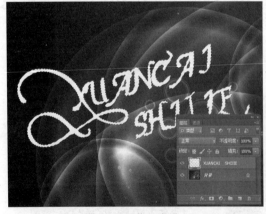

图 13-66　载入选区　　　　　　　　图 13-67　【通道】面板　　　　图 13-68　选择 Alpha1 通道

步骤 ⑤ 拖动【Alpha1】通道到【通道】面板底部的【创建新通道】按钮 上，得到复制的【Alpha1 副
本】通道，如图 13-70 所示。

图 13-69　图像显示效果

图 13-70　复制通道

步骤 6 选择【滤镜】|【模糊】|【高斯模糊】命令，打开【高斯模糊】对话框，设置【半径】为 2 像素，如图 13-71 所示，单击【确定】按钮，得到模糊图像。

步骤 7 选择【Alpha1 通道】，按【Alt+Ctrl+F】组合键再次打开【高斯模糊】对话框，设置【半径】为 3 像素，单击【确定】按钮，得到图像模糊效果，如图 13-72 所示。

图 13-71　设置模糊参数

图 13-72　文字模糊效果

步骤 8 选择任意选框工具，按【Ctrl】键的同时单击【通道】面板中的【Alpha1 通道】，载入该通道中的选区，按下方向键向下略微移动选区，如图 13-73 所示。

步骤 9 选择【Alpha1 副本】通道，然后将选区填充为黑色，如图 13-74 所示。

图 13-73　移动选区

图 13-74　填充选区颜色

步骤 ⑩ 按住【Ctrl】键单击【Alpha1 副本】通道，载入图像选区。接着单击【RGB】通道，将其显示。切换到【图层】面板，确认当前图层为文字图层，将选区填充为黑色，效果如图 13-75 所示。

步骤 ⑪ 选择【图层】|【图层样式】|【投影】命令，打开【图层样式】对话框，设置投影颜色为黑色，在设置其他选项参数，如图 13-76 所示。

图 13-75　填充选区

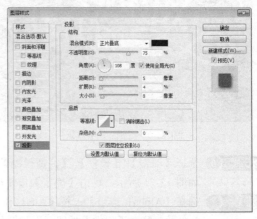
图 13-76　设置投影样式

步骤 ⑫ 选择【内发光】选项，单击渐变色条，设置颜色从橘红色（R:255、G:110、B:2）渐变到黄色（R:255、G:255、B:0），再设置其他各项参数，如图 13-77 所示。

步骤 ⑬ 单击【确定】按钮，得到添加图层样式后的图像效果，如图 13-78 所示。

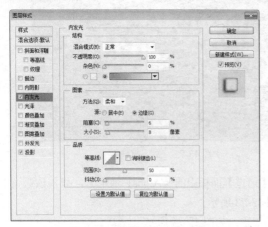
图 13-77　设置内发光样式

图 13-78　图像效果

Example 实例　运用面板菜单新建专色通道

视频	光盘\视频\第 13 章\实例 119.mp4

操 作 步 骤

步骤 ❶ 打开【通道】面板，单击【通道】面板右上方的下三角形按钮，在弹出的菜单中选择【新建专色通道】，如图 13-79 所示。打开【新建专色通道】对话框，如图 13-80 所示。

步骤 ❷ 单击【颜色】选项右侧的颜色块，打开【选择专色】对话框，单击【颜色库】按钮，转换为【颜色库】对话框，选择所需的专色，如图 13-81 所示。

图 13-79　选择命令

图 13-80　【新建专色通道】对话框

步骤 ③ 单击【确定】按钮回到原对话框中，设置【密度】选项。该选项设置的是油墨的密度，如果数值设置为 100%，则模拟完全覆盖下层油墨的油墨，图 13-82 所示；如果设置为 0%，则模拟完全显示下层油墨的透明油墨，如图 13-82 所示。

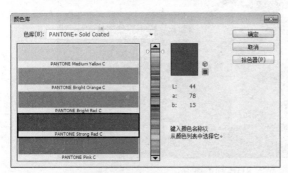

图 13-81　【颜色库】对话框

图 13-82　设置密度

步骤 ④ 设置完成后，单击【确定】按钮关闭对话框，【通道】面板中将会出现一个带颜色编号的通道，这就是创建的纯色专色通道，如图 13-83 所示。

步骤 ⑤ 在图像中输入文字，此时由于在通道内选择了新建立的专色通道，所以输入的文字将以选区的方式呈现。将选区填充为黑色，在专色通道内将记录该区域印刷为专色，如图 13-84 所示。

图 13-83　专色通道

图 13-84　添加文字

13.3　通道的操作

通道的操作主要包括隐藏和显示通道、复制通道、删除通道、通道分离等，下面将分别进行介绍。

Example 实例　隐藏与显示通道

素材	光盘\素材\第 13 章\卡通森林.psd
视频	光盘\视频\第 13 章\实例 120（A）.mp4

操 作 步 骤

步骤 ① 打开素材图像【卡通森林.psd】，然后打开【通道】面板，可以看到默认显示 RGB 通道内容，如图 13-85 所示。

图 13-85　显示 RGB 颜色通道

步骤 ② 单击【专色 1】通道左侧的眼睛图标，将该通道显示出来，得到如图 13-86 所示的效果。

图 13-86　显示专色通道

步骤 ③ 再次单击【专色 1】通道左侧的眼睛图标，即可隐藏该通道，然后单击【Alpha 1】通道前面的眼睛图标，将其显示出来，如图 13-87 所示。

步骤 ④ 选择【Alpha 1】通道，单击【通道】面板右上方的按钮，在弹出的菜单中选择【通道选项】命令，将打开【通道选项】对话框，如图 13-88 所示。

步骤 ⑤ 单击颜色块，打开【拾色器（通道颜色）】对话框，用户可以在其中设置通道遮盖颜色，如设置颜色为蓝色（R:66、G:51、B:156），单击【确定】按钮，调整通道颜色如图 13-89 所示。

图 13-87　显示 Alpha 1 通道

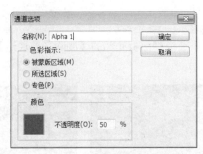

图 13-88　【通道选项】对话框

图 13-89　调整通道的颜色

Example 实例　运用快捷菜单复制通道

视频	光盘\视频\第 13 章\实例 120（B）.mp4

操 作 步 骤

步骤 ① 继续使用素材图像【卡通森林.psd】，在【通道】面板中确认当前可编辑通道为【Alpha 1】通道。在该通道中单击鼠标右键，在弹出的菜单中选择【复制通道】命令，如图 13-90 所示。

步骤 ② 保持对话框中的默认状态，单击【确定】按钮，复制的【Alpha 1】通道，得到【Alpha 1 副本】通道，如图 13-91 所示。

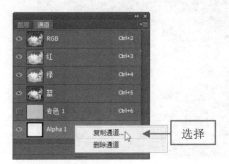

图 13-90　选择命令

图 13-91　得到复制通道

提
示
　　除了在同一个图像文件中复制通道外，用户还可以在不同的图像文件中复制通道。使用移动工具直接将需要复制的通道拖到其他图像文件中，即可在另一个图像中得到复制的通道。

Example　实例 ### 运用【删除当前通道】按钮删除通道

视频	光盘\视频\第 13 章\实例 120（C）.mp4

操 作 步 骤

步骤 ❶ 在【通道】面板中选择需要删除的通道，如图 13-92 所示。单击【删除当前通道】按钮 🗑，打开提示对话框，如图 13-93 所示，单击【是】按钮，即可删除选择的通道。

提
示
　　单击在【通道】面板右上方的 ≡ 按钮，在弹出的菜单中选择【删除通道】命令，同样可以删除通道。

步骤 ❷ 单击【否】按钮，取消本次操作。拖动【Alpha 1】通道到面板底部的【删除当前通道】按钮上，如图 13-94 所示，可以直接删除通道，如图 13-95 所示。

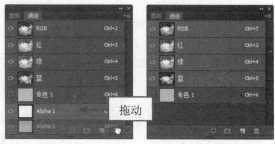

图 13-92　选择通道　　　　图 13-93　提示对话框　　　　图 13-94　拖动通道　　　　图 13-95　删除通道

Example　实例 ### 运用【通道】面板载入通道选区

　　在通道中可以编辑和存储选区。当编辑通道完毕后，可以将通道中的选区载入。选择需要编辑的通道，如【Alpha 1】通道，单击【通道】面板底部的【将通道作为选区载入】按钮 ⬚，即可将通道中的选区载入，如图 13-96 所示。

图 13-96　载入通道中的选区

按住【Ctrl】键的同时单击需要载入选区的通道，同样可以将通道中的选区载入。

Example 实例　运用【通道分离】命令分离与合并通道

素材	光盘\素材\第 13 章\流水.jpg
视频	光盘\视频\第 13 章\实例 121.mp4

操 作 步 骤

步骤 1 打开素材图像【流水.jpg】，如图 13-97 所示。单击【通道】面板右上方的 按钮，在弹出的菜单中选择【分离通道】命令，如图 13-98 所示。

图 13-97　打开素材图像

图 13-98　选择命令

步骤 2 这时，将看到原图像消失，得到的是以单个通道出现的独立灰度图像窗口，如图 13-99 所示。

图 13-99　将图像分离成通道

步骤 3 任意选择一个灰度图像，单击【通道】面板右上方的 按钮，在弹出的菜单中选择【合并通道】命令，如图 13-100 所示。

步骤 4 打开【合并通道】对话框，在【模式】选项中选择【RGB 颜色】选项，如图 13-101 所示。

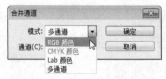

图 13-100　选择命令　　　　　　　　　　　　　　图 13-101　【合并通道】对话框

步骤 5 单击【确定】按钮，将弹出【合并 RGB 通道】对话框，如图 13-102 所示，单击【确定】按钮，选中的通道合并为指定类型的新图像，原图像则在不做任何更改的情况下关闭。新图像出现在未命名的窗口中，如图 13-103 所示。

图 13-102　【合并 RGB 通道】对话框　　　　　　　图 13-103　合并图像效果

> **提示**　对于每个通道，请确保需要的图像已打开。如果想更改图像类型，可以单击【模式】按钮返回【合并通道】对话框重新设置。

第 14 章　滤镜应用详解

通过滤镜可以制造出许多绚丽灿烂的特殊图像效果。本章将对各种滤镜命令做详细的介绍，让读者能够全面掌握这一强大的功能。

本章学习要点

- 滤镜库中的滤镜
- 其他滤镜的设置与应用

14.1　滤镜库中的滤镜

在 Photoshop 中使用的大部分滤镜都需要在滤镜库中进行操作。使用滤镜库可以对图像进行多种滤镜添加变化处理。

Example 实例　风格化类滤镜

风格化滤镜组主要通过置换像素和查找并增加图像的对比度，使图像产生印象派及其他风格化效果。该组滤镜提供了 8 种滤镜效果，只有照亮边缘滤镜位于滤镜库中，其他滤镜可以选择【滤镜】|【风格化】命令，然后在弹出的子菜单中选择。

1.　【照亮边缘】滤镜

【照亮边缘】滤镜是通过查找并标识颜色的边缘，为其增加类似霓虹灯的亮光效果。选择【滤镜】|【风格化】|【照亮边缘】命令，弹出【照亮边缘】对话框，如图 14-1 所示。

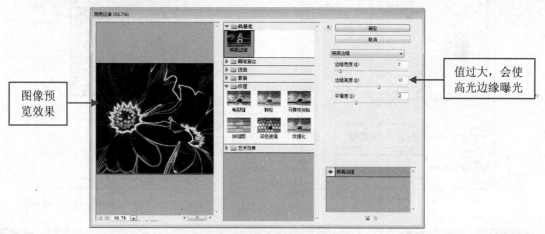

图 14-1　【照亮边缘】滤镜

2.　【查找边缘】滤镜

【查找边缘】滤镜可以找出图像主要色彩的变化区域，使之产生用铅笔勾划过的轮廓效果，如图 14-2 所示。该命令无对应对话框。

3.　【等高线】滤镜

使用【等高线】滤镜可以查找图像的亮区和暗区边界，并对边缘绘制出线条比较细、颜色比较浅的效果，如图 14-3 所示。

图 14-2　查找边缘图像效果

设置轮廓
边缘亮度

图 14-3　【等高线】对话框

4.　【风】滤镜

使用【风】滤镜可以模拟出自然风吹效果，为图像添加一些短而细的水平线，效果如图 14-4 所示。

5.　【浮雕效果】滤镜

使用【浮雕效果】滤镜可以描边图像，使图像显现出凸起或凹陷的效果，并且能将图像的填充色转换为灰色，如图 14-5 所示。

设置风吹类型

设置风吹方向

图 14-4　【风】滤镜

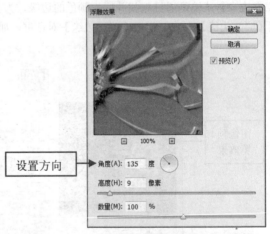

设置方向

图 14-5　【浮雕效果】对话框

> 提
> 示
>
> 　　使用【风】滤镜只能产生向左或向右的风吹效果，如果要产生垂直方向的风吹效果，在应用该滤镜前应先旋转画布。

6.　【扩散】滤镜

使用【扩散】滤镜可以产生类似透过磨砂玻璃观察图片的模糊效果。在对话框中设置选项，如图 14-6 所示。应用一次该滤镜后得到的效果不明显，可按【Ctrl+F】组合键重复几次滤镜操作，得到较明显的扩散效果，如图 14-7 所示。

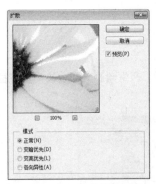

图 14-6　【扩散】滤镜

图 14-7　扩散图像效果

7.　【拼贴】滤镜

使用【拼贴】滤镜可以将图像分解为指定数目的方块，并且将这些方块从原来的位置移动一定的距离，如图 14-8 所示。

设置显示的
最小贴块数

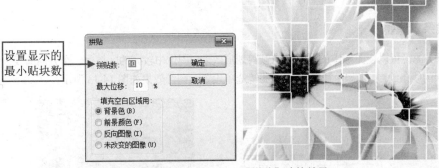

图 14-8　【拼贴】滤镜效果

8.　【曝光过度】滤镜

【曝光过度】滤镜可以使图像产生正片和负片混合的效果，类似于摄影中增加光线强度产生的曝光过度效果，如图 14-9 所示。

9.　【凸出】滤镜

【凸出】滤镜将图像分成一系列大小相同但有机叠放的三维块或立方体，从而扭曲图像并创建特殊的三维背景效果，如图 14-10 所示。

图 14-9　【曝光过度】滤镜效果

图 14-10　使用【凸出】滤镜

Example (实例) **画笔描边类滤镜**

画笔描边类滤镜用于模拟不同的画笔或油墨笔刷来勾画图像，产生绘画效果。该类滤镜提供了 8 种滤镜，全部位于滤镜库中，如图 14-11 所示。

图 14-11　画笔描边类滤镜

1.　【成角的线条】滤镜

使用【成角的线条】滤镜可以使图像中的颜色产生倾斜划痕效果，图像中较亮的区域用一个方向的线条绘制，较暗的区域用相反方向的线条绘制。图 14-12 所示为该滤镜选项设置，图像效果如图 14-13 所示。

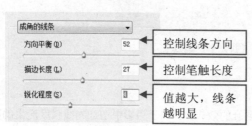

图 14-12　【成角的线条】选项

图 14-13　【成角的线条】滤镜效果

2.　【墨水轮廓】滤镜

【墨水轮廓】滤镜以钢笔画的风格，用详细的线条在原图像细节上重绘图像，使图像产生钢笔勾画的效果。图 14-14 所示为该滤镜选项设置，图像效果如图 14-15 所示。

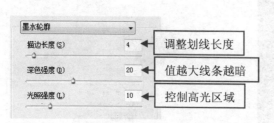

图 14-14　【墨水轮廓】选项

图 14-15　【墨水轮廓】滤镜效果

3. 【喷溅】滤镜

【喷溅】滤镜可以模拟喷枪绘画效果，使图像产生笔墨喷溅效果，好像用喷枪在画面上喷上了许多彩色小颗粒。图 14-16 所示为该滤镜选项设置，图像效果如图 14-17 所示。

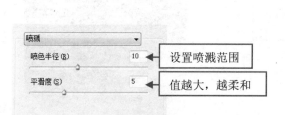

图 14-16　【喷溅】选项　　　　　　　　　　　图 14-17　【喷溅】效果

> **提示**　系统默认情况下，画笔描边类滤镜使用默认的前景色和背景进行绘制，适当地改变前景色和背景色，可以得到其他不错的效果。

4. 【喷色描边】滤镜

【喷色描边】滤镜采用图像的主导色，用成角的、喷溅的颜色重新描绘图像，图像产生的效果与使用【喷溅】滤镜产生的效果类似。图 14-18 所示为该滤镜选项设置，图像效果如图 14-19 所示。

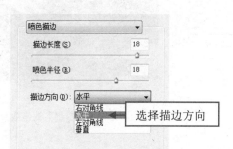

图 14-18　【喷色描边】选项　　　　　　　　　图 14-19　【喷色描边】效果

5. 【强化的边缘】滤镜

【强化的边缘】滤镜主要是强化图像的边线，使图像产生一种强调边缘的效果。图 14-20 所示为该滤镜选项设置，图像效果如图 14-21 所示。

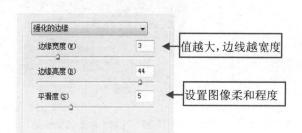

图 14-20　【强化的边缘】选项　　　　　　　　图 14-21　【强化的边缘】滤镜效果

6. 【深色线条】滤镜

【深色线条】滤镜是用粗短、绷紧的线条来绘制图像中接近深色的颜色区域，再用细长的白色线条绘制图像中较浅的区域。图 14-22 所示为该滤镜选项设置，图像效果如图 14-23 所示。

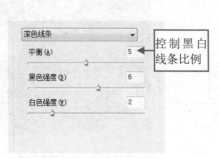

控制黑白线条比例

图 14-22 【深色线条】选项

图 14-23 【深色线条】滤镜效果

7. 【烟灰墨】滤镜

【烟灰墨】滤镜以日本画的风格绘画图像，看起来像是用蘸满油墨的画笔在宣纸上绘画，该滤镜可以创建墨色柔和的模糊边缘效果。图 14-24 所示为该滤镜选项设置，图像效果如图 14-25 所示。

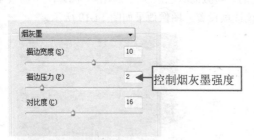

控制烟灰墨强度

图 14-24 【烟灰墨】选项

图 14-25 【烟灰墨】滤镜效果

8. 【阴影线】滤镜

【阴影线】滤镜将保留原图像的细节和特征，但会使用模拟铅笔阴影线添加纹理，并且色彩区域的边缘会变粗糙。图 14-26 所示为该滤镜选项设置，图像效果如图 14-27 所示。

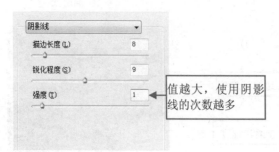

值越大，使用阴影线的次数越多

图 14-26 【阴影线】选项

图 14-27 【阴影线】滤镜效果

Example 实例 扭曲类滤镜

　　扭曲类滤镜中的滤镜主要用于将当前图层或选区内的图像进行各种各样的扭曲变形，以创建 3D 或其他变形效果。该组滤镜提供了 12 种滤镜效果，其中【扩散亮光】、【海洋波纹】和【玻璃】滤镜位于滤镜库中，其他滤镜可以选择【滤镜】|【扭曲】命令，然后在弹出的子菜单中选择使用。

1. 【扩散亮光】滤镜

　　【扩散光亮】滤镜是将背景色的光晕加到图像中较亮的部分，让图像产生一种弥漫的光漫射效果。图 14-28 所示为该滤镜选项设置，图像效果如图 14-29 所示。

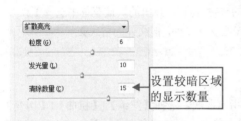

设置较暗区域的显示数量

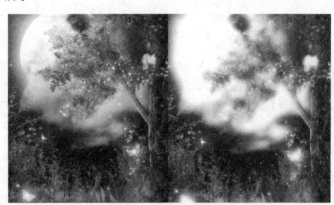

图 14-28　【扩散光亮】选项　　　　　　　　　　　图 14-29　图像前后对比

2. 【海洋波纹】滤镜

　　使用【海洋波纹】滤镜可以扭曲图像表面，使图像有一种在水面下方的效果。在滤镜库中选择海洋滤镜，图 14-30 所示为该滤镜选项设置，图像效果如图 14-31 所示。

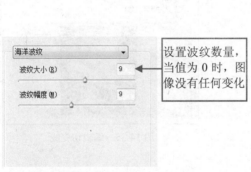

设置波纹数量，当值为 0 时，图像没有任何变化

图 14-30　【海洋波纹】选项　　　　　　　　　　图 14-31　【海洋波纹】滤镜效果

3. 【玻璃】滤镜

　　【玻璃】滤镜可以制造出不同的纹理，让图像产生一种隔着玻璃观看的效果。在滤镜库中选择玻璃滤镜，图 14-32 所示为该滤镜选项设置，图像效果如图 14-33 所示。

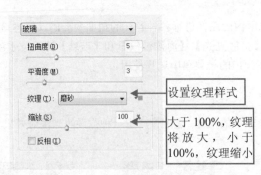

设置纹理样式

大于100%，纹理
将放大，小于
100%，纹理缩小

图 14-32 【玻璃】选项

图 14-33 【玻璃】滤镜效果

> **提示** 在应用【玻璃】滤镜时，单击【纹理】下拉列表框右侧的▼≡按钮，在弹出的快捷菜单中选择【载入纹理】命令，这时可在打开的【载入纹理】对话框中选择其他纹理文件，但文件的格式必须为 PSD。

4. 【切变】滤镜

【切变】滤镜沿一条曲线扭曲图像，通过拖动框中的线条来指定曲线。选择【滤镜】|【扭曲】|【切变】命令，打开【切变】对话框，在对话框左上侧方格框中的垂直线上单击可创建切变点，如图 14-34 所示。拖动切变点可实现图像的切变变形，如图 14-35 所示。

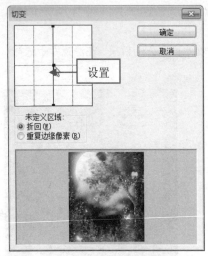

图 14-34 添加切变点

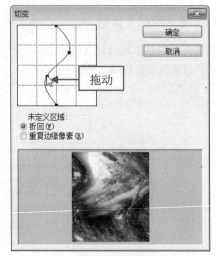

图 14-35 编辑切变线

5. 【波浪】滤镜

【波浪】滤镜对话框中提供了许多设置波长的选项，用户可在选定的范围或图像上创建波浪起伏的图像效果。图 14-36 所示为该滤镜选项设置，图像效果如图 14-37 所示。

6. 【波纹】滤镜

【波纹】滤镜可以使图像产生水波荡漾的涟漪效果，选择【滤镜】|【扭曲】|【波纹】命令，打开其参数设置对话框如图 14-38 所示，应用波纹滤镜后的图像如图 14-39 所示。

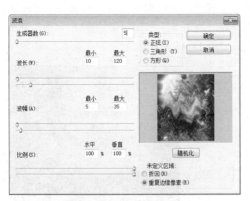

图 14-36　【波浪】滤镜

图 14-37　滤镜效果

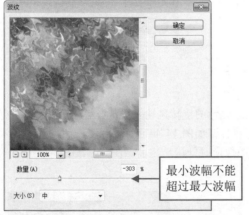

图 14-38　【波纹】滤镜

图 14-39　滤镜效果

7. 【水波】滤镜

　　【水波】滤镜可以沿径向扭曲选定范围或图像，产生类似水面涟漪的效果。选择【滤镜】|【扭曲】|【水波】命令，弹出如图 14-40 所示的对话框，单击【确定】按钮，得到水波图像效果，如图 14-41 所示。

图 14-40　【水波】滤镜

图 14-41　滤镜效果

8. 【挤压】滤镜

使用【挤压】滤镜可以选择全部图像或部分图像，使选择的图像产生一个向外或向内挤压的变形效果。

选择【滤镜】|【扭曲】|【挤压】命令后，打开【挤压】对话框，在对话框中只有一个选项。当此选项值为正时，图像向下凹；当此选项值为负时，图像向上凸；当参数值为 0 时，图像不产生挤压效果。在如图 14-42 所示的对话框中设置【数量】为 100 时，得到的图像效果如图 14-43 所示。

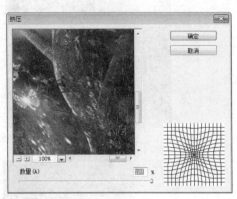

图 14-42　【挤压】滤镜

图 14-43　图像效果

9.　【旋转扭曲】滤镜

【旋转扭曲】滤镜可以使图像沿中心产生顺时针或逆时针的旋转风轮效果，中心的旋转程度比边缘的旋转程度大。选择【滤镜】|【扭曲】|【旋转扭曲】命令将打开如图 14-44 所示的【旋转扭曲】对话框，当角度值为正时，图像顺时针旋转扭曲；角度值为负时，图像逆时针旋转扭曲。图 14-45 所示为使用该滤镜后的效果。

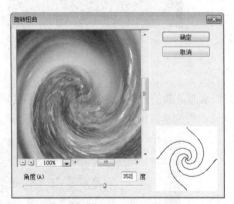

图 14-44　【旋转扭曲】滤镜

图 14-45　图像效果

10.　【极坐标】滤镜

使用【极坐标】滤镜可以使图像产生一种极度变形的效果。从平面坐标转换到极坐标，就好像是将图像完全包裹在地球仪上，从而使图像产生扭曲效果；从极坐标转换到平面坐标，是将完全包裹在地球仪上的图像展开。其对话框如图 14-46 所示，图像效果如同 14-47 所示。

11.　【球面化】滤镜

【球面化】滤镜可以通过立体化球形的镜头形态来扭曲图像，得到与挤压滤镜相似的图像效果。但它可以在垂直、水平方向上进行变形。选择【球面化】命令，打开的对话框如图 14-48 所示，设置选项后，单击【确定】按钮，得到的图像效果如图 14-49 所示。

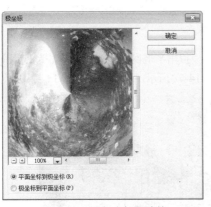

图 14-46　【极坐标】滤镜

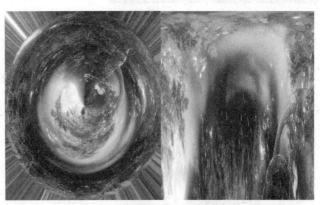

图 14-47　对图像应用不同的坐标方式

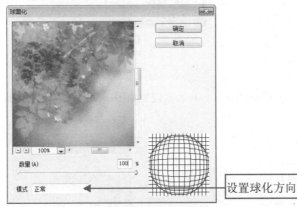

设置球化方向

图 14-48　【球面化】滤镜

图 14-49　图像效果

12. 【置换】滤镜

　　【置换】滤镜是根据另一个 PSD 格式文件的明暗度将当前图像的像素进行移动，使图像产生扭曲的效果。这里就不详细介绍，用户可以自行打开两个图像文件进行置换操作。

Example（实例）　素描类滤镜

　　素描类滤镜中的大多数滤镜都是使用前景色和背景色将原图中的色彩置换，可以获得 3D 效果，也可以获得精美的手绘效果。素描类滤镜中的所有滤镜都可以通过【滤镜库】来应用，如图 14-50 所示。

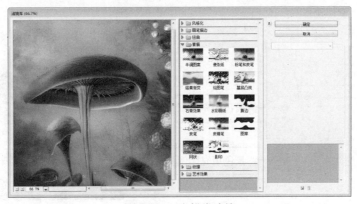

图 14-50　素描类滤镜

1. 【半调图案】滤镜

使用【半调图案】滤镜可以让图像在保持连续色调范围的同时，模拟出半调网屏的效果。该滤镜使用前景色显示阴影部分，使用背景色显示图像的高光部分。其选项设置如图 14-51 所示，图像效果如图 14-52 所示。

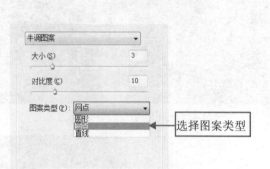

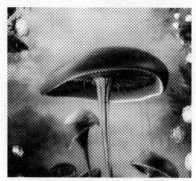

图 14-51　【半调图案】选项

图 14-52　【半调图案】滤镜效果

2. 【便条纸】滤镜

【便条纸】滤镜模拟凹陷压印图案，使图像产生草纸画效果。其选项设置如图 14-53 所示，图像效果如图 14-54 所示。

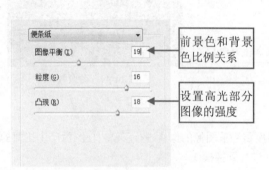

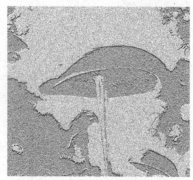

图 14-53　【便条纸】选项

图 14-54　【便条纸】滤镜效果

3. 【粉笔和炭笔】滤镜

【粉笔和炭笔】滤镜可以模拟粗糙粉笔绘制的灰色背景，以重绘图像的高光和中间色调部分，暗调区的图像用黑色对角线炭笔线替换。在图像绘制时，炭笔采用前景色，粉笔采用背景色。其选项设置如图 14-55 所示，图像效果如图 14-56 所示。

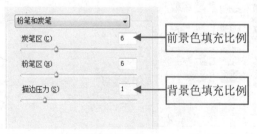

图 14-55　【粉笔和炭笔】选项

图 14-56　【粉笔和炭笔】滤镜效果

4.　【铬黄渐变】滤镜

【铬黄渐变】滤镜可以使图像好像被磨光的铬的表面，看起来像金属表面。在反射表面中，高光点为亮点，暗调为暗点。其选项设置如图 14-57 所示，图像效果如图 14-58 所示。

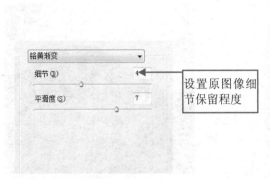
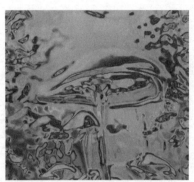

图 14-57　【铬黄渐变】选项　　　　　图 14-58　【铬黄渐变】滤镜效果

5.　【绘图笔】滤镜

【绘图笔】滤镜使用精细的、具有一定方向的油墨线条重绘图像效果。该滤镜对油墨使用前景色，较亮的区域使用背景色。其选项设置如图 14-59 所示，图像效果如图 14-60 所示。

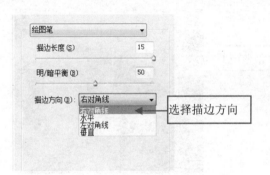

图 14-59　【绘图笔】选项　　　　　图 14-60　【绘图笔】滤镜效果

6.　【基底凸现】滤镜

【基底凸现】滤镜可以模拟浅浮雕在光照下的效果，在其对话框中可以设置光照方向。其选项设置如图 14-61 所示，图像效果如图 14-62 所示。

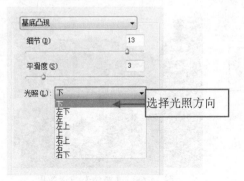

图 14-61　【基底凸现】选项　　　　　图 14-62　【基底凸现】滤镜效果

7. 【石膏效果】滤镜

【石膏效果】滤镜能制作出类似浮雕的石膏图像效果，图像色块较大，与【基底凸现】滤镜一样，也可以调整图像的光照方向。其选项设置如图 14-63 所示，图像效果如图 14-64 所示。

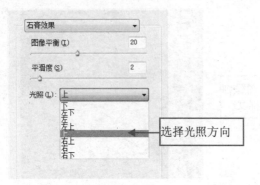

选择光照方向

图 14-63 【石膏效果】选项

图 14-64 【石膏效果】滤镜效果

8. 【水彩画纸】滤镜

【水彩画纸】滤镜可以使图像好像是绘制在潮湿的纤维纸上，颜色溢出、混合，产生渗透效果。其选项设置如图 14-65 所示，图像效果如图 14-66 所示。

设置颜料扩散范围

图 14-65 【水彩画纸】选项

图 14-66 【水彩画纸】滤镜效果

9. 【撕边】滤镜

【撕边】滤镜模拟撕破的纸片效果，适用于高对比度图像。其选项设置如图 14-67 所示，图像效果如图 14-68 所示。

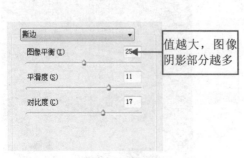

值越大，图像
阴影部分越多

图 14-67 【撕边】选项

图 14-68 【撕边】滤镜效果

10.【炭精笔】滤镜

【炭精笔】滤镜可以模拟使用炭精笔绘制图像的效果，在暗区使用前景色绘制，在亮区使用背景色绘制。其选项设置如图 14-69 所示，图像效果如图 14-70 所示。

图 14-69　【炭精笔】选项　　　　　　　图 14-70　【炭精笔】滤镜效果

11.【炭笔】滤镜

【炭笔】滤镜可以在图像中创建海报化、涂抹的效果。图像中主要的边缘用粗线绘制，中间色调用对角线素描。其中碳笔使用前景色，纸张使用背景色。其选项设置如图 14-71 所示，图像效果如图 14-72 所示。

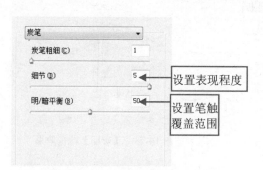

图 14-71　【炭笔】选项　　　　　　　图 14-72　【炭笔】滤镜效果

12.【图章】滤镜

【图章】滤镜可以使图像简化、突出主体，看起来好像用橡皮和木制图章盖上去一样。该滤镜最好用于黑白图像。其选项设置如图 14-73 所示，图像效果如图 14-74 所示。

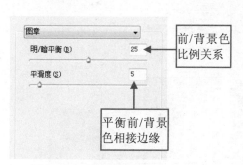

图 14-73　【图章】选项　　　　　　　图 14-74　【图章】滤镜效果

13. 【网状】滤镜

【网状】滤镜可以模拟胶片感光乳剂的受控收缩和扭曲的效果，使图像的暗色调区域好像被结块，高光区域好像被颗粒化。其选项设置如图 14-75 所示，图像效果如图 14-76 所示。

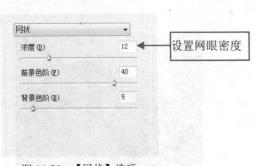

图 14-75　【网状】选项

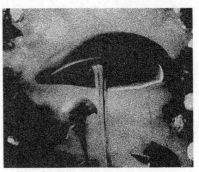

图 14-76　【网状】滤镜效果

14. 【影印】滤镜

【影印】滤镜用于模拟图像影印的效果，图像色彩用前景色和背景色填充。其选项设置如图 14-77 所示，图像效果如图 14-78 所示。

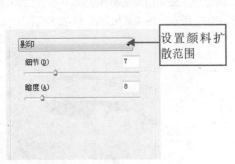

图 14-77　【影印】选项

图 14-78　【影印】滤镜效果

Example 实例　纹理类滤镜

纹理类滤镜与素描类滤镜一样，也是在图像中添加纹理。以表现出纹理化的图像效果。该组滤镜提供了 6 种滤镜效果，全部位于滤镜库中，如图 14-79 所示。

图 14-79　纹理类滤镜

1.　【龟裂痕】滤镜

　　【龟裂痕】滤镜可以在图像中随机绘制出一个高凸现的龟裂纹理。并且产生浮雕效果，其选项设置如图 14-80 所示，图像效果如图 14-81 所示。

图 14-80　【龟裂痕】选项　　　　　　　　　　　　图 14-81　【龟裂痕】滤镜效果

> **提示**　　使用【龟裂痕】滤镜可以在图像中随机生成龟裂纹理并使图像产生浮雕效果，常用来模拟砖墙风化效果。

2.　【颗粒】滤镜

　　【颗粒】滤镜可以通过模拟不同种类的颗粒纹理并添加到图像中。在其对话框中的【颗粒类型】下拉列表框中可选择不同的颗粒选项。其选项设置如图 14-82 所示，图像效果如图 14-83 所示。

图 14-82　【颗粒】选项　　　　　　　　　　　　图 14-83　【颗粒】滤镜效果

3.　【马赛克拼贴】滤镜

　　【马赛克拼贴】滤镜可以在图像表面产生不规则、类似马赛克的效果。其选项设置如图 14-84 所示，图像效果如图 14-85 所示。

4.　【染色玻璃】滤镜

　　【染色玻璃】滤镜可以模拟透过花玻璃看图像的效果，并且使用前景色勾画单色的相邻单元格。其选项设置如图 14-86 所示，图像效果如图 14-87 所示。

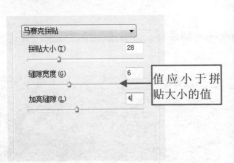

图 14-84 【马赛克拼贴】选项

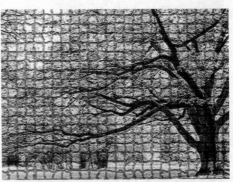

图 14-85 【马赛克拼贴】滤镜效果

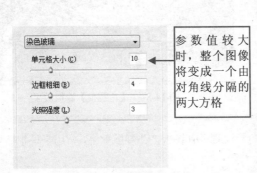

图 14-86 【染色玻璃】选项

图 14-87 【染色玻璃】滤镜效果

> 提
> 示
> 　在为图像应用染色玻璃滤镜时，要将染色玻璃的单元格设置得小一点，否则会看不见原图像的原始轮廓。

5. 【拼缀图】滤镜

　　【拼缀图】滤镜可以将图像拆分为方块，并选取图像中的颜色填充各方块，随机减少或增加拼贴深度以重复高光和暗调。其选项设置如图 14-88 所示，图像效果如图 14-89 所示。

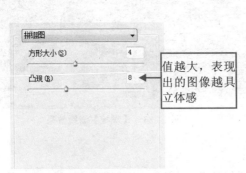

图 14-88 【拼缀图】选项

图 14-89 【拼缀图】滤镜效果

6. 【纹理化】滤镜

　　【纹理化】滤镜可以为图像添加预设的纹理或者自己创建的纹理效果。其选项设置如图 14-90 所示，图像效果如图 14-91 所示。

图 14-90　【纹理化】选项　　　　　　　　　　图 14-91　【纹理化】滤镜效果

Example 实例　艺术效果类滤镜

　　艺术效果类滤镜主要为用户提供模仿传统绘画手法的途径，可以为图像添加多种艺术图像效果。该组滤镜提供了 15 种滤镜，全部位于滤镜库中，如图 14-92 所示。

图 14-92　艺术类滤镜

1. 【壁画】滤镜

　　【壁画】滤镜使用短而圆、粗略涂抹的小块颜料，以一种粗糙的风格绘制图像，使图像产生壁画的斑点效果。其选项设置如图 14-93 所示，图像效果如图 14-94 所示。

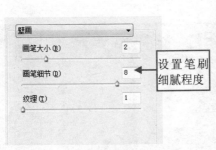

设置笔刷细腻程度

图 14-93　【壁画】选项　　　　　　　　　　图 14-94　【壁画】滤镜效果

2. 【彩色铅笔】滤镜

　　【彩色铅笔】滤镜好像使用彩色铅笔在背景上绘制图像，将图像中较明显的边缘保留，并呈粗糙阴影线外观。其选项设置如图 14-95 所示，图像效果如图 14-96 所示。

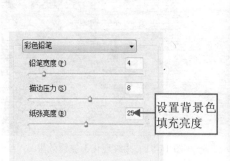

图 14-95 【彩色铅笔】选项

图 14-96 【彩色铅笔】滤镜效果

3. 【粗糙蜡笔】滤镜

使用【粗糙蜡笔】滤镜可以模拟蜡笔在纹理背景上绘图时的效果，从而生成一种纹理浮雕效果。其选项设置如图 14-97 所示，图像效果如图 14-98 所示。

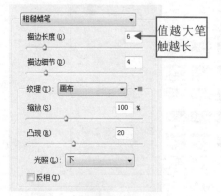

图 14-97 【粗糙蜡笔】选项

图 14-98 【粗糙蜡笔】滤镜效果

4. 【底纹效果】滤镜

使用【底纹效果】滤镜可以模拟在带纹理的底图上绘画的效果，从而让整幅图像产生一层底纹效果。其选项设置如图 14-99 所示，图像效果如图 14-100 所示。

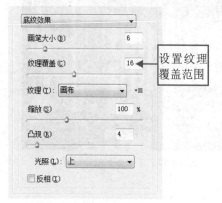

图 14-99 【底纹效果】选项

图 14-100 【底纹效果】滤镜效果

5. 【调色刀】滤镜

【调色刀】滤镜使用效果如同使用油画刀绘制的效果，使图像中的细节减少，产生好像墨水溢开的绘画效果。其选项设置如图 14-101 所示，图像效果如图 14-102 所示。

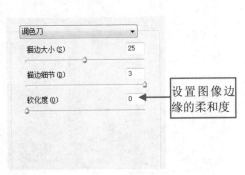

设置图像边缘的柔和度

图 14-101　【调色刀】选项

图 14-102　【调色刀】滤镜效果

6. 【干画笔】滤镜

使用【干画笔】滤镜可以模拟使用干画笔绘制图像边缘的效果。该滤镜通过将图像的颜色范围减少为常用颜色区来简化图像，其选项设置如图 14-103 所示，图像效果如图 14-104 所示。

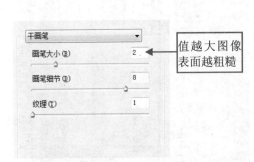

值越大图像表面越粗糙

图 14-103　【干画笔】选项

图 14-104　【干画笔】滤镜效果

7. 【海报边缘】滤镜

【海报边缘】滤镜根据设置的【海报化】选项减少图像中的颜色数量，并查找图像的边缘，在边缘上绘制黑色线条，大而宽的区域有简单的阴影，而细小的深色细节遍布图像。其选项设置如图 14-105 所示，图像效果如图 14-106 所示。

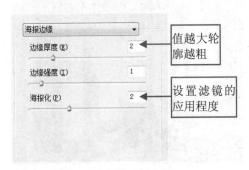

值越大轮廓越粗

设置滤镜的应用程度

图 14-105　【海报边缘】选项

图 14-106　【海报边缘】滤镜效果

8. 【海绵】滤镜

【海绵】滤镜使用颜色对比强烈、纹理较重的区域创建图像，以模拟海绵绘画的效果，使图像产生画面浸湿的感觉。其选项设置如图 14-107 所示，图像效果如图 14-108 所示。

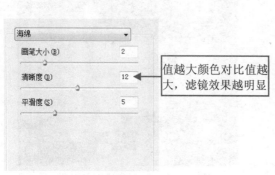

值越大颜色对比值越大，滤镜效果越明显

图 14-107　【海绵】选项　　　　　　　　　　图 14-108　【海绵】滤镜效果

9. 【绘画涂抹】滤镜

使用【绘画涂抹】滤镜将模拟使用各种画笔涂抹的效果。其选项设置如图 14-109 所示，图像效果如图 14-110 所示。

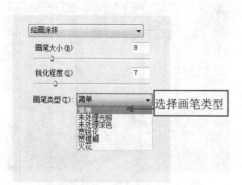

选择画笔类型

图 14-109　【绘画涂抹】选项　　　　　　　图 14-110　【绘画涂抹】滤镜效果

10. 【胶片颗粒】滤镜

使用【胶片颗粒】滤镜可在图像表面产生胶片颗粒状纹理效果。其选项设置如图 14-111 所示，图像效果如图 14-112 所示。

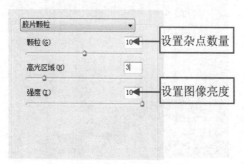

设置杂点数量

设置图像亮度

图 14-111　【胶片颗粒】选项　　　　　　　图 14-112　【胶片颗粒】滤镜效果

11.【木刻】滤镜

使用【木刻】滤镜可以使图像产生类似木刻画般的效果。其选项设置如图 14-113 所示，图像效果如图 14-114 所示。

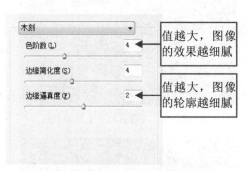

值越大，图像
的效果越细腻

值越大，图像
的轮廓越细腻

图 14-113　【木刻】选项

图 14-114　【木刻】滤镜效果

12.【水彩】滤镜

使用【水彩】滤镜将简化图像细节，并模拟使用水彩笔在图纸上绘画的效果。其选项设置如图 14-115 所示，图像效果如图 14-116 所示。

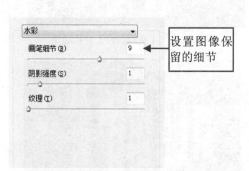

设置图像保
留的细节

图 14-115　【水彩】选项

图 14-116　【水彩】滤镜效果

> **提示**　使用【彩色铅笔】滤镜可以用来模拟雨丝效果，使用【水彩】滤镜可使图像产生印像派风格画效果。

13.【霓虹灯光】滤镜

使用【霓虹灯光】滤镜将在图像中颜色对比反差较大的边缘处产生类似霓虹灯发光的效果。其选项设置如图 14-117 所示，图像效果如图 14-118 所示。

14.【塑料包装】滤镜

【塑料包装】滤镜可增强图像中的高光并强调图像中的线条，好像为图像涂上一层光亮的塑料，使图像产生被蒙上塑料薄膜的效果。其选项设置如图 14-119 所示，图像效果如图 14-120 所示。

15.【涂抹棒】滤镜

【涂抹棒】滤镜使用短的对角线涂抹图像的较暗区域来柔和图像，可增大图像的对比度。其选项设置如图

14-121 所示，图像效果如图 14-122 所示。

图 14-117　【霓虹灯光】选项

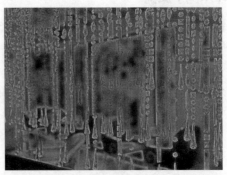

图 14-118　【霓虹灯光】滤镜效果

图 14-119　【塑料包装】选项

图 14-120　【塑料包装】滤镜效果

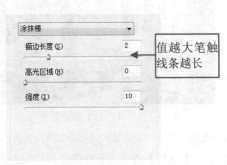

图 14-121　【涂抹棒】选项

图 14-122　【涂抹棒】滤镜效果

14.2　其他滤镜的设置与应用

在前面的 14.1 节中主要介绍了滤镜库中的常用滤镜，本节将重点介绍没有在滤镜库中的其他滤镜。

Example 实例　像素化类滤镜

大部分像素化滤镜会将图像转换成平面色块组成的图案，并通过不同的设置达到截然不同的效果。只有【彩块化】和【碎片】没有对应的参数设置对话框。

像素化类滤镜包括 7 种滤镜。选择【滤镜】|【像素化】菜单命令，在弹出的子菜单中选择相应的滤镜命令即可应用。本节以如图 14-123 所示原始图像来分别介绍这 7 种滤镜。

1.　【彩块化】滤镜

　　【彩块化】滤镜会使图像中的纯色或相似颜色凝结为彩色块,从而产生类似宝石刻画般的效果,如图 14-124 所示。该滤镜无对话框。

图 14-123　原图

图 14-124　【彩块化】滤镜效果

2.　【彩色半调】滤镜

　　【彩色半调】滤镜将模拟在图像的每个通道上使用扩大的半调网屏效果。对于每个通道,该滤镜用小矩形将图像分割,并用圆形图像替换矩形图像。其对话框如图 14-125 所示,图像效果如图 14-126 所示。

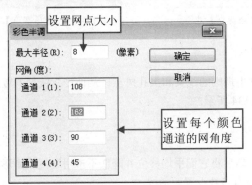

图 14-125　【彩色半调】对话框

图 14-126　【彩色半调】滤镜效果

3.　【点状化】滤镜

　　使用【点状化】滤镜可以在图像中随机产生彩色斑点,点与点间的空隙用背景色填充。其对话框如图 14-127 所示,得到的图像效果如图 14-128 所示。

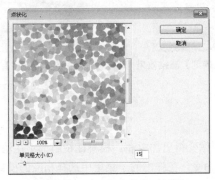

图 14-127　【点状化】对话框

图 14-128　【点状化】滤镜效果

4. 【晶格化】滤镜

使用【晶格化】滤镜可以使图像中相近的像素集中到一个像素的多角形网格中，从而使图像清晰化，其对话框如图 14-129 所示，得到的图像效果如图 14-130 所示。

5. 【马赛克】滤镜

使用【马赛克】滤镜可以把图像中具有相似彩色的像素统一合成更大的方块，从而产生类似马赛克般的效果。其对话框如图 14-131 所示，得到的图像效果如图 14-132 所示。

图 14-129　【晶格化】对话框

图 14-130　【晶格化】滤镜效果

图 14-131　【马赛克】滤镜

图 14-132　【马赛克】滤镜效果

6. 【铜版雕刻】滤镜

使用【铜版雕刻】滤镜将在图像中随机分布各种不规则的线条和虫孔斑点，从而产生镂刻的版画效果。其对话框如图 14-133 所示，得到的图像效果如图 14-134 所示。

7. 【碎片】滤镜

使用【碎片】滤镜可以将图像的像素复制 4 遍，然后将它们平均移位并降低不透明度，从而形成一种不聚焦的【四重视】效果，如图 14-135 所示。该滤镜没有参数设置对话框。

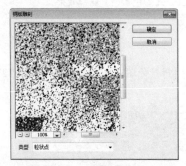

图 14-133　【铜板雕刻】滤镜

图 14-134　【铜板雕刻】滤镜效果

图 14-135　【碎片】滤镜效果

Example 实例　模糊类滤镜

模糊滤镜组可以让图像相邻像素间过渡平滑，从而使图像变得更加柔和。模糊滤镜组都不在滤镜库中显示，大部分都有独立的对话框。选择【滤镜】|【杂色】菜单命令，在弹出的子菜单中选择相应的模糊滤镜项。下面以图 14-136 所示原始图像来分别介绍该类滤镜。

1.　【表面模糊】滤镜

　　【表面模糊】滤镜在模糊图像的同时还会保留原图像边缘。选择【滤镜】|【模糊】|【表面模糊】菜单命令，打开其参数对话框，如图 14-137 所示，得到的图像效果如图 14-138 所示。

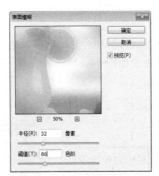

图 14-136　原图　　　　　图 14-137　【表面模糊】滤镜　　　图 14-138　【表面模糊】滤镜效果

2.　【动感模糊】滤镜

　　【动感模糊】滤镜通过对图像中某一方向上的像素进行线性位移来产生运动的模糊效果。其参数对话框如图 14-139 所示，得到的图像效果如图 14-140 所示。

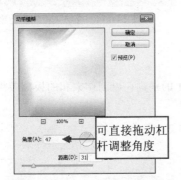

图 14-139　【动感模糊】滤镜　　　　　　图 14-140　【动感模糊】滤镜效果

3.　【方框模糊】滤镜

　　使用【方框模糊】滤镜可在图像中使用邻近像素颜色的平均值来模糊图像。其对话框如图 14-141 所示，得到的图像效果如图 14-142 所示。

图 14-141　【方框模糊】滤镜　　　　　　图 14-142　【方框模糊】滤镜效果

4. 【模糊】和【进一步模糊】滤镜

使用【模糊】滤镜可以对图像边缘进行模糊处理；使用【进一步模糊】滤镜的模糊效果与模糊滤镜的效果相似，但要比【模糊】滤镜的效果强 3～4 倍。这两个滤镜都没有参数设置对话框，可直接对图像进行模糊处理。

5. 【镜头模糊】滤镜

【镜头模糊】滤镜能使图像模拟摄像时镜头抖动产生的模糊效果，可以控制模糊距离、范围、强度和杂点。其对话框如图 14-143 所示，得到的图像效果如图 14-144 所示。

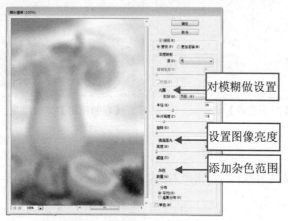

对模糊做设置

设置图像亮度

添加杂色范围

图 14-143 　【镜头模糊】滤镜

图 14-144 　【镜头模糊】滤镜效果

6. 【径向模糊】滤镜

【径向模糊】滤镜用于模拟前后移动相机或旋转相机产生的模糊，以制作柔和的模糊效果。其对话框如图 14-145 所示，得到的图像效果如图 14-146 所示。

图 14-145 　【径向模糊】滤镜

图 14-146 　【径向模糊】滤镜效果

7. 【高斯模糊】滤镜

【高斯模糊】滤镜将根据高斯曲线调节图像像素色值，使图像产生一种朦胧的效果。其对话框如图 14-147 所示，得到的图像效果如图 14-148 所示。

8. 【特殊模糊】滤镜

【特殊模糊】主要用于对图像进行精确模糊，是唯一不模糊图像轮廓的模糊方式，在其【模式】下拉列表框中可以选择模糊样式。其对话框如图 14-149 所示，得到的图像效果如图 14-150 所示。

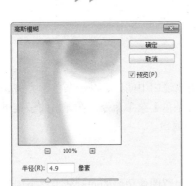

图 14-147　【高斯模糊】滤镜

图 14-148　【高斯模糊】滤镜效果

图 14-149　【特殊模糊】滤镜

图 14-150　【特殊模糊】滤镜效果

9. 【形状模糊】滤镜

【形状模糊】滤镜可以使图像按照某一形状进行模糊，在对话框中可以选择模糊的形状。其对话框如图 14-151 所示，得到的图像效果如图 14-152 所示。

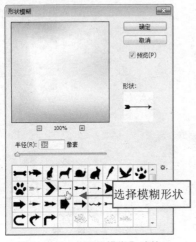

图 14-151　【形状模糊】滤镜

图 14-152　【形状模糊】滤镜效果

10. 【平均】滤镜

【平均】滤镜通过对图像中的平均颜色值进行柔化处理，从而产生模糊效果。该滤镜无参数设置对话框。

Example **实例** 杂色类滤镜

使用杂色滤镜组可随机分布像素,可添加或去掉杂色。该类滤镜由中间值、减少杂色、去斑、添加杂色和蒙尘与划痕5个滤镜组成。要应用它们,只须选择【滤镜】|【杂色】菜单命令,在弹出的子菜单中选择相应的滤镜项即可。下面以图14-153所示原始图像来分别介绍该类滤镜。

1. 【减少杂色】滤镜

【减少杂色】滤镜具有比较智能化的减少杂色的功能,可以在保留图像边缘的同时减少整个图像或各个通道中的杂色。参数设置如图14-154所示,得到的图像效果如图14-155所示。

图14-153　原图

图14-154　【减少杂色】滤镜

2. 【蒙尘与划痕】滤镜

【蒙尘与划痕】滤镜是通过将图像中有缺陷的像素融入周围的像素中,从而达到除尘和涂抹的效果。其对话框如图14-156所示,得到的图像效果如图14-157所示。

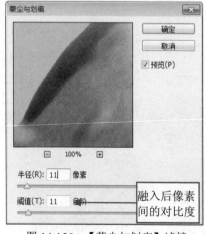

图14-156　【蒙尘与划痕】滤镜

图14-157　【蒙尘与划痕】滤镜效果

3. 【去斑】滤镜

【去斑】滤镜通过对图像进行轻微的模糊、柔化处理,从而达到掩饰图像中细小斑点、消除轻微折痕的效

果。该滤镜无参数设置对话框。

4.【添加杂色】滤镜

【添加杂色】滤镜。其对话框如图 14-158 所示，得到的图像效果如图 14-159 所示。

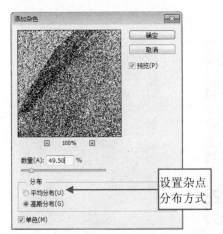

图 14-158　【添加杂色】滤镜　　　　　　　　　图 14-159　【添加杂色】滤镜效果

5.【中间值】滤镜

【中间值】滤镜是通过混合图像中像素的亮度来减少图像的杂色，该滤镜在消除或减少图像的动感效果时非常有用。其对话框如图 14-160 所示，得到的图像效果如图 14-161 所示。

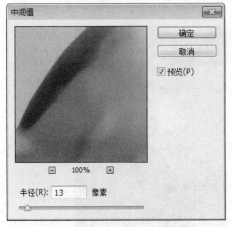

图 14-160　【中间值】滤镜　　　　　　　　　图 14-161　【中间值】滤镜效果

Example 实例　渲染类滤镜

渲染类滤镜组主要用于在图像中创建云彩、折射和模拟光线等。该滤镜组提供了 5 种渲染滤镜，都位于【滤镜】菜单下的【渲染】子菜单下，分别为【分层云彩】、【光照效果】、【镜头光晕】、 【纤维】和【云彩】滤镜。下面将以图 14-162 所示的原始图像来分别介绍该类滤镜。

1.【分层云彩】滤镜

【分层云彩】滤镜产生的效果与原图像的颜色有关，它不像云彩滤镜那样完全覆盖图像，而是在图像中添加一个分层云彩效果，图像效果如图 14-163 所示。

2. 【云彩】滤镜

【云彩】滤镜通过在前景色和背景色之间随机地抽取像素并完全覆盖图像，从而产生类似柔和云彩效果，图像效果如图 14-164 所示。该滤镜无参数设置对话框。

图 14-162　原图像　　　图 14-163　应用【分层云彩】滤镜　　　图 14-164　应用【云彩】滤镜

3. 【光照效果】滤镜

通过【光照效果】滤镜可以对图像使用不同类型的光源进行照射，从而使图像产生类似三维照明的效果。该滤镜只能用于 RGB 颜色模式的图像。选择该命令后，将直接进入【属性】面板，在其中可以设置各选项参数，如图 14-165 所示，图像效果如图 14-166 所示。

 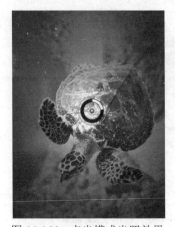

图 14-165　【光照效果】滤镜　　　　　图 14-166　点光模式光照效果

4. 【纤维】滤镜

使用【纤维】滤镜可以生成纤维效果，颜色受前景色和背景色影响。其对话框如图 14-167 所示，得到的图像效果如同 14-168 所示。

5. 【镜头光晕】滤镜

【镜头光晕】滤镜通过为图像添加不同类型的镜头，从而模拟镜头产生的眩光效果。其对话框如图 14-169 所示，得到的图像效果如图 14-170 所示。

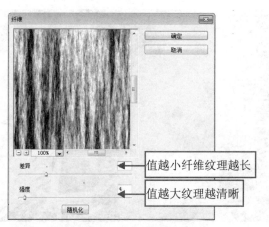

值越小纤维纹理越长

值越大纹理越清晰

图 14-167　【纤维】滤镜

图 14-168　图像效果

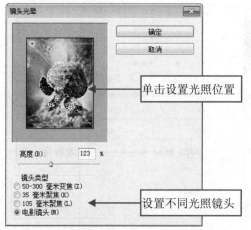

单击设置光照位置

设置不同光照镜头

图 14-169　【镜头光晕】滤镜

图 14-170　【镜头光晕】滤镜效果

> **提示**　在【镜头光晕】对话框中可以随意指定镜头光晕产生的位置，只须用鼠标左键在【光晕中心】栏下预览框中适当的地方单击即可。

Example （实例）　锐化类滤镜

锐化类滤镜中的滤镜主要是通过增加相邻像素的对比度，使模糊的图像清晰，画面更加鲜明，并使图像更加细腻。锐化类提供了 5 种滤镜，都位于【滤镜】菜单下的【锐化】子菜单下，分别为【USM 锐化】、【智能锐化】、【锐化】、【进一步锐化】和【锐化边缘】滤镜。

1. USM 锐化滤镜

【USM 锐化】滤镜将调整图像边缘细节的对比度，并在边缘的每一侧生成一条亮线和一条暗线，使图像更加清晰。其对话框如图 14-171 所示，如图 14-172 所示为使用该滤镜前后的效果。

2. 【智能锐化】滤镜

【智能锐化】滤镜比【USM 锐化】滤镜更加智能化，可以设置锐化算法或控制在阴影和高光区域中进行的锐化量，以获得更好的边缘检测并减少锐化晕圈，如图 14-173 所示。

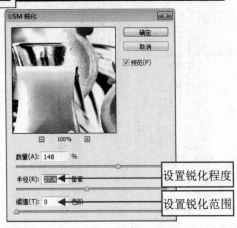

图 14-171 【USM 锐化】对话框

图 14-172 【USM 锐化】滤镜效果

设置锐化程度

设置锐化范围

选择锐化选项

设置锐化方法

图 14-173 【智能锐化】对话框

3. 【锐化】和【进一步锐化】滤镜

　　【锐化】滤镜用来增加图像像素间的对比度，使图像清晰化。【进一步锐化】滤镜和【锐化】滤镜功效相似，只是锐化效果更加明显。这两个滤镜都无参数设置对话框。

4. 【锐化边缘】滤镜

　　【锐化边缘】滤镜将查找图像中颜色发生显著变化的区域并对其进行锐化，同时保留图像总体的平滑度。该滤镜无参数设置对话框。

第 15 章　动作与批处理图像

动作和批处理图像都是 Photoshop 中能够对图像进行快速批量处理的功能，本章将介绍动作及其应用范围的相关知识，以及自动化批处理图像的操作方法。

本章学习要点
- 动作的使用
- 自动处理图像

15.1　动作的使用

在 Photoshop 中动作就是记录一组操作命令的集合，然后将动作再次应用于单个文件或一批文件，以达到对多个文件执行同一操作的目的。在 Photoshop 中大多数命令和工具操作都可以记录在动作中。

Example　实例　认识【动作】面板

动作就是对单个文件或一批文件记录的一系列命令。大多数命令和工具操作都可以记录在动作中。

利用【动作】面板可以记录选择、工具、色彩以及对话框选项和菜单命令，记录完成后可以重放这些动作，将其应用到屏幕上的选区或多个图像中。【动作】面板的缺省显示方式是【组】模式。在【组】模式下，不仅可以在面板中看到不同的动作，而且可以看到执行该动作时运行的 Photoshop 命令。

【动作】面板的功能，形象地解释就是像使用录像机一样将一系列的动作记录下来，成为一个"动作"，该动作可以应用到所有的图像中去。【动作】面板可以记录编辑图像过程中的每一个步骤，再在另一个或一批图像中全部或有选择地进行回放，实现与记录相同的效果。对一个文件可以进行多个动作操作。

在【动作】面板中，程序提供了很多自带的动作，如图像效果、处理、文字效果、画框和文字处理等。选择【窗口】|【动作】命令，打开【动作】面板，显示各选项定义，如图 15-1 所示。

- ✔项目锁定开/关：该方框位于【动作】面板的第一列。若框中没有【√】符号，则表示相应的动作或动作集不能重放；若框内有一个红色的【√】符号，则表示相应的动作集中有部分动作不能重放；若框内的【√】符号为黑色，则表示该动作集中的所有动作都可重放。在小方框内单击鼠标左键就可以取消或显示【√】符号。

图 15-1　【动作】面板

- 对话锁定开/关：该方框位于【动作】面板的第二列。若该图标是 ，则表示执行这个动作过程中系统不会暂停。

- ▷展开动作：单击该按钮，可展开动作的所有步骤，此时该按钮变为方向朝下。再次单击，操作步骤折叠起来回到原状态。

- 文件夹图标：文件夹是一组动作的集合，在文件夹的右边是文件夹的名称。用鼠标左键双击文件夹，将会弹出一个【组选项】对话框，用户可以在该对话框中更改文件夹的名称。

- 停止播放/记录：在录制状态下，单击该按钮将停止录制当前动作。

- 开始录制：单击该按钮可开始录制动作。

- 播放选定的动作：单击该按钮可重放当前选定的动作。

- 创建新组：单击该按钮会弹出一个简单的对话框用来输入新建文件夹的名称，单击【确定】按钮将新建一个用来存放动作的文件夹。

- 创建新动作：单击该按钮用来新建一个动作。

- 删除：单击该按钮从当前动作集中删除选定的动作。

- 快捷键菜单：单击该按钮，将弹出动作的快捷菜单，从中可选择各种命令对动作进行编辑。

Example 实例　运用【动作】面板执行动作

素材	光盘\素材\第 15 章\晨光.jpg
效果	光盘\效果\第 15 章\制作图像边框.psd
视频	光盘\视频\第 15 章\实例 122.mp4

操 作 步 骤

步骤 ① 打开素材图像【晨光.jpg】，如图 15-2 所示。单击【动作】面板右上角的 按钮，在弹出的快捷菜单中选择【画框】命令，如图 15-3 所示。

图 15-2　打开图像　　　　　　　　　　　　　图 15-3　载入【画框】动作组

步骤 ② 载入【画框】动作组后，单击该动作组前面的 按钮，展开【画框】动作组，选择【笔刷形画框】动作，如图 15-4 所示。

步骤 ③ 单击【动作】面板底部的【播放选定动作】按钮 ，这时系统自动执行当前动作，并将动作中的操作应用到图像中，如图 15-5 所示。

图 15-4　选择动作　　　　　　　　　　　　　图 15-5　图像效果

提
示　　在系统默认下，【动作】面板只显示【默认动作】动作组，通过快捷菜单还可载入图像效果、处理、文字效果、画框、纹理和视频动作 6 个动作组，每个组都包含了若干个动作。

Example **实例**　运用【创建新动作】按钮录制新动作

素材	光盘\素材\第 15 章\桥.jpg
视频	光盘\视频\第 15 章\实例 123.mp4

操 作 步 骤

步骤 ① 打开素材图像【桥.jpg】，如图 15-6 所示。单击【动作】面板底部的【创建新动作】按钮 ，即可打开【新建动作】对话框，如图 15-7 所示。

图 15-6　素材图像

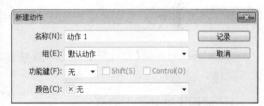

图 15-7　【新建动作】对话框

步骤 ② 在其中设置动作的名称、动作组、功能键和颜色后，单击【记录】按钮，即可新建一个动作，如图 15-8 所示。

步骤 ③ 选择【图像】|【调整】|【色彩平衡】命令，打开【色彩平衡】对话框，在【色阶】文本框中输入 −53、15、−89，如图 15-9 所示。

图 15-8　开始录制动作

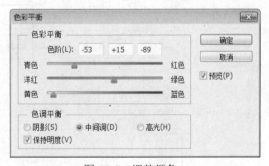

图 15-9　调整颜色

步骤 ④ 然后单击【确定】按钮即可，如图 15-9 所示，得到的图像效果如图 15-10 所示。

步骤 ⑤ 此时，在【动作】面板中即可查看录制的此项操作。如果不需要录制其他的动作，单击【停止播放/记录】按钮 ，如图 15-11 所示，即可完成操作过程的录制。

图 15-10　图像效果

图 15-11　停止播放/记录

15.2　自动处理图像

用户可以在 Photoshop 中使用一些自动处理图像功能，轻松地完成对多个图像的同时处理。

Example　实例　运用【批处理】命令处理多个图像

在 Photoshop 中，【批处理】命令可以对包含多个文件和子文件夹的文件夹播放动作，从而实现操作的自动化。

1．使用【批处理】命令

Photoshop 提供的批处理命令允许用户对一个文件夹的所有文件和子文件夹按批次输入并自动执行动作，从而大幅度地提高用户处理图像的效率。例如，用户要将某个文件夹内所有图像的文件颜色模式转换为另一种颜色模式，就可以使用批处理命令，成批地实现各图像文件的颜色模式转换。

打开需要批处理的所有图像文件或将所有文件移动到相同的文件夹。选择【文件】|【自动】|【批处理】命令，打开【批处理】对话框，显示出各选项的定义，如图 15-12 所示。

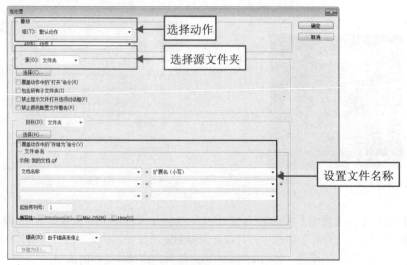

图 15-12　【批处理】对话框

- 【组】选项：用于选择所要执行的动作所在的组。
- 【动作】选项：选择所要应用的动作。
- 【源】选项：用于选择需要批处理的图像文件来源。选择【文件夹】选项，单击【选择】按钮可查找并选择需要批处理的文件夹；选择【导入】选项，则可导入其他途径获取的图像，从而进行批处理操作；选择【打开的文件】选项，可对所有已经打开的图像文件应用动作；选择【Bridge】选项，则可对文件浏览器中选取的文件应用动作。
- 【目标】选项：用于选择处理文件的目标。选择【无】选项，表示不对处理后的文件做任何操作；选择【存储并关闭】选项，可将进行批处理的文件存储并关闭以覆盖原来的文件；选择【文件夹】选项，并单击下面的【选择】按钮，可选择目标文件所保存的位置。
- 【文件命名】选项：在【文件命名】选项区域中的 6 个下拉列表框中，可指定目标文件生成的命名形式。在该选项区域中还可指定文件名的兼容性，如 Windows、Mac OS 以及 UNIX 操作系统。
- 【错误】选项：在该下拉列表框中可指定出现操作错误时软件的处理方式。

2. 创建快捷批处理方式

使用【创建快捷批处理】命令的操作方法与【批处理】命令相似，只是在创建快捷批处理方式后，在相应的位置会创建一个快捷方式图标，用户只须将需要处理的文件拖至该图标上即可自动对图像进行处理。

选择【文件】|【自动】|【创建快捷批处理】命令，打开【创建快捷批处理】对话框，如图 15-13 所示。在该对话框中设置好快捷批处理和目标文件的存储位置以及需要应用的动作后，单击【确定】按钮。打开存储快捷批处理的文件夹，即可在其中看到一个的快捷图标，将需要应用该动作的文件拖到该图标上即可自动完成图片的处理。

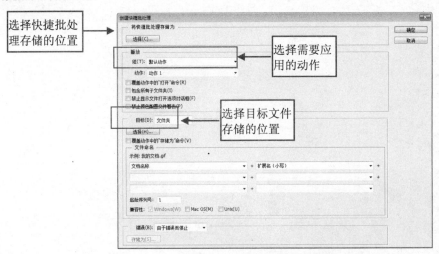

图 15-13　【创建快捷批处理】对话框

Example 实例　运用【自动】命令裁切并修正照片

素材	光盘\素材\第 15 章\需要修正的照片.psd
视频	光盘\视频\第 15 章\实例 124.mp4

操 作 步 骤

步骤 ❶ 打开素材图像【需要修正的图片.psd】，如图 15-14 所示。分别选择每个图层中的图像，并通过移动工具将其移动，使每个图像分离，如图 15-15 所示。

图 15-14　打开图像　　　　　　　　　　　　　　　图 15-15　调整局部图像位置

步骤 ② 选择【文件】|【自动】|【裁切并修齐照片】命令，系统将自动将原图像中的 4 幅图像单独分离出来，如图 15-16 所示。

图 15-16　裁切并分离后的图像

第16章 图像的打印与输出

Photoshop CS6 具有很强的打印输出的控制能力。本章除了介绍打印输出外，还将介绍一些相关知识，让用户能够更好地掌握打印输出操作。

本章学习要点

■ 打印与印刷中常见问题处理　　■ 图像的打印输出　　■ 图像的印刷输出

16.1 打印与印刷中常见问题处理

当用户完成一幅图像的制作后，需要将其打印或印刷出来，但是在进行打印或印刷之前，为了保证一次输出后的图像尽量满足正确，必须在印前解决一些印刷或打印过程中常出现的问题。

Example 实例　输出设备颜色的校对

平面设计者都会有这样的经历，自己明明在绘制图像过程中调制好了作品中不同区域的颜色，但在输出后却与源作品在色彩显示方面或多或少有些出入。这主要是由于显示器颜色显示或打印颜色设置出错造成的。

1. 显示器色彩校准

同一个图像文件在不同的显示器上或不同时间在显示器上的显示效果如果不一致，这就表明其中一台显示器上的颜色显示出现了失真，需要进行显示器颜色校准。用户可以手动调整显示器面板中的颜色或亮度按钮来校准，也可通过专业的显示器颜色校准仪器来辅助校准。另外，显示器受光照条件的影响也会使得其颜色出现一些偏差。

2. 打印机色彩校准

在计算机显示屏幕上看到的颜色和打印机打印纸张上的颜色一般不能完全匹配，这主要是因为计算机生成的颜色方式和打印机在纸上生成的颜色方式不同造成的。要让打印机输出的颜色和显示的颜色接近，需要注意设置好打印机的色彩管理参数并调整彩色打印机的偏色规律。

偏色规律是指由于彩色打印机中的墨盒使用时间较长或其他原因而造成墨盒中的某种颜色偏深或偏淡，调整的方法是更换墨盒或根据偏色规律调整墨盒中的墨粉，如对偏淡的墨盒添加墨粉等。上面的操作需要用户对打印机有清楚的了解，当然也可以请专业人员进行校准。

Example 实例　专色的设置

专色是指在印刷时，不是通过印刷 C、M、Y、K 四色合成一种颜色，而是专门用一种特定的油墨来印刷该颜色。专色油墨是由印刷厂预先混合好或油墨厂生产的，对于印刷品的每一种专色，在印刷时都有专门的一个色版对应。

使用专色可使颜色更准确，尽管不能准确地表示颜色，但通过标准颜色匹配系统的预印色样卡，能看到该颜色在纸张上准确的颜色，如 Pantone 彩色匹配系统就创建了很详细的色样卡。

对于设计中设定的非标准专色颜色，印刷厂不一定能准确地调配出来，而且在屏幕上也无法看到准确的颜色，所以若不是有特殊的需求就不要轻易使用自己定义的专色。

Example（实例）字体的配备

图像文件在印刷出片时，有时会发现胶片中的字体与图像本身的字体不相符，这是因为设计作品中使用了输出中心没有的特殊字体。解决方法是一般不使用不常见字体，或者把特殊字体复制给输出中心。另外，如果使用了非输出字体，也不能正常输出。

Example（实例）输出前应注意的问题

当图像最后要印刷时，下列几条是在输出之前需要注意的问题。

● 如果图像是以 RGB 模式扫描的，在进行色彩调整和编辑过程中，应尽可能保持 RGB 模式，最后一步再转换为 CMYK 模式，然后在输出成胶片之前进行一些色彩微调。

● 在转换为 CMYK 模式之前，将 RGB 模式的没有合并图层的图像存储为一个副本，以方便以后进行其他编辑和进行重大修改。

● 如果图像是以 CMYK 模式扫描的，那么就保持 CMYK 模式，没有必要将图像转换为 RGB 模式进行色彩调整，然后再转换回 CMYK 模式进行胶片输出，这样做会使像素信息受到影响。

● 在 RGB 模式下工作会更快一些，因为 RGB 模式下的文件会比 CMYK 模式小 25%。在 RGB 模式下，每个通道相当于总文件 1/3，而在 CMYK 模式下，每个通道相当于总文件的 1/4。

● 可以通过 Photoshop 提供的色彩调整图层进行图像的颜色改变，而不影响实际像素。这一功能对于图像的编辑和修改非常有帮助。

16.2 图像的打印输出

平面作品制作完成后可以将处理后的最终图像通过打印机输出到纸张上，以便于查看和修改，这是很常用的处理方法。

Example（实例）分彩校对

如果显示器显示的颜色有偏差或者打印机在打印图像时造成的图像颜色有偏差，将导致印刷后的图像色彩与在显示器中所看到的颜色不一致。因此，图像的色彩校准是印前处理工作中不可缺少的一步。色彩校准包括显示器色彩校准、打印机色彩校准和图像色彩校准。

● 显示器色彩校准：如果同一个图像文件的颜色在不同的显示器上或不同时间在显示器上的显示效果不一致，就需要对显示器进行色彩校准。有些显示器自带色彩校准软件，如果没有，用户可以手动调节显示器的色彩。

● 打印机色彩校准：在计算机显示屏幕上看到的颜色和用打印机打印到纸张上的颜色一般不能完全匹配，这主要是因为计算机生成颜色的方式和打印机在纸上生成颜色的方式不同。要让打印机输出的颜色和显示器上的颜色接近，设置好打印机的色彩管理参数和调整彩色打印机的偏色规律是一个重要途径。

● 图像色彩校准：图像色彩校准主要是指图像设计人员在制作过程中或制作完成后对图像的颜色进行校准。当用户指定某种颜色后，在进行某些操作后颜色有可能发生变化，这时就需要检查图像的颜色和当时设置的 CMYK 颜色值是否相同。如果不同，可以通过【拾色器】对话框调整图像颜色。

Example（实例）设置打印内容

在打印作品前，应根据需要有选择性地指定打印内容，打印内容主要是指如下几点。

1．打印全图像

在系统默认下，当前图像中所有可见图层上的图像都属于打印范围，所以图像处理完成后不必作任何改动。

2．打印指定图层

默认情况下，Photoshop CS6 会打印一幅图像中的所有可见图层，如果只须打印部分图层，可将不需要打印的图层设置为不可见即可。

3．打印指定选区

如果要打印图像中的部分图像，可先使用工具箱中的【矩形选框工具】在图像中创建一个图像选区，然后再进行打印即可。

4．多图像打印

多图像打印是指一次将多幅图像同时打印到一张纸上，可在打印前将要打印的图像移动到一个图像窗口中，然后再进行打印。

Example 实例　打印图像设置

视频	光盘\视频\第 16 章\实例 125.mp4

操作步骤

步骤❶ 打开需要打印的素材图像，选择【文件】|【打印】命令，打开【Photoshop 打印设置】对话框，如图 16-1 所示。

步骤❷ 在【份数】后面的数值框中输入打印份数，然后设置【版面】为【纵向打印纸张】，然后单击【位置和大小】前面的三角形图标，展开该选项，选择【居中】选项，将图像居中放置，如图 16-2 所示。

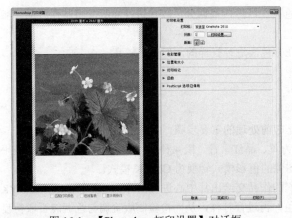

图 16-1　【Photoshop 打印设置】对话框

图 16-2　设置图像位置

步骤❸ 单击【完成】按钮完成设置，单击【打印】按钮，可以直接打印图像。

16.3　图像的印刷输出

通过印刷，可以将图像大量地印刷输出，如商场促销海报、电影宣传海报和图书等，这些都是通过打印所不能完成的任务。

Example (实例) 印前准备工作

印刷是指通过印刷设备将图像快速、大量输出到纸张等介质上，它是广告设计、包装设计、海报设计等作品的主要输出方式。在设计作品提交印刷之前，应进行一些准备工作，主要包括以下几个方面。

1. 字体准备

如果作品中运用了某种特殊字体，应准备好该字体的文件，在制作分色胶片时提供给输出中心。当然，除非必要，一般不使用特殊字体。

2. 文件准备

把所有与设计有关的图片文件、字体文件，以及设计软件中使用的素材文件准备齐全，一并提交给输出中心。

3. 存储介质准备

把所有文件保存在输出中心可接受的存储介质中，一般为 MO 磁光盘，也可采用 CD-R 或 CD-W 光盘作为存储介质。

4. 选择输出中心和印刷商

输出中心主要制作分色胶片，价格和质量参差不齐，应提前做些基本调查。印刷商则根据分色胶片制作印版、印刷和装订。

Example (实例) 印刷工艺流程

设计作品要进行印刷，应先将作品以电子文件的形式打样，以便了解设计作品的色彩、文字字体、位置是否正确。

样品无误后送到输出中心进行分色处理，得到分色胶片，然后根据分色胶片进行制版，将制作好的印版装到印刷机上，进行印刷。

为了更为精确地了解设计作品的印刷效果，也有在分色后进行打样的，但费用较高。

Example (实例) 分色和打样

图像在印刷之前，必须进行分色和打样，二者也是印前处理的重要步骤。

● 分色：在输出中心将原稿上的各种颜色分解为黄、品红、青、黑 4 种原色。在计算机印刷设计或平面设计软件中，分色工作就是将扫描图像或其他来源图像的色彩模式转换为 CMYK 模式。

● 打样：印刷厂在印刷之前，必须将所交付印刷的作品交给出片中心进行出片。输出中心先将 CMYK 模式的图像进行青色、品红、黄色和黑色 4 种胶片分色，再进行打样，从而检验制版阶调与色调能否取得良好的再现，并将复制再现的误差及应达到的数据标准提供给制版部门，作为修正或再次制版的依据，打样校正无误后交付印刷中心进行制版、印刷。

案例精通篇

第 17 章　特效图像案例实战

学习了 Photoshop 中各种工具命令的运用后，可以对图像进行各种调整。下面将制作几个特效图像案例，运用了多种图层样式和滤镜命令，制作出颜色亮丽、纹理特殊、多图自然融合的图像效果。

本章学习要点

- ■ 制作花园文字
- ■ 艺术底纹特效设计
- ■ 制作咖啡搅拌效果
- ■ 合成海洋中的瓶子

Example 实例 制作花园文字

在本实例的制作过程中，主要运用了【高斯模糊】、【斜面和浮雕】、【描边】、【渐变叠加】、【内发光】和【画笔工具】等内容，制作出朦胧背景图像和彩色特效文字。

本实例制作的是花园文字，效果如图 17-1 所示。

图 17-1　图像效果

素材	光盘\素材\第 17 章\花园.jpg
效果	光盘\效果\第 17 章\制作花园文字.psd
视频	光盘\视频\第 17 章\实例 126.mp4

操 作 步 骤

步骤 ❶ 选择【文件】|【打开】命令，打开素材图像【花园.jpg】，如图 17-2 所示。下面先制作图像的朦胧效果。

步骤 ❷ 按【Ctrl+J】组合键复制背景图层，在【图层】面板中得到【图层 1】，如图 17-3 所示。

图 17-2　打开素材图像

图 17-3　复制图层

步骤 3 选择【滤镜】|【模糊】|【高斯模糊】对话框，打开【高斯模糊】对话框，设置【半径】为 5，如图 17-4 所示。

步骤 4 单击【确定】按钮，得到模糊图像效果，如图 17-5 所示。

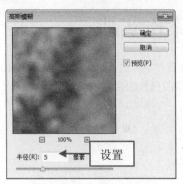

图 17-4　设置模糊半径

图 17-5　模糊图像效果

步骤 5 设置图层 1 中的图层混合模式为【变亮】，如图 17-6 所示，得到的朦胧图像效果如图 17-7 所示。

图 17-6　设置图层混合模式

图 17-7　图像效果

步骤 6 选择【横排文字工具】，在图像中输入英文文字，并在属性栏中设置字体为 chancelaresca，颜色为白色，如图 17-8 所示。

步骤 7 选择【图层】|【图层样式】|【斜面和浮雕】命令，打开【图层样式】对话框，设置【样式】为【内斜面】，然后再设置其他参数，如图 17-9 所示。

图 17-8　输入文字

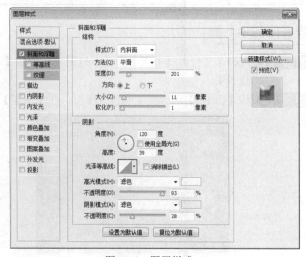

图 17-9　图层样式

步骤 8 选择对话框中的【描边】选项，设置【大小】为 5 像素，再设置其他选项，单击颜色后面的色块，设置颜色为白色，如图 17-10 所示。

步骤 9 选择对话框中的【内发光】选项，设置【混合模式】为【正片叠底】，再设置其他选项参数。单击渐变色条，在弹出的对话框中设置颜色从淡紫色（R:218、G:138、B:188）渐变到白色，然后回到【图层样式】对话框，如图 17-11 所示。

图 17-10　设置描边选项

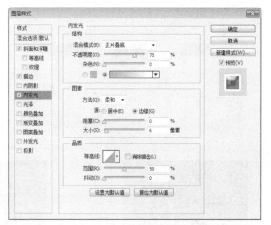

图 17-11　设置内发光选项

步骤 10 选择对话框中的【颜色叠加】选项，单击【混合模式】后面的色块，设置颜色为淡紫色（R:218、G:138、B:188），再设置其他选项，如图 17-12 所示。

步骤 11 选择对话框中的【渐变叠加】选项，设置其他选项，如图 17-13 所示，单击【渐变】后面的渐变色条，打开【渐变编辑器】对话框，设置渐变颜色从白色到蓝色（R:44、G:89、B:147）到紫色（R:194、G:0、B:81），如图 17-14 所示。

图 17-12　设置颜色叠加选项

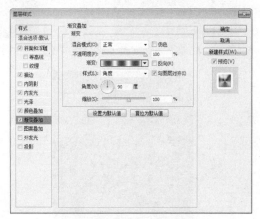

图 17-13　设置渐变叠加选项

步骤 12 单击【确定】按钮，得到特殊文字图像效果，如图 17-15 所示。

步骤 13 新建图层 2。选择【画笔工具】，单击属性栏中的 按钮，打开【画笔】面板，选择画笔样式为【柔角 28】，再设置【间距】为 95%，如图 17-16 所示。

步骤 14 选择【形状动态】选项，设置【大小抖动】为 100%，其他参数设置如图 17-17 所示；再设置【散布】选项，选择【两轴】选项，设置其参数为 1000%，如图 17-18 所示。

步骤 15 设置前景色为白色，在图像中绘制出散布的白色圆点，再设置图层 2 的【不透明度】为 70%，如图 17-19 所示，得到的图像效果如图 17-20 所示。

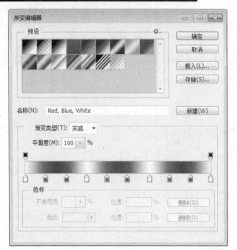

图 17-14　设置渐变颜色

图 17-15　文字效果

图 17-16　设置画笔间距

图 17-17　设置形状动态

图 17-18　设置散布选项

图 17-19　设置图层不透明度

图 17-20　图像效果

Example　实例　艺术底纹特效设计

　　在本实例的制作过程中，主要运用【渐变工具】、【云彩】、【海洋波纹】、【定义图案】、【内发光】和【投影】等内容，使用户掌握花瓣图像和背景图像的制作方法。

　　本实例制作的是艺术底纹特效设计，效果如图 17-21 所示。

图 17-21　图像效果

效果	光盘\效果\第 17 章\艺术底纹特效设计.pptx
视频	光盘\视频\第 17 章\实例 127.mp4

操 作 步 骤

步骤 1 选择【文件】|【新建】命令，打开【新建】对话框，设置文件名称为【艺术底纹特效设计】、【宽度】和【高度】分别为 12 厘米、8 厘米，分辨率为 200 像素/英寸，如图 17-22 所示。

步骤 2 设置前景色为黑色，单击【图层】面板底部的【创建新图层】按钮，创建图层 1，按【Alt+Delete】组合键填充背景颜色，如图 17-23 所示。

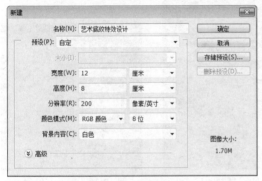

图 17-22　新建文件

图 17-23　填充背景

步骤 3 新建图层 2，选择【椭圆选框工具】在图像中绘制一个椭圆形选区，并填充为白色，如图 17-24 所示。

步骤 4 保持选区状态，选择【选择】|【羽化】命令，打开【羽化选区】对话框，设置半径参数为 8 像素，如图 17-25 所示。

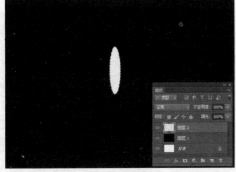

图 17-24　新建图层

图 17-25　填充背景

步骤 5 单击【确定】按钮，得到羽化选区，然后按【Delete】键删除选区中的图像，再按【Ctrl+D】组合键取消选区，如图 17-26 所示。

步骤 6 按【Ctrl+J】组合键复制图层 2，然后选择【编辑】|【自由变换】命令，在图像周围出现变换框，将中心点拖动到花瓣的底端，再旋转变换框，围绕中心点旋转图像，如图 17-27 所示。

图 17-26　删除图像

图 17-27　旋转图像

步骤 7 按【Shift+Ctrl+Alt+T】组合键重复旋转复制的操作，得到的图像效果如图 17-28 所示，而【图层】面板中也添加了多个复制的图层，如图 17-29 所示。

步骤 8 按【Shift】键选择图层 2 和所有复制的图层 2 副本图层，再按【Ctrl+E】组合键合并所选的图层，合并后的图层重新命名为【花瓣】，如图 17-30 所示。

图 17-28　旋转复制图像

图 17-29　复制图层

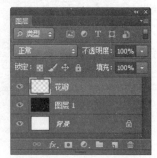

图 17-30　重命名图层

步骤 9 按【Ctrl+J】组合键复制花瓣图层，然后按【Ctrl+T】组合键自由变换图像，按住【Shift+Ctrl】组合键中心缩小图像，再适当旋转图像，如图 17-31 所示。

步骤 10 再次复制花瓣图层，得到【花瓣副本 2】图层，如图 17-32 所示。按【Ctrl+T】组合键中心缩小图像，得到的图像效果如图 17-33 所示。

图 17-31　旋转图像

图 17-32　复制图层

图 17-33　缩小图像

步骤 ⑪ 按住【Ctrl】键选择所有花瓣图层，按【Ctrl+E】组合键合并图层，使用移动工具将花瓣图像放到画面右下方，得到的图像效果如图 17-34 所示。

步骤 ⑫ 选择【编辑】|【变换】|【缩放】命令，放大花瓣图像，然后再复制一次花瓣图像，放到图像左上方，效果如图 17-35 所示。

图 17-34　移动图像位置

图 17-35　复制并放大图像

步骤 ⑬ 选择图层 1，选择【渐变工具】，单击属性栏左侧的渐变色条，打开【渐变编辑器】对话框，设置渐变颜色从紫色（R:173、G:39、B:169）到淡黄色（R:255、G:249、B:94），再适当调整色标位置，如图 17-36 所示。

步骤 ⑭ 单击属性栏中的【径向渐变】按钮，在图像左上方按住鼠标左键向右下方拖动，得到径向渐变填充效果，如图 17-37 所示。

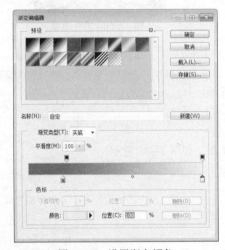
图 17-36　设置渐变颜色

图 17-37　图像效果

提示　在【渐变编辑器】对话框中，选择渐变色条上面的色标，可以在【不透明度】数值框中设置颜色透明度参数；双击下面的色标，可以在打开的对话框中设置图像颜色。

步骤 ⑮ 选择花瓣图层，设置图层【不透明度】为 30%，再选择花瓣副本图层，设置图层不透明度为 60%，如图 17-38 所示，得到的图像透明效果如图 17-39 所示。

步骤 ⑯ 选择【文件】|【新建】命令，打开【新建】对话框，设置各选项参数，如图 17-40 所示。

步骤 ⑰ 单击【确定】按钮，得到新建的图像文件。新建图层 1，选择【矩形选框工具】在图像中绘制一个矩形选区，填充为淡红色（R:255、G:213、B:191），如图 17-41 所示。

图 17-38 设置渐变颜色

图 17-39 图像效果

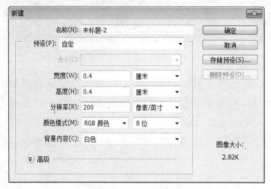

图 17-40 新建图像

图 17-41 填充图像

步骤 18 选择【编辑】|【定义图案】命令，打开【图案名称】对话框。设置【名称】为【线条】，如图
17-42 所示，单击【确定】按钮完成定义。

步骤 19 切换到花瓣图像，新建一个图层。选择【编辑】|【填
充】命令，打开【填充】对话框，在【使用】下拉列
表框中选择【图案】，然后单击【自定图案】右侧的
下三角形按钮，在弹出的面板中选择最新定义的图像，如图 17-43 所示。

图 17-42 定义图案

步骤 20 单击【确定】按钮，得到填充后的图像，效果如图 17-44 所示。

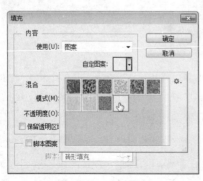

图 17-43 选择图案

图 17-44 填充图像

步骤 21 设置图层混合模式为【正片叠底】，【不透明度】为 70%，如图 17-45 所示，得到的图像效果如
图 17-46 所示。

步骤 22 选择【椭圆选框工具】在图像中绘制一个圆形选区，然后在选区中单击鼠标右键，在弹出的菜单

中选择【羽化】命令，打开【羽化选区】对话框，设置半径为 50 像素，如图 17-47 所示。

图 17-45 设置图层属性

图 17-46 图像效果

步骤 ㉓ 单击【确定】按钮，得到羽化选区效果，再按【Delete】键删除选区中的图像，得到如图 17-48 所示的效果。

图 17-47 设置羽化参数

图 17-48 删除图像

步骤 ㉔ 新建一个图层，选择【椭圆选框工具】在图像中绘制一个圆形选区，如图 17-49 所示。

步骤 ㉕ 选择【编辑】|【描边】命令，打开【描边】对话框，设置描边【宽度】为 1 像素，颜色为白色，如图 17-50 所示。

图 17-49 绘制圆形选区

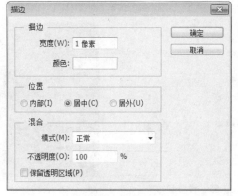

图 17-50 设置描边选项

步骤 ㉖ 单击【确定】按钮，得到描边图像，如图 17-51 所示。选择【滤镜】|【模糊】|【高斯模糊】命令，打开【高斯模糊】对话框，设置【半径】为 6 像素，如图 17-52 所示。

图 17-51　描边效果

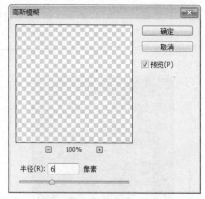

图 17-52　设置描边选项

步骤 27 单击【确定】按钮得到图像模糊效果，然后复制两次圆形，并适当缩小，如图 17-53 所示。

步骤 28 新建一个图层，设置前景色为黑色，背景色为白色。然后选择【滤镜】|【渲染】|【云彩】命令，得到云彩图像效果，如图 17-54 所示。

图 17-53　复制并缩小图像

图 17-54　云彩效果

步骤 29 选择【滤镜】|【滤镜库】命令，打开【滤镜库】对话框，选择【扭曲】|【海洋波纹】选项，设置参数分别为 10、13，如图 17-55 所示。

步骤 30 单击【确定】按钮，得到海洋波纹图像效果，并设置图层混合模式为【叠加】，如图 17-56 所示，得到特殊图像效果，如图 17-57 所示。

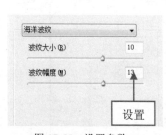

图 17-55　设置参数

图 17-56　设置图层混合模式

图 17-57　图像效果

步骤 31 新建一个图层，设置前景色为白色。选择【画笔工具】，在属性栏中设置画笔样式为【柔角】，在图像中绘制多个白色圆点，效果如图 17-58 所示。

步骤 32 打开素材图像【艺术字.psd】，使用移动工具将其拖动到图像中，放到如图 17-59 所示的位置。

图 17-58 绘制白色圆点

图 17-59 添加艺术文字

步骤 (33) 选择【图层】|【图层样式】|【内发光】命令，设置内发光颜色为淡黄色（R:255、G:255、B:0），再设置其他各项参数，如图 17-60 所示。

步骤 (34) 选择【投影】选项，设置投影颜色为黑色，其他参数设置如图 17-61 所示。

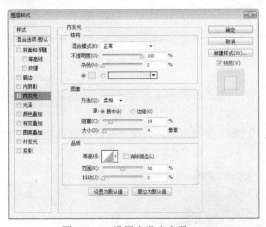

图 17-60 设置内发光参数

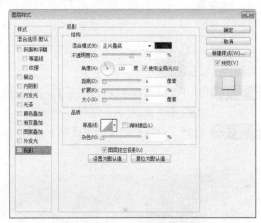

图 17-61 设置投影参数

步骤 (35) 单击【确定】按钮，得到如图 17-62 所示的文字效果。选择【横排文字工具】在图像中再输入其他文字，调整文字大小及位置，得到最终图像，如图 17-63 所示。

图 17-62 文字效果

图 17-63 最终效果

Example 实例 制作咖啡搅拌效果

在本实例的制作过程中，主要运用了【新建幻灯片】、【输入文本】、【添加项目符号】、【绘制形状】、【插入超链接】和【添加动画效果】等内容。

本实例制作的是一个搅拌的咖啡效果，效果如图 17-64 所示。

图 17-64　图像最终效果

素材	光盘\素材\第 17 章\咖啡杯.jpg
效果	光盘\效果\第 17 章\制作咖啡搅拌效果.psd
视频	光盘\视频\第 17 章\实例 128.mp4

操 作 步 骤

步骤 ① 打开素材图像【咖啡杯.jpg】，如图 17-65 所示。可以看到咖啡杯里的咖啡是平静的，下面将制作出搅拌效果。

步骤 ② 选择工具箱中的【椭圆选框工具】，在咖啡杯中绘制一个圆形选区，将咖啡图像框选起来，如图 17-66 所示。

图 17-65　打开素材图像

图 17-66　绘制圆形选区

步骤 ③ 选择【选择】|【修改】|【羽化】命令，打开【羽化选区】对话框，设置【羽化半径】为 4 像素，如图 17-67 所示。

步骤 ④ 单击【确定】按钮，得到羽化选区。新建一个图层，选择【渐变工具】，单击属性栏左上方的渐变色条，打开【渐变编辑器】对话框，设置渐变颜色从咖啡色（R:55、G:26、B:13）到黑色，如图 17-68 所示。

图 17-67　设置羽化半径

步骤 ⑤ 单击属性栏中的【线性渐变】按钮，在选区中从左下方到右上方拖动鼠标指针，得到渐变填充效果，如图 17-69 所示。

步骤 ⑥ 在【图层】面板中设置图层 1 的图层混合模式为【滤色】，如图 17-70 所示，得到的图像效果如图 17-71 所示。

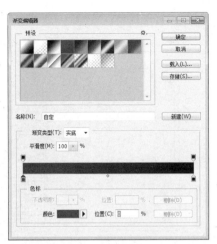

图 17-68　设置渐变颜色

图 17-69　填充渐变颜色

图 17-70　设置图层混合模式

图 17-71　图像效果

步骤 7 新建图层 2，设置前景色为白色，选择【画笔工具】，在属性栏中设置画笔样式为柔角 65，然后在咖啡中绘制出几个白色图像，如图 17-72 所示。

步骤 8 按住【Ctrl】键单击图层 1，载入咖啡图像选区。选择【滤镜】|【扭曲】|【旋转扭曲】命令，打开【旋转扭曲】对话框，【角度】为 252，如图 17-73 所示。

图 17-72　绘制图像

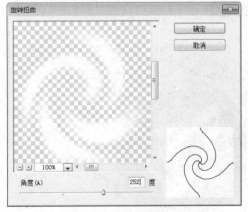

图 17-73　设置图像旋转

步骤 9 单击【确定】按钮，得到图像旋转的效果，继续保持选区状态，如图 17-74 所示。

步骤 10 选择【滤镜】|【扭曲】|【水波】命令，打开【水波】对话框。设置【数量】为 16、【起伏】为 5，

然后在【样式】下拉列表中选择【水池波纹】选项，如图 17-75 所示。

图 17-74　旋转图像效果

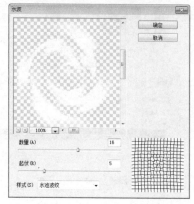

图 17-75　设置水波参数

步骤 ⑪ 单击【确定】按钮，得到水波图像，再按【Ctrl+D】组合键取消选区，如图 17-76 所示。

步骤 ⑫ 选择【滤镜】|【扭曲】|【波浪】命令，打开【波浪】对话框，选择【正弦】和【折回】选项，再分别设置其他参数，如图 17-77 所示。

图 17-76　水波图像效果

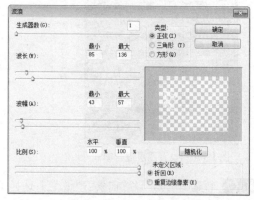

图 17-77　【波浪】对话框

步骤 ⑬ 单击【确定】按钮，得到波浪图像。再选择【椭圆选框工具】在咖啡图像周围绘制一个圆形选区，如图 17-78 所示。

步骤 ⑭ 选择【滤镜】|【扭曲】|【旋转扭曲】命令，打开【旋转扭曲】对话框，设置角度为 310，如图 17-79 所示。

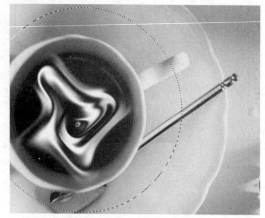

图 17-78　波浪图像效果

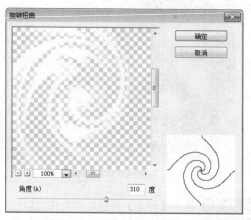

图 17-79　【旋转扭曲】对话框

步骤 ⑮ 单击【确定】按钮，得到旋转扭曲图像效果，如图 17-80 所示。按【Ctrl+T】组合键适当缩小图像，使其符合咖啡图像大小，如图 17-81 所示。

图 17-80　图像扭曲效果

图 17-81　缩小图像

步骤 ⑯ 在变换框中单击鼠标右键，在弹出的菜单中选择【垂直翻转】命令，效果如图 17-82 所示。

步骤 ⑰ 选择【橡皮擦工具】，对超出咖啡边缘的图像进行擦除，得到如图 17-83 所示的效果。

图 17-82　垂直翻转图像

图 17-83　擦除图像

步骤 ⑱ 在【图层】面板中设置图层混合模式为【叠加】，如图 17-84 所示，得到如图 17-85 所示的效果。

图 17-84　设置图层混合模式

图 17-85　图像效果

步骤 ⑲ 选择【横排文字工具】在图像右侧输入文字，并打开【字符】面板，设置字体为黑体，颜色为白色，再单击【仿斜体】按钮 *T*，如图 17-86 所示，得到如图 17-87 所示的效果。

步骤 ⑳ 选择【图层】|【图层样式】|【外发光】命令，打开【图层样式】对话框，设置外发光颜色为深黄色（R:85、G:54、B:1），再设置其他选项参数，如图 17-88 所示。

图 17-86 【字符】面板

图 17-87 输入文字

步骤 21 单击【确定】按钮，得到外发光图像效果，如图 17-89 所示，完成本实例的操作。

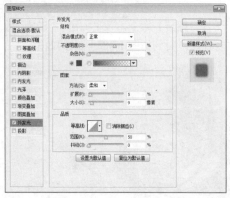

图 17-88 设置外发光样式

图 17-89 文字效果

Example 实例 合成海洋中的瓶子

在本实例的制作过程中，主要运用了【通道】、【曲线】、【图层蒙版】和【图层混合模式】等内容，将多个图像组合在一起，合成一个特殊的图像效果。

本实例制作的是一个合成图像，效果如图 17-90 所示。

图 17-90 图像效果

素材	光盘\素材\第 17 章\玻璃瓶.jpg、水花.psd、海底世界.jpg、白云.jpg
效果	光盘\效果\第 17 章\合成海洋中的瓶子.psd
视频	光盘\视频\第 17 章\实例 129.mp4

操作步骤

步骤 1 打开素材图像【玻璃瓶.jpg】，如图 17-91 所示。选择【图像】|【图像旋转】|【90度（顺时针）】命令，旋转图像，如图 17-92 所示。

图 17-91 打开素材图像

图 17-92 旋转图像

图 17-93 绘制路径

步骤 2 选择【钢笔工具】，在瓶身外侧绘制路径，如图 17-93 所示。按【Ctrl+Enter】组合键将路径转换为选区，然后按【Ctrl+J】组合键复制选区中的图像，得到图层 1，如图 17-94 所示。

步骤 3 选择背景图层，按【Ctrl+J】组合键复制图层，得到背景副本图层，选择背景图层，填充为黑色，然后隐藏背景副本图层，如图 17-95 所示。

步骤 4 分别为图层 1 和背景副本图层重命名，参照如图 17-96 所示的方式命名。

步骤 5 切换到【通道】面板，选择蓝通道，将其拖动到面板底部的【创建新通道】按钮 中，得到复制的蓝副本通道，如图 17-97 所示。

图 17-94 复制图像

图 17-95 复制图层

图 17-96 重命名图层

图 17-97 复制通道

步骤 6 选择【图像】|【调整】|【曲线】命令，打开【曲线】对话框，设置曲线为如图 17-98 所示的样式，单击【确定】按钮，得到曲线调整效果，如图 17-99 所示。

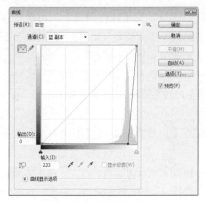

图 17-98 调整曲线

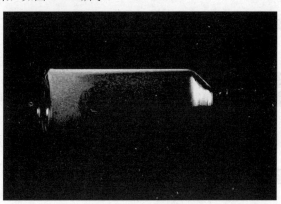

图 17-99 图像效果

步骤 7 选择【滤镜】|【模糊】|【高斯模糊】命令，打开【高斯模糊】对话框，设置半径为 0.5，适当对图像进行模糊，如图 17-100 所示。

步骤 8 单击【确定】按钮，回到【通道】面板，按住【Ctrl】键单击蓝副本通道，载入图像选区；然后切换到【图层】面板，选择高光图层，单击面板底部的【添加图层蒙版】按钮 ，得到如图 17-101 所示的效果。

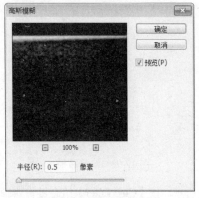

图 17-100　设置模糊参数

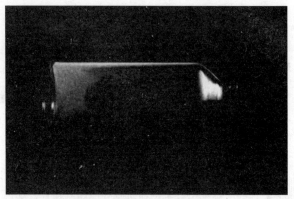

图 17-101　添加图层蒙版

步骤 9 设置前景色为白色，选择【画笔工具】，在属性栏中设置画笔样式为柔角 80 像素，对瓶子边缘进行涂抹，得到如图 17-102 所示的效果。

步骤 10 选择瓶子图层，设置【图层混合模式】为【正片叠底】，再设置不透明度为 75%，如图 17-103 所示。

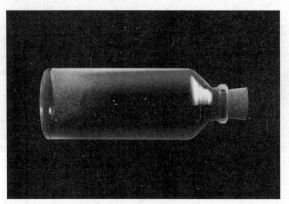

图 17-102　涂抹图像效果

图 17-103　图层属性

步骤 11 选择背景图层，再选择【渐变工具】，在属性栏中设置渐变方式为【线性渐变】，再单击渐变色条，打开对话框，设置渐变颜色从深蓝色（R:36、G:73、B:89）到浅蓝色（R:193、G:217、B:228），然后在图像中按住鼠标左键从上到下拖动鼠标指针，填充效果如图 17-104 所示。

步骤 12 新建一个图层，选择【矩形选框工具】在图像中绘制一个矩形选框，如图 17-105 所示。

步骤 13 选择【渐变工具】，在选区中从上到下应用线性渐变填充，设置颜色从蓝色（R:36、G:74、B:89）到透明，如图 17-106 所示。

步骤 14 将该图层放到【高光】图层下方，并设置图层混合模式为【正片叠底】，【不透明度】为 60%，如图 17-107 所示。

步骤 15 选择【滤镜】|【模糊】|【高斯模糊】命令，打开【高斯模糊】对话框，设置半径为 4 像素，如图 17-108 所示，单击【确定】按钮，得到图像模糊效果，如图 17-109 所示。

图 17-104 渐变填充背景

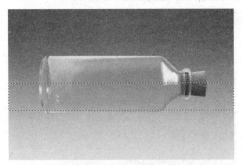

图 17-105 绘制矩形选区

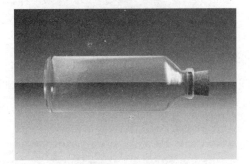

图 17-106 填充选区

图 17-107 设置图层属性

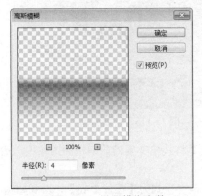

图 17-108 设置模糊参数

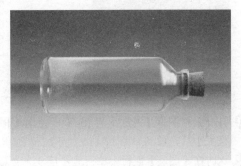

图 17-109 图像效果

步骤 16 打开素材图像【水花.psd】，使用移动工具直接拖曳图像到当前编辑的图像中，适当调整大小，放到瓶子图像中，如图 17-110 所示。

步骤 17 这时【图层】面板中将自动生成图层 2，设置其图层混合模式为【正片叠底】，得到如图 17-111 所示的效果。

图 17-110 添加素材图像

图 17-111 设置图层混合模式效果

步骤 ⑱ 按住【Ctrl】键单击高光图层，载入瓶子图像选区，如图 17-112 所示。然后按【Ctrl+Shift+I】组合键反向选区，按【Delete】键删除选区中的图像，如图 17-113 所示。

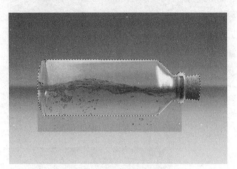

图 17-112　获取图像选区

图 17-113　删除图像

步骤 ⑲ 保持选区状态，新建图层 3，设置图层混合模式为【正片叠底】，如图 17-114 所示。

步骤 ⑳ 设置前景色为蓝色（R:22、G:177、B:239）。选择【画笔工具】，在属性栏中设置画笔样式为柔角 60，不透明度为 46%，然后对瓶子的头部和尾部进行涂抹，添加一些蓝色效果，如图 17-115 所示。

图 17-114　设置图层属性

图 17-115　绘制图像

步骤 ㉑ 打开素材图像【海底世界.jpg】，使用【移动工具】将其拖曳到当前编辑的图像中，适当调整图像大小后，放到如图 17-116 所示的位置。

步骤 ㉒ 这时在【图层】面板中将得到图层 4，设置其图层混合模式为【正片叠底】，得到如图 17-117 所示的图像效果。

图 17-116　添加素材图像

图 17-117　设置图层混合模式

步骤 ㉓ 将图层 4 放到高光图层下方，再单击面板底部的【添加图层蒙版】按钮 ▣，使用【画笔工具】在图像上方做涂抹，隐藏部分图像，如图 17-118 所示。【图层】面板如图 17-119 所示。

步骤 ㉔ 打开素材图像【白云.jpg】，使用【移动工具】将其拖曳到当前编辑的图像中，放到如图 17-120 所示的位置。在【图层】面板中将该图像的图层放到图层 4 的下方。

图 17-118　隐藏图像

图 17-119　【图层】面板

步骤 25 设置图层混合模式为【叠加】，不透明度为 50%，得到的图像效果如图 17-121 所示。

图 17-120　添加素材图像

图 17-121　设置图层属性

步骤 26 为该图层添加图层蒙版，然后使用【画笔工具】对图像底部进行涂抹，使其过渡得更加自然。【图层】面板如图 17-122 所示，得到的图像效果如图 17-123 所示，完成实例的操作。

图 17-122　添加图层蒙版

图 17-123　完成效果

第18章 海报案例实战

海报设计必须有相当的号召力与艺术感染力，要调动形态、色彩、构图、形式感等因素形成强烈的视觉效果；它的画面应有较强的视觉中心，应力求新颖、单纯，还必须具有独特的艺术风格和设计特点。下面将制作几个商业海报案例，综合运用 Photoshop 中的多种功能命令，以得到具有艺术效果的图像。

本章学习要点
- 服饰店海报
- 酒宣传海报
- 商场开业海报

Example 实例 **服饰店海报**

在本实例的制作过程中，将主要运用【云彩滤镜】、【图层蒙版】、【图层样式】和【画笔工具】等内容，制作出具有艺术特色的服饰店海报，效果如图 18-1 所示。

图 18-1 服饰店海报图像效果

素材	光盘\素材\第 18 章\花朵.psd、花朵 2.psd、文字.psd、模特 1.psd、模特 2.psd、纹理.jpg
效果	光盘\效果\第 18 章\服饰店海报.psd
视频	光盘\视频\第 18 章\实例 130.mp4

操 作 步 骤

步骤 ① 选择【文件】|【新建】命令，打开【新建】对话框，设置名称为【服饰店海报】、【宽度】和【高度】分别为 10 厘米和 7.5 厘米、【分辨率】为 300 像素/英寸，如图 18-2 所示。

步骤 ② 设置前景色为蓝色（R:128、G:231、B:240），背景色为白色，选择【滤镜】|【渲染】|【云彩】命令，得到云彩背景效果，如图 18-3 所示。

步骤 ③ 按【Ctrl+J】组合键复制背景图层，得到图层 1，设置其【不透明】为 50%，图层混合模式为【正片叠底】，如图 18-4 所示。再选择【编辑】|【变换】|【水平翻转】命令翻转图像，效果如图 18-5 所示。

步骤 ④ 打开素材图像【纹理.jpg】，如图 18-6 所示，选择【移动工具】将其拖曳到当前编辑的图像中，按【Ctrl+T】组合键适当旋转图像，并放到如图 18-7 所示的位置。

步骤 ⑤ 这时在【图层】面板中将得到图层 2，设置图层混合模式为【颜色加深】，再单击【图层】面板底部的【添加图层蒙版】按钮，使用【画笔工具】对图像进行涂抹，隐藏部分图像。【图层】面板如图 18-8 所示，图像效果如图 18-9 所示。

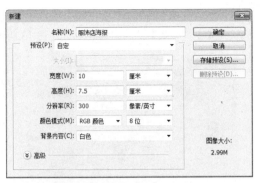

图 18-2 新建图像

图 18-3 云彩效果

图 18-4 设置图层属性

图 18-5 翻转效果

图 18-6 打开素材图像

图 18-7 调整图像位置

图 18-8 添加图层蒙版

图 18-9 添加蒙版后的效果

步骤 6 按【Ctrl+J】组合键复制一次图层 2，得到图层 2 副本，如图 18-10 所示。使用【移动工具】适当调整图像位置，得到如图 18-11 所示的效果。

图 18-10 复制的图层

图 18-11 移动图像效果

步骤 7 新建图层 3，设置前景色为绿色（R:19、G:218、B:22），选择【画笔工具】在画面左上方绘制出圆点图形，如图 18-12 所示，然后设置该图层混合模式为【正片叠底】，其图像效果如图 18-13 所示。

图 18-12　绘制图像 　　　　　　　　　　　　　图 18-13　图像效果

步骤 8 复制一次图层 3，设置图层混合模式为【正常】，【不透明度】为 60%，使用【移动工具】将其移动到如图 18-14 所示的位置。

步骤 9 打开素材图像【花朵.psd】，使用移动工具将其拖曳到当前编辑的图像中，放到如图 18-15 所示的位置。

图 18-14　复制的图像 　　　　　　　　　　　　图 18-15　添加素材图像

步骤 10 多次按【Ctrl+J】组合键复制出多个花朵图像，并在图层面板中调整一部分图层为【颜色加深】、【正片叠底】和【滤色】，然后分别调整图像大小，参照如图 18-16 所示排列花朵。

步骤 11 打开素材图像【花朵 2.psd】，使用【移动工具】将其拖曳至图像中，复制多次后，适当调整图像大小，参照如图 18-17 所示排列其位置。

图 18-16　复制多个图像 　　　　　　　　　　　图 18-17　添加其他花朵图像

步骤 12 打开素材图像【花朵 3.psd】，使用【移动工具】分别将花朵图像拖曳到当前编辑的图像中，放到如图 18-18 所示位置。

步骤 ⑬ 新建一个图层，选择【椭圆形工具】 ，按住【Shift】键在画面右上方绘制一个圆形，如图 18-19 所示。

图 18-18　添加花朵图像　　　　　　　　　　　图 18-19　绘制圆形

步骤 ⑭ 选择【铅笔工具】，打开【画笔】面板，设置画笔大小为 22 像素，【间距】为 130%，如图 18-20 所示。再设置前景色为白色。单击【路径】面板底部的【用画笔描边】按钮 ，得到填充的图像效果，如图 18-21 所示。

图 18-20　设置画笔间距　　　　　　　　　　　图 18-21　绘制图像

步骤 ⑮ 按【Ctrl+J】组合键两次复制图像，然后再按【Ctrl+T】组合键中心缩小圆点图像，得到如图 18-22 所示的效果。

步骤 ⑯ 按住【Ctrl】键选择这几个圆点图像所在图层，选择【图层】|【合并图层】命令合并所有圆点所在图层，然后再复制几次该图层，适当缩小图像，放到如图 18-23 所示的位置。

图 18-22　复制图像　　　　　　　　　　　　　图 18-23　再次复制图像

步骤 ⑰ 新建一个图层，选择【钢笔工具】在图像中绘制出多条曲线路径，如图 18-24 所示。选择【铅笔工具】，在【画笔】面板中设置大小为 20 像素，间距为 130%，单击【路径】面板底部的【用画笔描边】按钮 ○，得到描边图像效果，如图 18-25 所示。

图 18-24　绘制路径　　　　　　　　　　　　图 18-25　描边路径

> 提示　　当用户在【路径】面板中选择工作路径时，才能在图像中显示路径；当用户不选择工作路径时，图像中的路径将不被显示出来。

步骤 ⑱ 打开素材图像【文字.psd】，使用移动工具将其拖曳到当前编辑的图像中，放到如图 18-26 所示的位置。

步骤 ⑲ 选择【图层】|【图层样式】|【投影】命令，打开【图层样式】对话框，设置描边颜色为白色，【大小】为 5 像素，其他设置如图 18-27 所示。

 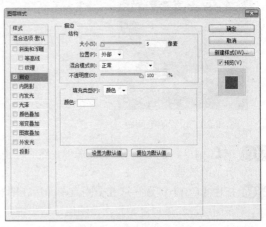

图 18-26　添加文字　　　　　　　　　　　　图 18-27　【描边】选项

步骤 ⑳ 选择【渐变叠加】选项，单击渐变色条，打开【渐变编辑器】对话框，设置颜色从深蓝色（R:4、G:96、B:149）到淡蓝色（R:107、G:241、B:253）到深蓝色（R:14、G:88、B:157），如图 18-28 所示，单击【确定】按钮，回到【图层样式】对话框，设置参数如图 18-29 所示。

步骤 ㉑ 选择【投影】选项，设置投影颜色为黑色，再设置其他选项参数，如图 18-30 所示，单击【确定】按钮，得到如图 18-31 所示的图像效果。

步骤 ㉒ 选择【横排文字工具】在文字下方输入店铺地址，单击属性栏中的【切换字符和段落面板】按钮，打开【字符】面板。设置字体为方正大黑简体，再单击【仿斜体】 T 按钮，如图 18-32 所示，输入文字效果如图 18-33 所示。

图 18-28　设置渐变颜色

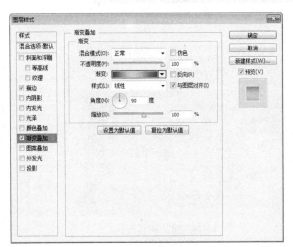

图 18-29　【渐变叠加】选项

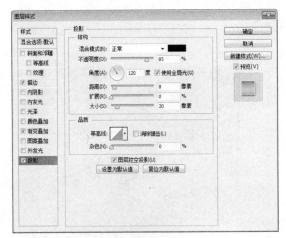

图 18-30　设置投影颜色

图 18-31　图层样式效果

图 18-32　【字符】面板

图 18-33　文字效果

步骤 ㉓　打开素材图像【模特 1.psd】，使用移动工具将其拖曳到当前编辑的图像中，放到画面右侧，如图 18-34 所示。

步骤 ㉔　选择【图层】|【图层样式】|【颜色叠加】命令，打开【图层样式】对话框，设置叠加的颜色为白色，放到画面右侧，如图 18-35 所示。

图 18-34　添加素材图像

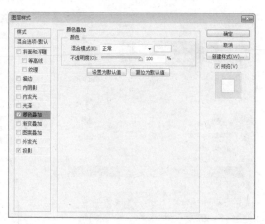

图 18-35　设置叠加颜色

步骤 ㉕ 选择【投影】选项，设置投影颜色为深蓝色（R:4、G:78、B:114），在设置其他选项参数，如
图 18-36 所示，单击【确定】按钮，得到图像效果如图 18-37 所示。

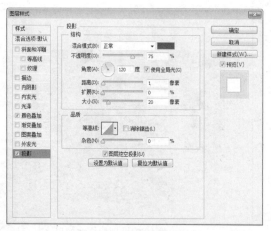

图 18-36　设置投影选项

图 18-37　图像效果

步骤 ㉖ 在【图层】面板中设置该图层的不透明度为 50%，如图 18-38 所示，得到的图像效果如图 18-39
所示。

步骤 ㉗ 打开素材图像【模特 2.psd】，选择移动工具将其拖曳到当前编辑的图像中，适当调整大小，放到
如图 18-40 所示的位置。

步骤 ㉘ 打开【图层样式】对话框，为其设置与第一个模特图像相同的图层样式，效果如图 18-41 所示，
完成本实例的制作。

图 18-38　设置图层不透明度

图 18-39　图像效果

图 18-40 添加素材图像

图 18-41 完成效果

Example 实例 酒宣传海报

在本实例的制作过程中，将主要运用【渐变工具】、【文字工具】、【羽化选区】、【光照效果】和【镜头光晕】等内容，制作出酒宣传海报，效果如图 18-42 所示。

图 18-42 酒宣传海报图像效果

素材	光盘\素材\第 18 章\平台.psd、圆球.psd、典藏.psd、水泡.psd
效果	光盘\效果\第 18 章\酒宣传海报.psd
视频	光盘\视频\第 18 章\实例 131.mp4

操 作 步 骤

步骤 1 选择【文件】|【新建】命令，打开【新建】对话框，设置文件名称为【酒宣传海报】、【宽度】和【高度】分别为 15 厘米和 10 厘米、分辨率为 150 像素/英寸，如图 18-43 所示。

步骤 2 选择【渐变工具】，单击属性栏中的渐变色条，打开【渐变编辑器】对话框。设置渐变颜色从蓝色（R:163、G:220、B:244）到深蓝色（R:23、G:67、B:168），如图 18-44 所示。

步骤 3 单击【确定】按钮，单击属性栏中的【线性渐变】按钮，在图像中按住鼠标左键从上到下拖动鼠标指针，得到渐变填充效果，如图 18-45 所示。

步骤 4 设置前景色为淡蓝色（R:220、G:252、B:254），选择【画笔工具】，在属性栏中选择画笔样式为柔角，大小为 150 像素，在图像顶部做弧线涂抹，得到如图 18-46 所示的效果。

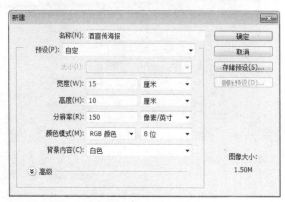

图 18-43 新建文件

图 18-44 设置渐变颜色

图 18-45 填充渐变颜色

图 18-46 绘制顶部图像

步骤 ⑤ 新建图层 1，选择【椭圆选框工具】，在属性栏中设置羽化值为 20 像素，在图像底部绘制一个椭圆形选区，如图 18-47 所示。设置前景色为灰蓝色（R:35、G:62、B:111），填充选区，效果如图 18-48 所示。

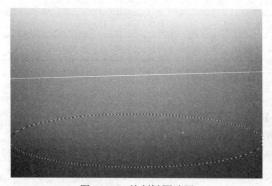

图 18-47 绘制椭圆选区

图 18-48 填充选区

步骤 ⑥ 保持选区状态，选择【选区】|【变换选区】命令，中心缩小选区，然后填充淡蓝色（R:168、G:198、B:228），得到如图 18-49 所示的效果。设置图层 1 的图层混合模式为【线性减淡】，得到如图 18-50 所示的效果。

图 18-49　再次填充选区

图 18-50　设置填充混合模式

步骤 ⑦ 新建图层 2，选择【椭圆选框工具】，在属性栏中设置羽化值为 30 像素，然后绘制一个椭圆选区，并填充为白色，如图 18-51 所示。

步骤 ⑧ 打开素材图像【平台.psd】，使用【移动工具】将该其拖曳到当前编辑的图像中，放到如图 18-52 所示的位置。

图 18-51　填充选区

图 18-52　添加素材图像

步骤 ⑨ 这时【图层】面板中将自动生成图层 3。新建图层 4，将其放到图层 3 的下方，如图 18-53 所示。按住【Ctrl】键单击图层 3，载入图像选区，在选区中单击鼠标右键，打开【羽化选区】对话框，设置半径参数为 20 像素，如图 18-54 所示。

图 18-53　新建图层 4

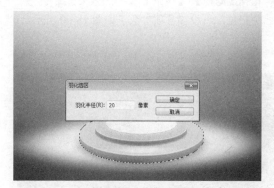

图 18-54　羽化选区

步骤 ⑩ 单击【确定】按钮，得到羽化选区效果。填充选区为黑色，得到投影效果，如图 18-55 所示。

步骤 ⑪ 打开素材图像【圆球.psd】，使用【移动工具】将其拖曳到当前编辑的图像中，放到平台图像中，如图 18-56 所示。

图 18-55　填充选区

图 18-56　添加素材图像

步骤 ⑫ 设置该图层的混合模式为【点光】，按【Ctrl+T】组合键缩小图像，并调整图像高度，参照如图 18-57 所示的样式放置图像。

步骤 ⑬ 设置前景色为白色，选择【画笔工具】，在属性栏中设置画笔样式为柔角，大小为 30 像素，在圆球图像中绘制一个光点图像，如图 18-58 所示。

图 18-57　变换图像

图 18-58　绘制亮光

步骤 ⑭ 新建一个图层，将其命名为【遮罩】，设置前景色为深蓝色（R:0、G:31、B:48），按【Alt+Delete】组合键填充颜色，将遮盖所有图像。选择【椭圆选框工具】，在属性栏中设置羽化值为 50 像素，在图像左上方绘制一个较大的圆形选区，如图 18-59 所示。

步骤 ⑮ 选择【滤镜】|【渲染】|【光照效果】命令，打开【属性】面板，设置颜色和着色后面的颜色块都为白色，再设置各项参数，如图 18-60 所示。

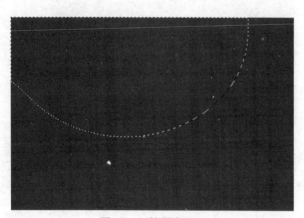

图 18-59　绘制选区

图 18-60　设置光照效果

步骤 ⑯ 将图像中的光圈放到画面的顶部，效果如图 18-61 所示，单击属性栏中的【确定】按钮，完成光照设置。

步骤 ⑰ 选择【滤镜】|【渲染】|【镜头光晕】命令，打开【镜头光晕】对话框，选择【镜头类型】为【50-300 毫米变焦】，再设置亮度为 121%，然后在预览图中单击选择光照方向，如图 18-62 所示。

图 18-61　图像效果

图 18-62　设置光照参数

步骤 ⑱ 单击【确定】按钮，得到光照效果。再次打开上述对话框，设置不同方向的光照效果，得到如图 18-63 所示的图像效果。

步骤 ⑲ 在【图层】面板中设置该图层的图层混合模式为【柔光】，图像效果如图 18-64 所示。

图 18-63　图像效果

图 18-64　设置图层混合模式

步骤 ⑳ 设置前景色为白色，新建一个图层，选择【画笔工具】并在平台图像中绘制出一个光束图像，得到如图 18-65 所示的图像效果。

步骤 ㉑ 继续使用画笔工具，在属性栏中设置画笔大小为 2 像素，在光束图像中单击绘制出多个光点图像，得到如图 18-66 所示的图像效果。

图 18-65　绘制光束图像

图 18-66　绘制光点

步骤 22 新建一个图层，设置前景色为蓝色（R:190、G:221、B:254），使用【画笔工具】绘制几条细长的光束图像，如图 18-67 所示。

步骤 23 设置该图层的图层混合模式为【颜色减淡】，得到如图 18-68 所示的图像效果。

图 18-67　绘制细长图像

图 18-68　设置图层混合模式效果

步骤 24 新建一个图层，选择【单列选框工具】绘制多条细长的选区，并填充为白色，得到如图 18-69 所示的图像效果。

步骤 25 选择【滤镜】|【模糊】|【高斯模糊】命令，打开【高斯模糊】对话框，设置【半径】为 2 像素，如图 18-70 所示。

图 18-69　绘制单列选区

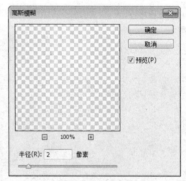

图 18-70　设置模糊参数

步骤 26 单击【确定】按钮，得到图像模糊效果。再使用【橡皮擦工具】对上下两侧的细长图像进行擦除，如图 18-71 所示。

步骤 27 使用【画笔工具】在光束图像中间再绘制一些朦胧的白色图像，效果如图 18-72 所示。

图 18-71　擦除图像

图 18-72　绘制白色图像

步骤 28 打开素材图像【酒.psd】，使用移动工具将该图像拖曳到当前编辑的图像中，放到平台中，然后适当缩小图像，如图 18-73 所示。

步骤 ㉙ 选择【图像】|【调整】|【色阶】命令，打开【色阶】对话框，拖动输入色阶下面的三角形滑块，增加图像亮度，如图 18-74 所示。

图 18-73　添加素材图像

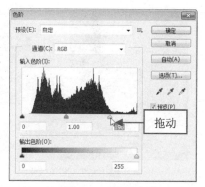

图 18-74　调整色阶

步骤 ㉚ 单击【确定】按钮，得到调整后的图像效果，如图 18-75 所示。再选择【图像】|【调整】|【色相/饱和度】命令，打开【色相/饱和度】对话框，为图像增加饱和度，设置【饱和度】参数为 53，如图 18-76 所示。

图 18-75　调整后的效果

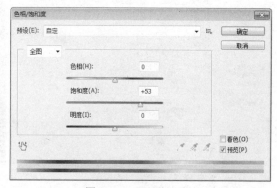

图 18-76　调整饱和度

步骤 ㉛ 单击【确定】按钮，得到增加饱和度后的图像效果，如图 18-77 所示。

步骤 ㉜ 打开素材图像【水泡.psd】，使用【移动工具】将图像拖曳到当前编辑的图像中，放到酒图像上，如图 18-78 所示。

图 18-77　增加饱和度效果

图 18-78　添加素材图像

步骤 ㉝ 设置图层混合模式为【滤色】，然后使用【橡皮擦工具】对图像下端做适当擦除，效果如图 18-79 所示。

步骤 ㉞ 选择【文字工具】，在画面左侧输入文字，并在属性栏中设置合适的字体，参照如图 18-80 所示的效果进行排列。

图 18-79　图像效果

图 18-80　输入文字

步骤 ㉟ 选择【图层】|【图层样式】|【投影】命令，打开【图层样式】对话框，设置投影颜色为黑色，其他参数设置如图 18-81 所示。单击【确定】按钮，得到添加投影后的效果，如图 18-82 所示。

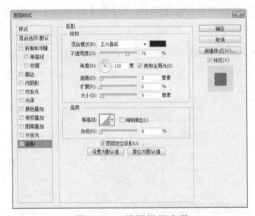

图 18-81　设置投影参数

图 18-82　投影效果

步骤 ㊱ 新建一个图层，选择【矩形选框工具】在文字左右两侧分别绘制一个矩形选区，填充为白色，如图 18-83 所示。

步骤 ㊲ 打开【图层样式】对话框，选择【投影】样式，设置和文字相同的投影参数，图像效果如图 18-84 所示。

图 18-83　绘制白色图像

图 18-84　添加投影效果

步骤 ㊳ 打开素材图像【典藏.psd】，使用【移动工具】将文字拖曳到当前编辑的图像中，放到文字上方，如图 18-85 所示。然后为其添加与其他文字相同的投影效果，如图 18-86 所示。

图 18-85　添加典藏素材　　　　　　　　图 18-86　添加投影效果

步骤 39 在【图层】面板中选择【遮罩】图层，按【Ctrl+J】组合键复制该图层，并选择【图层】|【排列】|【置为顶层】命令，如图 18-87 所示。

步骤 40 将图层混合模式改变为【叠加】，再添加图层蒙版，使用【画笔工具】在图像中间涂抹，隐藏部分图像，效果如图 18-88 所示，完成本实例的操作。

图 18-87　复制图层　　　　　　　　图 18-88　完成效果

Example 实例　商场开业海报

在本实例的制作过程中，将主要运用【文字工具】、【渐变叠加】、【移动工具】、【矩形选框工具】和【投影】等内容，制作出非常漂亮的商场开业海报，效果如图 18-89 所示。

图 18-89　商场开业海报图像效果

素材	光盘\素材\第 18 章\鲜花.psd、礼盒.psd、彩色.psd、OPEN.psd、枫叶和礼盒.psd
效果	光盘\效果\第 18 章\商场开业海报.psd
视频	光盘\视频\第 18 章\实例 132.mp4

操 作 步 骤

步骤 ① 选择【文件】|【新建】命令，打开【新建】对话框，设置文件名称为【商场开业广告】，【宽度】和【高度】分别设置为 13.5 厘米和 20 厘米，【分辨率】为 100 像素/英寸，如图 18-90 所示。

步骤 ② 选择工具箱中的【渐变工具】，在属性栏中单击渐变色条，打开【渐变编辑器】对话框，设置渐变颜色从红色（R:218、G:41、B:41）到紫色（R:162、G:30、B:122），如图 18-91 所示。

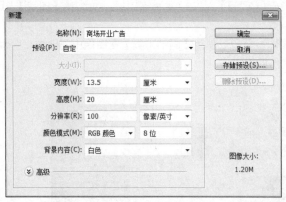

图 18-90　新建图像

图 18-91　设置渐变颜色

步骤 ③ 单击属性栏中的【线性渐变】按钮，在图像中按住鼠标左键并从上到下拖动鼠标指针，对图像应用线性渐变填充，如图 18-92 所示。

步骤 ④ 打开素材图像【鲜花.psd】，使用【移动工具】将鲜花图像拖曳到当前编辑的图像中，放到图像顶部，如图 18-93 所示。将在【图层】面板中新生成的图层命名为【花朵】，如图 18-94 所示。

图 18-92　渐变填充图像

图 18-93　添加花朵图像

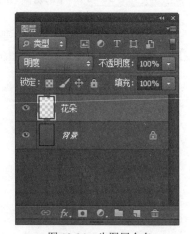

图 18-94　为图层命名

步骤 ⑤ 按【Ctrl+J】组合键复制两次花朵图层，分别调整图像大小，均放到图像的右上方，如图 18-95 所示。

步骤 ⑥ 打开素材图像【彩色.psd】和【OPEN.psd】，使用【移动工具】分别将图像拖曳到当前编辑的图像中，如图 18-96 所示。

步骤 7 选择【横排文字工具】，在图像中输入文字【5】，在属性栏中设置字体为方正超粗黑简体，适当调整文字大小，放到如图 18-97 所示的位置。

图 18-95　复制花朵图像

图 18-96　添加素材图像

图 18-97　输入文字

步骤 8 选择【图层】|【图层样式】|【渐变叠加】命令，打开【图层样式】对话框，设置渐变颜色从黄色（R:248、G:244、B:0）到白色，再设置其他参数，如图 18-98 所示。

步骤 9 选择【投影】命令，设置投影颜色为洋红色（R:151、G:0、B:78），其他参数设置如图 18-99 所示。

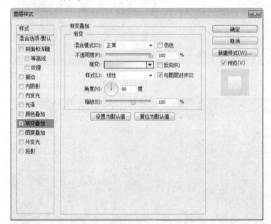

图 18-98　设置渐变叠加颜色

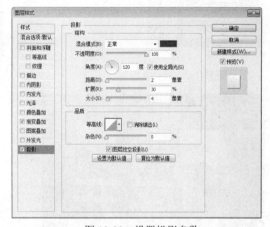

图 18-99　设置投影参数

步骤 10 单击【确定】按钮，得到添加图层样式后的文字效果，如图 18-100 所示。再使用【横排文字工具】分别输入中文文字和英文文字，适当调整文字大小后，参照如图 18-101 所示的方式排列。

步骤 11 在【图层】面板中选择【5】图层，单击鼠标右键，在弹出的菜单中选择【拷贝图层样式】命令，如图 18-102 所示。

步骤 12 分别选择其他文字图层，单击鼠标右键，在弹出的菜单中选择【清除图层样式】命令，即可为其他文字添加图层样式，如图 18-103 所示。

步骤 13 选择【花朵】图层，按【Ctrl+J】组合键复制一次该图层，然后使用移动工具将复制的花朵图像放到文字图像中，如图 18-104 所示。

步骤 14 选择【横排文字工具】在图像下方再分别输入一行中文文字和英文文字，并适当调整文字大小，如图 18-105 所示。

图 18-100　文字效果

图 18-101　输入其他文字

图 18-102　选择命令

图 18-103　文字效果

图 18-104　添加花朵图像

图 18-105　输入文字

步骤 ⑮ 分别在文字图层中单击鼠标右键，选择【粘贴图层样式】命令，得到与之前文字一样的图层样式效果，如图 18-106 所示。

步骤 ⑯ 新建一个图层，选择【矩形选框工具】在两行文字中间绘制一条细长的矩形选区，并填充为白色，如图 18-107 所示。

图 18-106　添加文字

图 18-107　绘制白色矩形

步骤 ⑰ 打开素材图像【枫叶和礼盒.psd】，选择【移动工具】分别将素材图像拖曳到当前编辑的图像中，放到如图 18-108 所示的位置。

步骤 ⑱ 选择【横排文字工具】在图像左上方输入商场中英文名称，并在属性栏中设置字体为黑体，颜色为白色，如图 18-109 所示，完成本实例的操作。

图 18-108　添加素材图像

图 18-109　输入文字

第 19 章　DM 单案例实战

由于 DM 单广告可以直接将广告信息传递给真正的受众，因此具有强烈的选择性和针对性，所以在制作 DM 单画面时应该注意突出主题，达到宣传的目的。

本章学习要点

- 暑假招生 DM 单
- 房地产 DM 单
- 珠宝行 DM 单

Example 实例　暑假招生 DM 单

在本实例的制作过程中，将主要运用【描边】、【图层组】、【文字工具】和【图层样式】等内容，制作出具有卡通特色的暑期招生 DM 单，效果如图 19-1 所示。

图 19-1　暑假招生 DM 单图像效果

素材	光盘\素材\第 19 章\椰子树.psd、浪花.psd、海豚.psd、各种素材.psd
效果	光盘\效果\第 19 章\暑期招生 DM 单.psd
视频	光盘\视频\第 19 章\实例 133.mp4

操 作 步 骤

步骤 1 选择【文件】|【新建】命令，打开【新建】对话框，设置文件名称为【暑期招生海报】，【宽度】和【高度】分别为 20 厘米和 18 厘米，【分辨率】为 150 像素/英寸，其他设置如图 19-2 所示。

步骤 2 单击【确定】按钮，得到一个空白图像文件，设置前景色为蓝色（R:0、G:173、B:236），按【Alt+Delete】组合键填充背景图像，效果如图 19-3 所示。

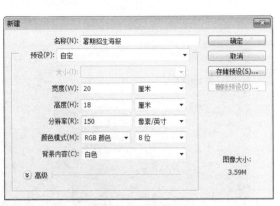

图 19-2　新建文件

图 19-3　填充背景图像

步骤 3 选择【椭圆选框工具】，在图像上方绘制一个椭圆选区，并填充为白色，效果如图 19-4 所示。

步骤 4 保持选区状态，设置前景色为深蓝色（R:72、G:130、B:196），然后使用【画笔工具】对选区左侧进行涂抹，效果如图 19-5 所示。

图 19-4　绘制椭圆形

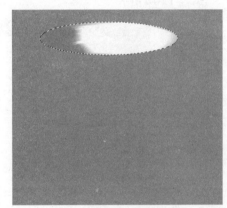

图 19-5　涂抹图像

步骤 5 选择【选择】|【变换选区】命令，这时将打开变换框，按住【Shift】键适当缩小该变换框，如图 19-6 所示。

步骤 6 选择【编辑】|【描边】命令，打开【描边】对话框，设置描边【宽度】为 1 像素、【颜色】为白色，【位置】为【居中】，如图 19-7 所示。

图 19-6　缩小变换框

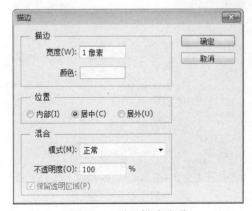

图 19-7　设置描边选项

步骤 7 单击【确定】按钮，得到图像描边效果，如图 19-8 所示。再使用同样的方法，绘制多个椭圆选区进行描边处理，都设置描边为白色，如图 19-9 所示。

图 19-8 图像描边效果

图 19-9 设置其他描边选区效果

步骤 8 选择【画笔工具】，在属性栏中设置画笔样式为【柔边圆】，大小为 55 像素，再设置流量为 37%，如图 19-10 所示。

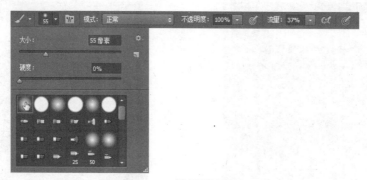

图 19-10 设置画笔属性

步骤 9 设置前景色为白色，用设置好的画笔在图像中绘制出多个细长的白色图案，效果如图 19-11 所示。

步骤 10 打开素材图像【椰子树.psd】，选择【移动工具】将其直接拖曳到当前编辑的图像中，放到画面左侧，如图 19-12 所示。

图 19-11 绘制白色图像

图 19-12 添加素材图像

步骤 11 打开素材图像【浪花.psd】，选择【移动工具】将其直接拖曳到当前编辑的图像中，放到画面底部，如图 19-13 所示。

步骤 12 选择【图层】|【新建】|【组】命令，打开【新建组】对话框，设置【名称】为【水珠】，其他使用默认设置，如图 19-14 所示。

图 19-13　添加浪花图像　　　　　　　　　图 19-14　【新建组】对话框

步骤 13 单击【确定】按钮，即可在【图层】面板中得到一个图层组，单击【图层】面板底部的【创建新图层】按钮，在图层组中创建一个新的图层，如图 19-15 所示。

步骤 14 新建一个图层，选择【椭圆选框工具】 ，在图像底部绘制一个椭圆形选区，如图 19-16 所示。

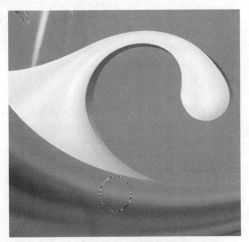

图 19-15　绘制选区　　　　　　　　　　图 19-16　在图层组中创建图层

步骤 15 选择【选择】|【修改】|【边界】命令，打开【边界选区】对话框，设置【宽度】参数为 5，如图 19-17 所示。

步骤 16 单击【确定】按钮，得到边界选区效果，如图 19-18 所示。

步骤 17 设置前景色为深灰色（R:16、G:45、B:65），使用【画笔工具】在选区右侧和底部边缘进行涂抹，再设置前景色为淡蓝色（R:85、G:173、B:228），在选区左上方边缘进行涂抹，效果如图 19-19 所示。

步骤 18 选择【钢笔工具】在椭圆形底部绘制一个月牙图形，如图 19-20 所示。按【Ctrl+Delete】组合键键将路径转换为选区。

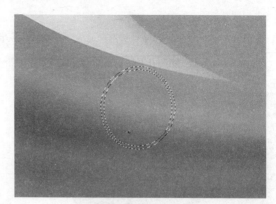

图 19-17　设置宽度参数

图 19-18　边界选区

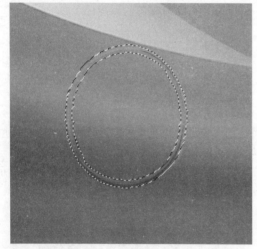

图 19-19　涂抹选区边缘

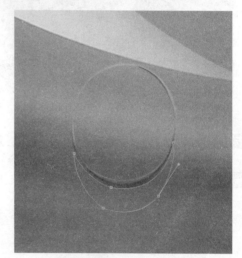

图 19-20　绘制路径

步骤 ⑲ 使用【画笔工具】对选区进行涂抹，首先设置前景色为白色，涂抹选区外部，再设置前景色为蓝色（R:18、G:55、B:94），对选区内部做涂抹，得到的图像效果如图 19-21 所示。

步骤 ⑳ 在【图层】面板中设置该图层的图层混合模式为【正片叠底】，得到的图像效果如图 19-22 所示。

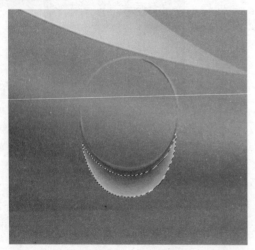

图 19-21　涂抹图像

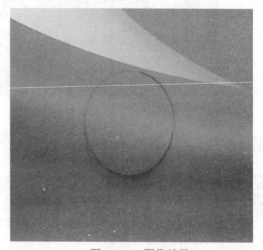

图 19-22　图像效果

步骤 ㉑ 新建一个图层，选择【椭圆选框工具】绘制一个椭圆选区，然后使用【渐变工具】在选区中应用径向渐变填充，设置颜色从黑色渐变到白色，如图 19-23 所示。

步骤 ㉒ 设置该图层的图层混合模式为【正片叠底】，得到如图 19-24 所示的图像效果。

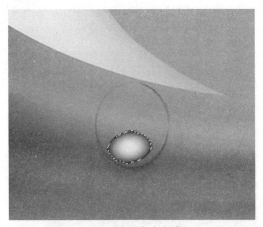

图 19-23　填充渐变颜色

图 19-24　图像效果

步骤 ㉓ 新建一个图层，选择【钢笔工具】绘制一个曲线路径，如图 19-25 所示。按【Ctrl+Enter】组合键将路径转换为选区，再使用【画笔工具】对选区周围做涂抹，绘制出白色图像，如图 19-26 所示。

图 19-25　绘制路径

图 19-26　涂抹选区

步骤 ㉔ 设置图层混合模式为【颜色加深】，得到如图 19-27 所示的图像效果。再使用钢笔工具绘制出其他图像路径，转换为选区后，使用【画笔工具】对边缘做涂抹，得到白色图像，如图 19-28 所示。

图 19-27　图像效果

图 19-28　绘制图像

步骤 ㉕ 选择【水珠】图层组，按两次【Ctrl+J】组合键复制图层，使用【移动工具】调整复制的水珠位置，然后放到如图 19-29 所示的位置。

步骤 26 打开素材图像【海豚.psd】，使用【移动工具】将该图像拖曳到当前编辑的图像中，放到水珠图像右侧，如图 19-30 所示。

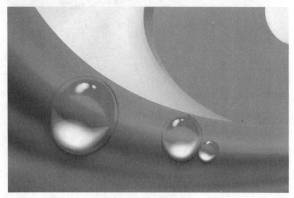

图 19-29　图像效果

图 19-30　绘制图像

步骤 27 设置前景色为黑色，选择【画笔工具】，在海豚图像底部绘制一些黑色，得到投影效果，如图 19-31 所示的位置。

步骤 28 打开素材图像【各种素材.psd】，使用【移动工具】将其拖曳到当前编辑的图像中，分别放到如图 19-32 所示的位置。

图 19-31　绘制投影

图 19-32　添加素材图像

步骤 29 选择【横排文字工具】，在图像上方输入文字，并按【Ctrl+T】组合键适当调整文字方向和大小，效果如图 19-33 所示。

图 19-33　输入文字

步骤 30 按【Ctrl+J】组合键复制一次图层，适当向右上方移动，然后选择【图层】|【图层样式】|【渐变叠加】命令，打开【图层样式】对话框，单击渐变色条，设置渐变颜色为橙→黄→橙渐变，再设置其他参数，如图 19-34 所示。

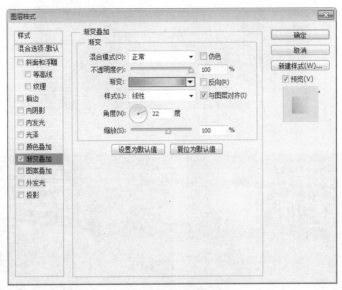

图 19-34　设置渐变叠加参数

步骤 31 选择【投影】选项，设置投影颜色为黑色，其他参数设置如图 19-35 所示。单击【确定】按钮，得到添加图层样式后的效果，如图 19-36 所示。

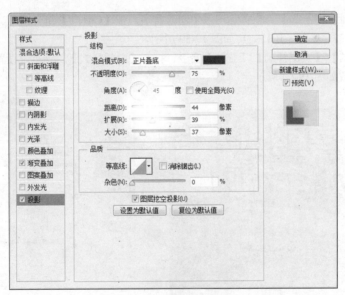

图 19-35　设置投影参数

步骤 32 新建一个图层，设置前景色为白色，选择【画笔工具】在文字中绘制出一些较小的圆点图像，如图 19-37 所示。

步骤 33 新建一个图层，选择【多边形选框工具】，在文字下方绘制一个不规则选区，并填充为黄色（R:255、G:241、B:0），如图 19-38 所示。

图 19-36　文字效果

图 19-37　绘制光点

图 19-38　绘制不规则图像

步骤 (34) 选择【横排文字工具】，在黄色图像中输入文字，按【Ctrl+T】组合键适当旋转文字，并填充为红色（R:232、G:58、B:15），如图 19-39 所示。

步骤 (35) 选择【图层】|【图层样式】|【描边】命令，打开【图层样式】对话框，设置描边颜色为白色，其他参数设置如图 19-40 所示。

图 19-39　输入文字

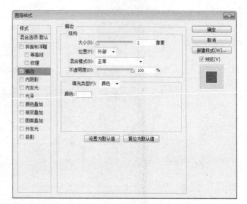

图 19-40　【图层样式】对话框

步骤 (36) 单击【确定】按钮，得到文字描边效果，如图 19-41 所示。选择【横排文字工具】在图像右侧输入多段文字信息，在属性栏中设置合适的字体，填充为白色，如图 19-42 所示。

图 19-41　文字描边效果

图 19-42　输入文字

步骤 ㊲ 选择【多边形套索工具】，在图像右下角绘制一个三角形选区，并填充为黄色（R:255、G:241、B:0），如图 19-43 所示。

步骤 ㊳ 新建一个图层，将其放到黄色图像图层下方，选择【椭圆选框工具】绘制一个圆形选区，按住【Shift】键在选区外边缘绘制多个尖角选区，填充为白色，如图 19-44 所示。

图 19-43　绘制黄色图像

图 19-44　绘制白色图像

步骤 ㊴ 选择【图层】|【图层样式】|【描边】命令，打开【图层样式】对话框，设置描边颜色为深红色（R:125、G:0、B:0），如图 19-45 所示。单击【确定】按钮，得到图像描边效果如图 19-46 所示。

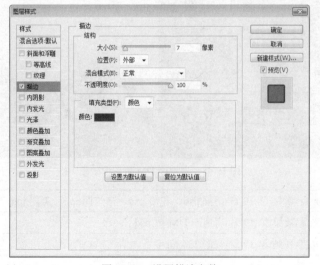

图 19-45　设置描边参数

步骤 40 选择【横排文字工具】，在图像右下方中输入文字，适当旋转文字，然后在属性栏中设置合适的
字体和颜色，如图 19-47 所示，完成本实例的操作。

图 19-46　描边效果

图 19-47　完成效果

Example 实例 房地产 DM 单

在本实例的制作过程中，将主要运用【文字工具】、【图层蒙版】、【内发光样式】和【圆角矩形工具】等
内容，制作出具有艺术气息的房地产宣传 DM 单，效果如图 19-48 所示。

图 19-48　房地产 DM 单图像效果

素材	光盘\素材\第 19 章\门框.psd、花瓣.psd、建筑图.jpg、美图.jpg、意境图像.jpg
效果	光盘\效果\第 19 章\房地产 DM 单.psd
视频	光盘\视频\第 19 章\实例 134.mp4

操作步骤

步骤① 选择【文件】|【新建】命令，打开【新建】对话框新建一个文件，设置名称为【房地产 DM 单】，【高度】和【宽度】分别为 18 厘米和 16.8 厘米，【分辨率】为 150 像素/英寸，其余设置如图 19-49 所示。

步骤② 为新建文件填充黑色背景，然后按【Ctrl＋R】组合键显示标尺，将鼠标指针移动到左方标尺上按住标尺并向右拖动，将参考线放到 8.4 厘米位置，如图 19-50 所示。

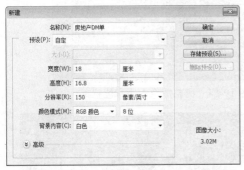

图 19-49　新建文件

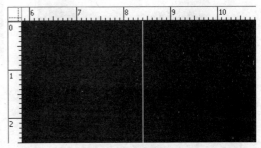

图 19-50　调整参考线

步骤③ 新建图层 1。使用【矩形选框工具】在图像参考线右侧绘制一个选区，然后选择【渐变工具】为其应用径向渐变填充，设置颜色从淡紫色（R:169、G:67、B:153）到白色，如图 19-51 所示。然后从选区中间向外拖动，进行渐变填充，如图 19-52 所示。

图 19-51　设置渐变色

图 19-52　渐变填充

步骤④ 选择【文件】|【打开】命令，打开素材图像【门框.jpg】，如图 19-53 所示。使用【移动工具】将该图像直接拖动到当前文件中，按【Ctrl＋T】组合键适当调整大小后放到如图 19-54 所示的位置。

步骤⑤ 打开素材图像【美图.jpg】文件，使用【移动工具】将该图像直接拖到当前文件中，并且放到如图 19-55 所示的位置。

步骤⑥ 选择【图层】|【图层蒙版】|【显示全部】命令，为该图层添加图层蒙版。确认前景色为黑色、背景色为白色后，使用【画笔工具】在图像中涂抹，参照如图 19-56 所示的效果将部分图像进行隐藏。

图 19-53　素材图像

图 19-54　调整图像大小和位置

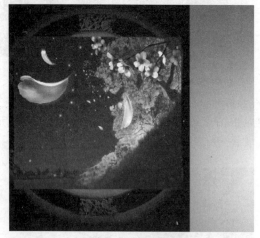

图 19-55　素材图像

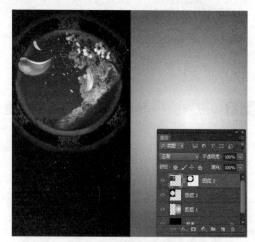

图 19-56　添加图层蒙版

步骤 7 新建一个图层，使用【椭圆选框工具】绘制一个选区，并填充为白色。将选区放到刚刚添加图层蒙版图像的位置，如图 19-57 所示。

步骤 8 选择【图层】|【图层样式】|【内发光】命令，打开【图层样式】对话框，设置内发光颜色为白色，其余设置如图 19-58 所示。

图 19-57　绘制白色圆形

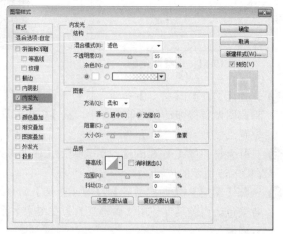

图 19-58　设置内发光

步骤 9 单击【确定】按钮回到图像，然后在【图层】面板中设置该图层的【填充】为 0%，得到的图像效果如图 19-59 所示。

步骤 10 打开素材图像【花瓣.psd】，将该图像移动到当前文件中，得到图层 5。适当调整图像大小，放到黑色背景图像中，如图 19-60 所示。

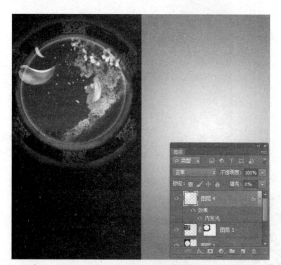

图 19-59　外发光图像效果

图 19-60　添加素材图像

步骤 11 按【Ctrl＋J】组合键复制图层，得到一个复制的花瓣图像。选择图层 5 副本，选择【滤镜】|【模糊】|【动感模糊】命令，在弹出的对话框中设置模糊参数，如图 19-61 所示。

步骤 12 单击【确定】按钮回到画面中，得到的图像效果如图 19-62 所示。

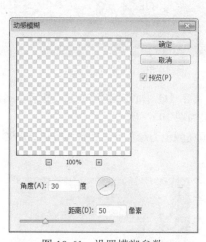

图 19-61　设置模糊参数

图 19-62　图像模糊效果

步骤 13 打开素材图像【建筑图.jpg】文件，使用【移动工具】将图像拖曳到当前编辑的图像中，适当调整图像大小，并放到图像的右下方，如图 19-63 所示。

步骤 14 单击【图层】面板底部的【添加图层蒙版】按钮 ，再选择【渐变工具】在建筑图像中从上到下应用线性渐变填充，得到如图 19-64 所示的效果。

步骤 15 打开素材图像【意境图像.jpg】文件，如图 19-65 所示。将图像拖动到当前文件中，调整大小后放到画面的右上方，如图 19-66 所示，完成所有背景图像的制作。

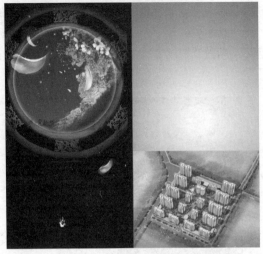

图 19-63　添加素材图像

图 19-64　应用图层蒙版

图 19-65　素材图像

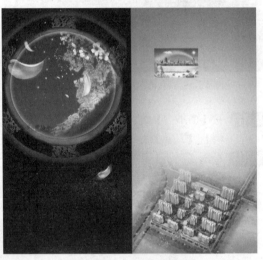

图 19-66　调整图像位置

步骤 ⑯ 选择【直排文字工具】 ,在画面右上方输入一行文字【○中心决定价值/】,然后在属性栏中设置文字颜色为黑色,字体为宋体,得到的文字效果如图 19-67 所示。

步骤 ⑰ 在画面右侧的直排文字旁边再输入两段文字,分别填充颜色为绿色(R:101、G:118、B:90)和深红色(R:140、G:67、B:84),如图 19-68 所示。

图 19-67　输入文字

图 19-68　输入其他文字

步骤 ⑱ 使用【横排文字工具】在意境图的右侧再输入文字，并在属性栏中设置字体为叶根友毛笔行书简体，填充为黑色，如图 19-69 所示。

步骤 ⑲ 选择【圆角矩形工具】，在属性栏中设置【40 像素】，然后在图像左下方绘制一个圆角矩形，如图 19-70 所示。

图 19-69　输入文字

图 19-70　绘制圆角矩形

步骤 ⑳ 按【Ctrl+Enter】组合键将路径转换为选区，新建一个图层，使用【渐变工具】在选区中应用线性渐变填充，设置颜色从白色到透明，效果如图 19-71 所示。

步骤 ㉑ 选择【横排文字工具】在透明图像中输入楼盘信息，并设置电话号码为黄色，其他文字为黑色，效果如图 19-72 所示，完成本实例的操作。

图 19-71　填充选区

图 19-72　完成效果

Example 实例　珠宝行 DM 单

在本实例的制作过程中，将主要运用【画笔工具】、【渐变工具】、【钢笔工具】和【文字工具】等内容，制作出具有浪漫感觉的珠宝行 DM 单，效果如图 19-73 所示。

图 19-73　珠宝行 DM 单图像效果

素材	光盘\素材\第 19 章\戒指 1.psd、戒指 2.psd
效果	光盘\效果\第 19 章\珠宝行 DM 单.psd
视频	光盘\视频\第 19 章\实例 135.mp4

操 作 步 骤

步骤 ① 选择【文件】|【新建】命令，打开【新建】对话框新建一个文件，设置名称为【珠宝行 DM 单】，
【高度】和【宽度】分别为 20 厘米和 14 厘米，【分辨率】为 120 像素/英寸，其余设置如图 19-74
所示。

步骤 ② 设置前景色为深紫色（R:34、G:0、B:18），按【Alt+Delete】组合键将背景填充为深紫色，填充
后的效果如图 19-75 所示。

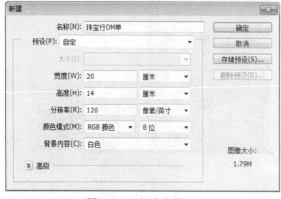

图 19-74　新建文件

图 19-75　填充背景颜色

步骤 ③ 选择工具箱中的【矩形选框工具】，在图像中绘制一个矩形选区。再选择【渐变工具】为选区应用
径向渐变填充，设置颜色从紫色（R:181、G:0、B:117）到黑色，填充效果如图 19-76 所示。

步骤 ④ 按【Ctrl】键取消选区。打开【戒指_1.psd】素材图像，使用【移动工具】拖动该图像到当前编辑图像中，放到画面左侧，并适当调整大小，如图 19-77 所示。

图 19-76　渐变填充效果　　　　　　　　　　　　图 19-77　添加素材图像

步骤 5 选择【钢笔工具】绘制一个天使图形，如图 19-78 所示，然后再绘制出翅膀图形，如图 19-79 所示。

图 19-78　绘制天使图形　　　　　　　　　　　　图 19-79　添加翅膀图形

步骤 6 新建一个图层，按【Ctrl+Enter】组合键将路径转换为选区，填充为白色，如图 19-80 所示。

步骤 7 在【图层】面板中设置该图层的不透明度为 40%，得到透明图像，效果如图 19-81 所示。

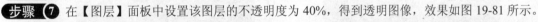

图 19-80　填充选区　　　　　　　　　　　　　　图 19-81　设置图层不透明度

步骤 8 设置前景色为粉红色（R:250、G:215、B:218），选择【画笔工具】，在属性栏中设置画笔样式为

【柔角】，大小为 6，在天使图像中绘制出圆点图像，效果如图 19-82 所示。

图 19-82　绘制圆点

步骤 9 单击画笔属性栏中的 按钮，打开【画笔】面板，设置画笔大小为 8，间距为 100%，如图 19-83 所示；再选择【形状动态】复选框，设置【大小抖动】参数为 100%，如图 19-84 所示。

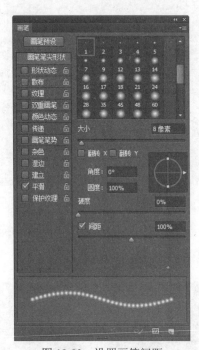

图 19-83　设置画笔间距

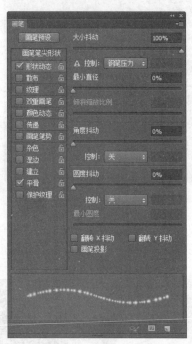

图 19-84　设置形状动态

步骤 10 选择【散布】复选框，设置散布参数为 1000%，再选择【两轴】复选框，其他参数设置如图 19-85 所示。

步骤 11 设置好画笔后，在天使图像后面拖动鼠标指针，绘制出光点图像，然后调整图像位置，如图 19-86 所示。

步骤 12 选择工具箱中的【自定形状工具】，在属性栏中打开【形状】面板，选择【红心形卡】图形，如图 19-87 所示。在图像中按住【Shift】键绘制一个心形路径，如图 19-88 所示。

步骤 13 新建一个图层，按【Ctrl+Enter】组合键将路径转换为选区，填充为白色，如图 19-89 所示。选择【选择】|【变换选区】命令，按住【Shift+Alt】组合键中心缩小变换框，如图 19-90 所示。

图 19-85　设置散布参数

图 19-86　绘制图像

图 19-87　选择图形

图 19-88　绘制图形

图 19-89　填充选区

图 19-90　中心缩小选区

步骤 ⑭ 在变换框中双击鼠标左键确定，按下【Delete】键删除图像，如图 19-91 所示。按【Ctrl+T】组合键缩小图像，将其放到图像左上方，并使用【横排文字工具】输入文字，如图 19-92 所示。

步骤 ⑮ 选择【横排文字工具】在图像中输入其他说明文字，字体可按自己喜好设置，如图 19-93 所示。

步骤 ⑯ 打开素材图像【戒指 2.psd】，使用移动工具将该图像拖曳到当前编辑的图像中，放到画面右下方，如图 19-94 所示。

图 19-91　删除图像

图 19-92　输入文字

图 19-93　删除图像

图 19-94　输入文字

步骤 ⑰ 选择【横排文字工具】和【直排文字工具】分别在戒指旁边输入戒指名称，如图 19-95 所示，完成本实例的操作。

图 19-95　完成效果

第 20 章　包装案例实战

包装是品牌理念、产品特性、消费心理的综合反映，它直接影响到消费者的购买欲。在设计产品包装时应该注重突出产品，并且达到美化产品的效果。本章将制作饮料包装的平面图和立体图。

本章学习要点

- 饮料包装平面图　　　　■ 饮料包装立体图

Example 实例　饮料包装平面图

在本实例的制作过程中，将主要运用【矩形选框工具】、【渐变工具】、【图层样式】和【文字工具】等内容，制作出颜色丰富的饮料包装平面图，效果如图 20-1 所示。

图 20-1　饮料包装平面图图像效果

素材	光盘\素材\第 20 章\饮料.psd、菠萝组合.psd、菠萝.psd、水珠.psd、标识.psd
效果	光盘\效果\第 20 章\饮料包装.psd
视频	光盘\视频\第 20 章\实例 136.mp4

操 作 步 骤

步骤 ① 选择【文件】|【新建】命令，打开【新建】对话框，设置文件名称为【饮料包装平面图】，宽度和高度分别为 13 厘米和 10 厘米，分辨率为 200 像素/英寸，如图 20-2 所示。

步骤 ② 按【Ctrl+R】组合键显示标尺，然后选择【矩形选框工具】在图像左侧绘制一个矩形选区，选区的边界在 7 厘米的位置处，如图 20-3 所示。

步骤 ③ 选择【渐变工具】，在属性栏中单击渐变色条，打开【渐变编辑器】对话框，设置渐变颜色从橘红色（R:243、G:107、B:58）到橘黄色（R:255、G:195、B:11），如图 20-4 所示。

步骤 ④ 单击【确定】按钮回到画面。单击属性栏中的【线性渐变】按钮，在选区中从左上方到右下方按住鼠标左键并拖动，得到线性渐变填充效果如图 20-5 所示。

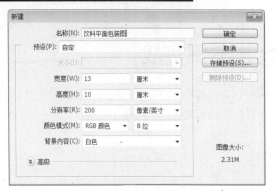

图 20-2 【新建】对话框

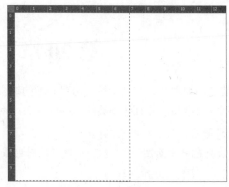

图 20-3 绘制矩形选区

图 20-4 设置渐变颜色

图 20-5 填充选区

步骤 5 选择【魔棒工具】，单击右侧的白色图像，获取选区。选择【渐变工具】对其应用线性渐变填充，设置颜色从洋红色（R:227、G:0、B:140）到紫色（R:154、G:36、B:143），如图 20-6 所示，在选区左上方按住鼠标左键向右下方拖动，得到渐变填充效果如图 20-7 所示。

图 20-6 设置渐变颜色

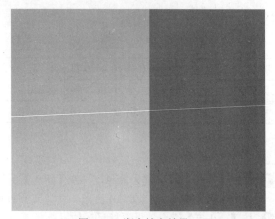

图 20-7 渐变填充效果

步骤 6 新建一个图层，选择【钢笔工具】在图像左上方绘制一个向右侧弯曲的图形，按【Ctrl+Enter】组合键将路径转换为选区，填充为粉紫色（R:243、G:134、B:162），如图 20-8 所示。

步骤 7 按【Ctrl+D】组合键取消选区，然后再使用【钢笔工具】绘制一个较小的弯曲图形，同样将其转换为选区。应用线性渐变填充，设置颜色从洋红色（R:230、G:0、B:140）到紫色（R:151、G:37、B:143），如图 20-9 所示。

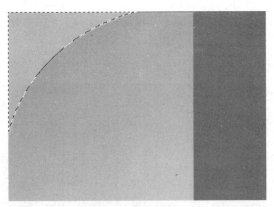

图 20-8　绘制图像

图 20-9　填充渐变颜色

新建一个图层，选择【钢笔工具】在包装正面图中绘制一个椭圆形路径，如图 20-10 所示。按【Ctrl+Enter】组合键将路径转换为选区，填充为黄色（R:244、G:164、B:31），如图 20-11 所示。

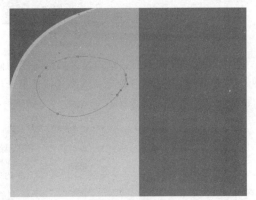

图 20-10　绘制路径

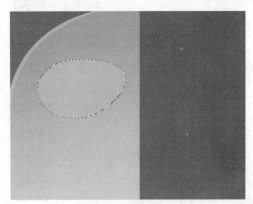

图 20-11　填充颜色

步骤 9 设置前景色为淡黄色【R:237、G:235、B:104】，选择【画笔工具】，在属性栏中设置画笔样式为柔角，在黄色图像中绘制一个如图 20-12 所示的高光图像。

步骤 10 选择【图层】|【图层样式】|【描边】命令，打开【图层样式】对话框，设置描边颜色为淡黄色（R:255、G:246、B:132），描边大小为 15 像素，其他设置如图 20-13 所示。

图 20-12　绘制图像

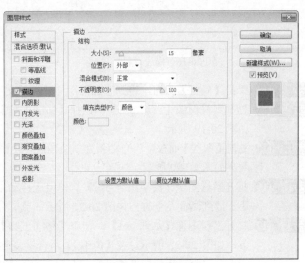

图 20-13　设置描边样式

步骤 ⑪ 单击【确定】按钮，得到描边后的图像，如图 20-14 所示。选择【横排文字工具】在图像中输入包装产品名称【菠萝浓浆】。在属性栏中设置字体为方正卡通简体，然后适当调整文字大小，并旋转文字，如图 20-15 所示。

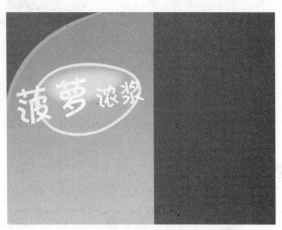

图 20-14　描边效果　　　　　　　　　　　　　　图 20-15　输入文字

步骤 ⑫ 选择【图层】|【图层样式】|【描边】命令，打开【图层样式】对话框，设置描边颜色为橘红色（R:208、G:76、B:38），大小为 12 像素，其他参数设置如图 20-15 所示；选择【投影】选项，设置投影颜色为黑色，其他参数设置如图 20-16 所示。

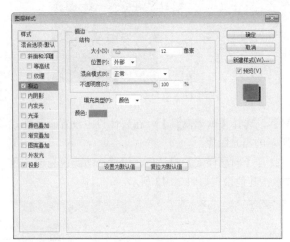

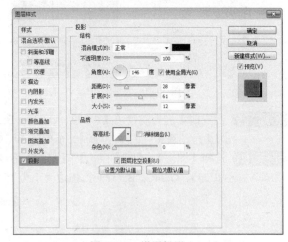

图 20-16　描边设置　　　　　　　　　　　　　　图 20-17　设置投影

步骤 ⑬ 单击【确定】按钮，得到添加图层样式后的文字，效果如图 20-18 所示。

步骤 ⑭ 打开素材图像【饮料.psd】，选择【移动工具】将其拖曳到当前编辑的图像中，放到文字下方，如图 20-19 所示。

步骤 ⑮ 这时【图层】面板中将自动新建一个图层，设置该图层的不透明度为 70%，得到较为透明的图像，效果如图 20-20 所示。

步骤 ⑯ 打开素材图像【菠萝组合.psd】，使用【移动工具】拖曳到当前编辑的图像中，适当调整图像大小，放到画面左下方，如图 20-21 所示。

步骤 ⑰ 打开素材图像【水珠.psd】，使用【移动工具】将其拖曳到当前编辑的图像中，放到文字的右上方，如图 20-22 所示。按【Ctrl+J】组合键复制一次对象，选择【编辑】|【变换】|【水平翻转】命令，将翻转后的图像放到文字左侧，如图 20-23 所示。

图 20-18　文字效果

图 20-19　添加素材图像

图 20-20　添加素材图像

图 20-21　添加其他素材图像

图 20-22　添加素材图像

图 20-23　翻转图像

步骤 ⑱ 选择【横排文字工具】，在图像左上方分别输入中英文文字，并在属性栏中设置字体为【迷你简稚艺】，适当调整图像大小后，填充为白色，如图 20-24 所示。

步骤 ⑲ 打开素材图像【菠萝.psd】，选择移动工具将其拖曳到当前编辑的图像中，放到包装的侧面图中，如图 20-25 所示。

步骤 ⑳ 设置菠萝图像所在图层的不透明度为 30%，得到较为透明的图像效果，如图 20-26 所示。选择【钢笔工具】在菠萝图像下方绘制一个树叶形状的路径，如图 20-27 所示。

图 20-24　输入文字

图 20-25　添加素材图像

图 20-26　透明图像效果

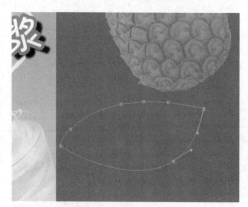

图 20-27　绘制树叶图像

步骤 ㉑ 选择渐变工具，单击属性栏中的渐变色条，打开【渐变编辑器】对话框，设置颜色从玫红色（R:233、G:84、B:147）到洋红色（R:230、G:26、B:97）到玫红色（R:233、G:84、B:147），如图 20-28 所示。

步骤 ㉒ 单击【确定】按钮，新建一个图层。按【Ctrl+Enter】组合键将路径转换为选区，然后在选区中从上到下应用线性渐变填充，如图 20-29 所示。

图 20-28　设置渐变颜色

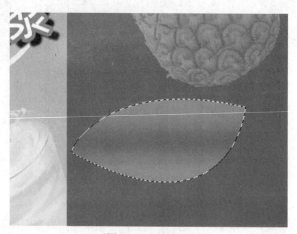

图 20-29　填充选区

步骤 ㉓ 取消选区，选择【移动工具】，按住【Ctrl】键移动复制一个相同的树叶状图像。适当调整复制图像的大小和方向，放到如图 20-30 所示的位置。

步骤 ㉔ 选择【钢笔工具】在第一个树叶状图像中绘制一个弧线图形，将其转换为选区后，填充为深红色（R:197、G:26、B:48），如图 20-31 所示。

图 20-30　复制移动图像　　　　　　　　　　图 20-31　绘制图像

步骤 ㉕ 在【图层】面板中分别选择这两个树叶状图像所在图层，设置【不透明度】为 50%，效果如图 20-32 所示。

步骤 ㉖ 打开素材图像【标识.psd】，使用【移动工具】分别将所有标识图像拖曳到当前编辑的图像中，参照如图 20-33 所示的方式排列图像。

图 20-32　设置不透明度　　　　　　　　　　图 20-33　添加标识素材

步骤 ㉗ 选择【横排文字工具】在图像中输入两段说明性文字，并在属性栏中设置合适的字体，适当调整文字大小，填充为白色，效果如图 20-34 所示，完成平面图的制作。

图 20-34　完成效果

在本实例的制作过程中，将主要运用【合并突出】、【光照效果】、【垂直翻转】和【自由变换】等内容，制作出具有立体视觉效果的饮料包装立体图，效果如图 20-35 所示。

图 20-35　饮料包装立体图图像效果

效果	光盘\效果\第 20 章\饮料包装立体图.psd
视频	光盘\视频\第 20 章\实例 137.mp4

操 作 步 骤

步骤 ① 打开本章中的实例【饮料包装平面图.psd】，选择【图层】|【合并可见图层】命令，将所有图层合并，得到【背景】图层，如图 20-36 所示。

步骤 ② 选择【矩形选框工具】框选左侧的包装正面图像，按【Ctrl+J】组合键复制选区中的图像，得到【图层 1】；再选择【背景】图层，使用【矩形选框工具】框选右侧的包装侧面图像，按【Ctrl+J】组合键得到图层 2，如图 20-37 所示。

图 20-36　合并图层

图 20-37　复制图像

步骤 ③ 选择【图层 1】，按【Ctrl+T】组合键缩小图像。然后按住【Ctrl】键分别调整变换框的 4 个角，得到透视的图像，如图 20-38 所示。

步骤 ④ 选择【图层 2】，同样按【Ctrl+T】组合键缩小图像。然后按住【Ctrl】键分别调整变换框的 4 个角，得到透视的图像，如图 20-39 所示。

图 20-38　变换包装正面图　　　　　　　　　　　　图 20-39　变换包装侧面图

步骤 ⑤ 新建一个图层，选择【矩形选框工具】在包装盒两面交汇的位置绘制一个细长的矩形选区，如图 20-40 所示。

步骤 ⑥ 选择【渐变工具】对选区从上到下应用线性渐变填充，设置颜色从白色到透明，如图 20-41 所示。

图 20-40　绘制选区　　　　　　　　　　　　　　　图 20-41　渐变填充

步骤 ⑦ 新建【图层 4】，将其放到图层 2 的上方，如图 20-42 所示。然后按住【Ctrl】键单击【图层 2】，载入图像选区，使用【渐变工具】对选区从下到上应用线性渐变填充，设置渐变颜色从灰色（R:128、G:127、B:127）到透明，如图 20-43 所示。

图 20-42　新建图层　　　　　　　　　　　　　　　图 20-43　渐变填充

步骤 ⑧ 设置该图层的图层混合模式为【正片叠底】，得到如图 20-44 所示的图像效果；新建一个图层，选择【多边形套索工具】在包装盒右下方绘制一个四边形选区，如图 20-45 所示。

图 20-44 图像效果

图 20-45 绘制选区

步骤 ⑨ 将该图层放到【图层 2】的下方，然后使用【渐变工具】对选区应用线性渐变填充，设置颜色从灰色到透明，如图 20-46 所示。

步骤 ⑩ 选择【图层 1】，按【Ctrl+J】组合键复制得到图层 1 副本，选择【编辑】|【变换】|【垂直翻转】命令，使用【移动工具】将图像向下移动，如图 20-47 所示。

图 20-46 投影效果

图 20-47 垂直翻转图像

步骤 ⑪ 选择【编辑】|【自由变换】命令，按住变换框中间的节点向上拖动，得到如图 20-48 所示的效果。

步骤 ⑫ 设置该图层的不透明度为 60%，然后再使用【橡皮擦工具】适当擦除最下面的图像，得到倒影效果，如图 20-49 所示。

步骤 ⑬ 使用同样的方法，复制【图层 2】，垂直翻转后，调整图层不透明度为 60%，然后再使用【橡皮擦工具】对图像底部进行擦除，效果如图 20-50 所示。

步骤 ⑭ 选择背景图层，使用【渐变工具】在图像中从上到下应用线性渐变填充，设置颜色从深灰色到浅灰色，效果如图 20-51 所示。

图 20-48　变换图像

图 20-49　倒影效果

图 20-50　倒影效果

图 20-51　渐变填充

步骤 15 选择【滤镜】|【渲染】|【镜头光晕】命令，打开【镜头光晕】对话框，选择【50-300 毫米变焦】单选项，再设置【亮度】为 167%，设置光源位置为图像左上方，如图 20-52 所示。

步骤 16 单击【确定】按钮，得到镜头光晕效果，如图 20-53 所示，完成本实例的操作。

图 20-52　设置镜头光晕

图 20-53　完成效果